과정이 좋아야 결과가 아름답다

과정이 좋아야 결과가 아름답다

책머리에

건축에 관한 글을 써야겠다는 생각은 10여 년은 거슬러 올라갑니다. 그동안 주변 사람들에게 책을 내겠다는 공수표만 날리다가 이제야 그 뜻을 이루게 되었습니다. 아마 강의를 하게 되면서 건축학과 학생들과의 소중한 만남이 없었다면, 이 책은 세상 밖으로 나오지 못했을 것입니다. 학생들의 건축에 대한 열정과 진지함 그리고 톡톡 튀는 아이디어와 정성 어린 결과물들이 이 책을 쓰는 원동력이 되었습니다. 좀 더 나은 결과물을 만들기 위해 설계 스튜디오에서 밤을 지새우고, 토끼 같은 빨간 눈으로 인사를 대신하던 수많은 건축학과 학생들의 얼굴이 떠오릅니다.

주제넘은 것 같지만 그동안의 교육경험과 실무경험을 반추해 보고, 앞으로 건축과 함께하는 삶의 방향을 짚어보고자 하는 의도로 이 책을 쓰게 되었습니다. 그리고 건축학과 학생들의 값진 성과품들을 나만의 서랍에 담아두기에는 너무 아깝다는 생각으로 제가 작업한 결과물을 곁들여 한 권의 책으로 묶었습니다. 이 책을 통해 건축학과 학생들의 건축에 대한 열정과 진지함이 전해져 독자들에게 울림을 주고, 또한 단편적이기는 하겠지만 건축설계의 현장을 살짝 엿볼 수 있기를 기대합니다.

먼저 이렇게 멋지고 소중한 결과물을 만들어 준 고려대학교, 서울과학기술대학교, 명지대학교 건축학과 학생들에게 진심으로 감사드립니다. 어설프지만 따뜻하고 열정 어린 아마추어 건축가들의 작품을 담아내고 싶었고, 이들이 성장하여 아름다운 건축을 이뤄내길 희망합니다. 더불어 일일이 동의를 구하지 못하고, 이 책에 학생들의 성과품들과 작업하는 모습들을 담게 되어 미안한 마음 그지없습니다.

다음으로 원고를 꼼꼼히 읽고 독자의 입장에서 조언을 아끼지 않은 아내와 부족한 아들에게 늘 힘이 되어주시는 아버님, 항상 마음의 안식처가 되어 주시는 어머님, 고맙습니다. 항상 믿고 아껴주시는 장인어른과 장모님께도 감사드립니다. 또한 늘 애정 어린 격려로 힘을 북돋아 준 마음 든든한 친구이자 동료 건축가인 김연출, 박기성, 김홍철, 김용현에게 고마운 마음이 큽니다. 특히 황채빈은 학생의 입장에서 세세히 원고를 읽고, 많은 아이디어와 조언을 주었습니다. 그 어진 수고에 특별히 고마움을 표합니다.

다시 한 번 귀중한 자료를 제공해 준 여러 대학의 건축학과 학생들과 그동안 저에게 많은 기대와 애정을 가지고 지켜봐 주셨던 모든 분들께 감사의 마음을 전합니다. 무엇보다 저의 첫 번째 책을 모교인 고려대학교출판문화원에서 출간하게 되어 기쁘고 감사합니다.

듬직하고 성품 좋은 첫째 성윤, 디자이너를 꿈꾸는 둘째 성주, 그리고 우리 가족 모두에게 기쁨과 행복을 주는 셋째 성온을 떠올리며 이 책을 씁니다.

2022년 가을, 홍근표

| 일러두기 |

이 책에 활용한 참고자료는 인용 출처를 해당 쪽에 표기하였다. 그리고 학생들의 결과물은 해당 그림에 저작자를 표기하였고, 저작자의 표기가 없는 내용물은 저자가 직접 촬영하거나 작업한 저작물임을 밝힙니다.

차례

들어가기

건축에 뜻을 두고 건축학과에 입문(入門)한 지 햇수로 38년, 설계에 대한 부푼 꿈을 안고 설계사무소의 문(門)을 두드린 지 이제 32년이 되었다. 또한 학생들을 가르치기 위해 여러 대학의 문(門)을 드나든 지 20년이 되어 간다. 그동안 많은 일이 있었고, 시간도 많이 흘렀다. 세상의 풍경은 많이 변한 것도 있고, 거의 변하지 않은 것도 있다.

나의 대학 시절 설계실 풍경은 이러했다. 60여 명의 학생이 죽 늘어선 제도 책상과 제도 의자에 앉아, 티(T)자와 삼각자를 이용하여 트레이싱페이퍼에 연필로 도면을 그렸다. 학생들과 교수와의 대화는 많은 인원과 시간적 한계로 매우 적은 편이었고, 자습하듯이 관련 자료를 찾고 스스로 고민하며 설계했다. 또한, 학우들이랑 트레이싱페이퍼에 연필로 그린 선이 누가 더 좋은지 힘겨루기도 했다. 이처럼 당시만 해도 티자·삼각자·스케일은 건축학과 학생들의 상징이자, 꼭 필요한 도구였다. 1987년 강변가요제에서 〈매일매일 기다려〉란 노래로 동상과 가창상을 함께 수상한 '티삼스'라는 록그룹이 있었다. 그들은 건축학과 출신 밴드로 바로 티자·삼각자·스케일의 앞글자를 따서 그룹 이름을 지었다. 이처럼 손으로 도면을 그려야만 했던 당시에는 티자·삼각자·스케일은 작도를 위한 필수적인 도구였고, 건축학과의 상징이었다.

요즘 설계실의 풍경은 이렇다. 10여 명의 학생이 한 설계 스튜디오로 구성된다. 제도판 없이 각자의 자리에서 저학년 때는 수작업으로 많이 하지만, 고학년이 되면 각종 컴퓨터 프로그램을 이용해 설계한다. 칠판이나 화이트보드의 사용은 갈수록 줄어들고, 롤스크린 위에 빔프로젝터로 영상을 띄워놓고 강의도 하고, 발표도 하고, 크리틱(critic)도 진행한다. 설계 수업시간도 늘어나 5년제 건축학과의 경우 대부분 주당 10시간 이상이다. 대개 1–2학년 과정에서만 수작업으로 도면을 그리고, 3학년부터는 주로 캐드로 도면을 그리기 때문에 컴퓨터가 필수적인 도구가 됐다. 이제 건축학과 학생임을 알려주는 상징은 티자·삼각자·스케일이 아니라 도면을 말아 넣어 메고 다니는 대포같이 생긴 도면통이라 할 수 있는데, 이마저도 조만간 사라질 것이다.

이러한 대학교 설계실 풍경 변화는 과거와 현재의 설계사무소 풍경 변화와 거의 일치한다. 1990년대 초에 빠르게 보급된 캐드는 제도판을 밀어냈고, 고성능화 된 컴퓨터와 함께 설계사무소의 주인으로 자리 잡았다. 다시 말해 수작업에 의한 아날로그 도구에서 컴퓨터에 의한 디지털 도구로 바뀌었다. 이처럼 설계를 진행하는 도구는 획기적인 변화가 있었다.

반면 대학의 설계 스튜디오나 설계사무소에서 설계를 진행하는 과정은 큰 변화가

그림 0-1 요즘 대학의 설계실 풍경으로, 학생들과 교수 간의 대화와 소통이 중요시 된다.

그림 0-2 건축학과 1학년 학생들의 모습이다. 학과 점퍼를 입고 도면통을 메고 있다.

없다. 주어진 대지에 대한 조사 및 분석, 프로그램에 대한 해석 및 사례조사, 개념 설정 및 아이디어의 도출, 계획안 작성 및 도면 작성으로 이어지는 일련의 과정 말이다. 특히, 대학 교육의 경우 설계를 이끌어 가는 자신만의 독창적인 개념이나 아이디어의 중요성을 강조하는 것에 비해, 예나 지금이나 이에 대한 체계적인 교육이나 구체적인 사례의 제시보다는 개인적인 재능이나 소질의 문제로 한 걸음 뒤로 물러서는 경향이 있다.

예컨대 학교 교육에서 논리적인 방법에 의한 과정 중심의 설계를 강조하지만, 결과적으로 표현이 잘 된 경우와 독창적인 설계에 더 높은 점수를 주게 되는 딜레마에 빠지기도 한다. 특히나 우려스러운 것은 일부 학생들이 이러한 창의적인 개념이나 아이디어의 도출, 스케치나 렌더링 등의 시각적인 표현방법 등의 미숙을 자신의 재능과 소질의 문제로 받아들여 중도에 건축을 포기하기도 한다는 것이다. 음악이나 미술 같은 예술 분야에서는 어쩔 수 없이 천재성이나 개인적인 재능이 필요할지 모르지만, 건축에서는 반드시 갖추어야만 할 절대적인 요건은 아니다.

나는 학생들에게 대학입시를 위해 공부할 때처럼 열심히 한다면, 건축설계는 누구든지 잘할 수 있다고 말하곤 한다. 몇몇 학생들은 설계에 대한 시간 투자를 하지 않고, 자신의 재능과 소질을 탓한다. 건축은 예술작품과 같은 한 개인의 추상적인 창작물이 아니다. 건축은 대지에 구축되어 인간이 사용하는 실제적인 건축물로서 인간의 삶을 담아내고, 사회·문화·경제·역사적 가치를 갖는다. 그렇기 때문에 좋은 건축물의 설계를 위해서는 절대적인 시간 투자가 꼭 필요하다. 또한 시각적인 표현에 대한 재능과 소질보다는 좋은 건축을 하겠다는 진정성 있는 마음가짐이 무엇보다 중요하다.

최근에는 어느 분야를 막론하고 창의력의 중요성을 강조한다. IQ(지능지수)에서 EQ(감성지수)로 이제는 CQ(Creative Quotient, 창의력지수)까지 등장했다. 그만큼 창의성이 중요한 시대임을 말해준다. 이런 흐름에 따라 창의성에 관한 다양한 책들이 많이 출판되고 있지만, 건축과 관련된 책은 상대적으로 적은 편이다. 또한 건축에서의 창의력과 발상에 관하여 다룬 책들도 어떤 방법으로 아이디어를 만들어 내고, 그 아이디어가 건축적인 형태로 어떻게 발전되는지에 대한 자세한 설명과 구체적인 사례의 제시가 없어서 아쉬운 점이 있다. 사례를 제시한 책들도 시각적인 이미지 위주인 경우가 많다. 대개 건축가의 작품집이나 학생들의 성과물 모음집인데, 그러한 결과물이

나오기까지의 과정이나 그 결과에 대한 설명이 부족하여 피상적인 그림책으로 비쳐지는 경향이 있다.

나는 이 책을 통하여 나의 건축 이야기를 하고자 한다. 얘깃거리는 그동안의 교육과 실무경험에서 얻었다. 주인공은 우리나라의 건축가들이고, 이야기는 그들이 하는 일이다. 건축가로서 학생들과 나의 작업과정과 결과물들이 이야기의 소재가 된다. 다듬지 않은 날것 그대로의 소재들이다. 이를 통해 건축가가 어떤 일을 하는지 단편적으로나마 드러날 것이다. 먼저 1장부터 3장까지에서는 건축과 콘셉트에 관한 생각을 이론과 사례를 통하여 살펴봄으로써 건축적 사고와 표현이라는 징검다리의 첫 디딤돌을 놓으려 한다. 4장부터 6장까지에서는 구체적인 사례를 통하여 콘셉트와 아이디어가 어떻게 착상되고, 건축적 성과물로 발전되는지에 대해 살펴보고자 한다. 그리고 7장부터 끝부분에서는 건축과 일상, 여행 그리고 인문학의 관계 맺기를 통하여, 좋은 건축의 의미와 건축의 진정성에 관해 이야기하려 한다.

서두에서 문(門)이라는 화두로 이야기를 시작했는데, 문은 건축적으로 들고나는 출입문(出入門)으로부터 어려운 관문을 통과하여 크게 출세함을 뜻하는 등용문(登龍門) 등 많은 의미와 상징을 내포한다. 더불어 건축도면은 문과 창 그리고 벽으로 이루어진다고 해도 과언이 아니다.

우리나라 사찰에서는 문에 대한 상징적 의미가 매우 깊다. 일반적으로 사찰은 세 개의 문으로 구성되어 있고, 단계별로 이 문을 통해 진입하게 된다. 첫 번째 관문인 일주문(一柱門)은 사찰에 들어서기 전에 흐트러진 마음을 하나로 모아 진리의 세계로 향하라는 일심(一心)을 상징한다. 일주문을 지나면 불법을 수호하는 사천왕을 모신 천왕문(天王門)에 이르게 되고, 다음으로 불이문(不二門)에 이르게 된다. 불이(不二)란 둘이 아닌 경지로 너와 내가, 삶과 죽음이, 색과 공이 둘이 아닌 경지를 뜻한다. 우리의 사찰은 이러한 일련의 단계를 거쳐 중심공간인 대웅전에 이르게 되는, 기승전결의 공간구성 체계를 가진다.

우리나라 사찰에서 일주문, 천왕문, 불이문이라는 문턱을 넘어 본당인 대웅전에 이르듯이, 좋은 건축을 위해서는 한발 한발 조심스레 징검다리를 건너듯 단계별로 체득하는 과정이 필수적이다. 이러한 체득은 주체인 내가 객체인 건축과 마주치고 대화하고 사랑하는 과정에서 생성된다. 이는 대상과의 가까움, 즉 친밀감을 말하는 것으로, 멀리서 바라보는 심미적인 대상이 아니라 만지고 온몸으로 느낄 수 있는 대상을 말한다. 이제 일심의 자세로 일주문에 들어서듯, 좋은 건축을 향한 마음가짐으로 매력적인 건축의 세계로 문(門)을 열고 들어가 보자.

1

건축, 그리고 건축가

소설가는

상상력을 바탕으로 이야기를 만들어낸다.

반면 건축가는 상상력을 매개로 하여

건축 어휘로 글을 쓰는 사람이다.

그래서 땅의 이야기, 집주인의 이야기, 세상의 이야기에

귀를 열어야만 한다.

즉, 남의 이야기에 귀 기울여야 한다.

소설가는 자신만의 상상력으로 글을 쓸 수 있지만,

건축가는 타인의 이야기를 집 속에

스며들게 해야 하기 때문이다.

우선 "건축이란 무엇인가?" 그리고 "건축가는 어떤 사람인가?"라는 질문으로 시작하고자 한다. 이러한 물음은 건축가 어떤 일을 하는지에 대한 답에 한 걸음 다가갈 수 있게 한다. 의미 있는 물음도 있고, 뜬금없는 물음도 있다. 하지만 건축과 건축가를 향한 길은 잃지 않는다. 건축에 관해 묻는 이와 답하는 이, 학생과 선생의 생각에는 큰 차이가 없다.

건축학과에서 설계 스튜디오를 지도하는 많은 교수들이 첫 수업시간에 학생들을 대상으로 간단한 설문조사를 한다. 설문의 주된 내용은 건축을 무엇이라 생각하는지, 왜 건축학과에 지원했는지, 가장 좋아하는 건축가는 누구인지 등등이다. 나 또한 첫 수업시간에 강의 계획 및 일정 등에 대한 소개를 마치고, 간단한 설문지를 만들어 학생들에게 나누어 주고 약 1시간 동안 작성하게 한다. 이를 통하여 학생들이 건축에 대해 어떻게 생각하고 있는지, 어떤 건축가들을 좋아하는지, 왜 건축학과를 택했는지에 대한 정보를 알 수 있다. 그리고 이러한 정보는 학생 개개인의 성향 및 수준을 파악할 수 있어 향후 수업 진행의 훌륭한 보조 자료가 된다.

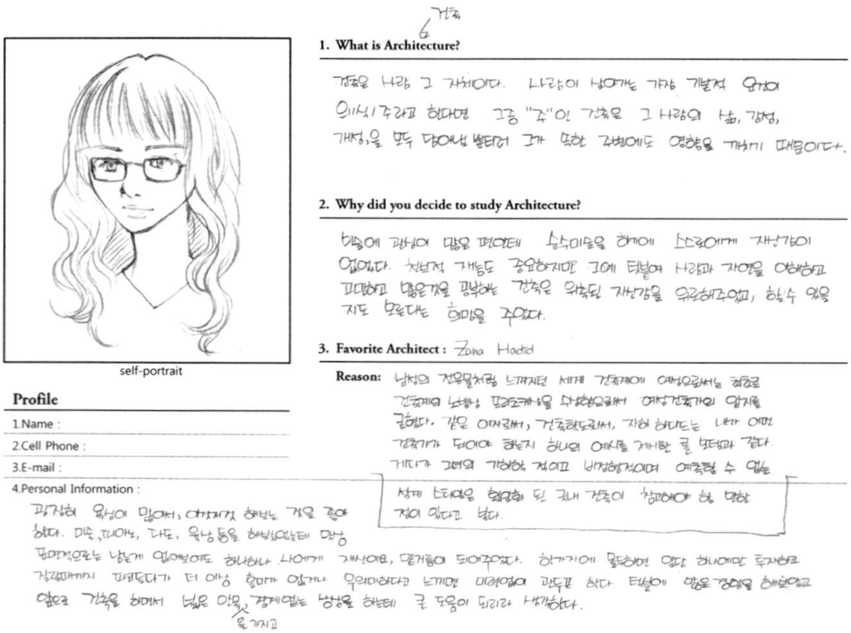

건축학과 설계 스튜디오 첫 수업시간에 간단한 설문지를 만들어 학생들에게 작성하게 한다. 이를 통해 학생들의 건축에 대한 생각 및 성향을 파악할 수 있다. 강유리 학생은 건축을 사람 그 자체로 정의한다. 사람이 살아가는 가장 기본적 요건이 의·식·주라고 한다면 '주'인 건축은 그 사람의 삶, 감성, 개성을 모두 담아낼뿐더러 그가 속한 주변에도 영향을 끼치기 때문이라고 그 이유를 밝히고 있다.(© 강유리)

TV나 영화 속에 등장하는 건축가의 매력적인 모습이 학생들의 건축학과 입학 동기가 되기도 한다.(© 변준영)

건축은 사람들의 행복한 기억을 간직할 수 있는 장소를 만드는 것임을 가족사진으로 표현했다(© 전소현).

그림 1-1 학생들의 건축에 대한 다양한 생각

우선 건축학과에 지원하게 된 동기를 살펴보면, 미술에 관심이 많아서, 어릴 때부터 뭔가 만들고 그리는 것을 좋아해서, 부모나 지인이 건축을 해서, 멋진 건축물을 보고 감동받아서 등등으로 각양각색이다. 이 중에서 가장 많은 학생들이 건축학과를 선택한 이유로 꼽은 것은 그림 그리기와 만들기를 좋아해서이다. 이를 통해 건축이라는 작업을 뭔가 만들고 그리는 것으로 생각하고 있음을 알 수 있다. 그런가 하면 TV 방송이나 영화 등에서 건축가들의 멋진 모습, 러브하우스 같은 프로그램의 영향으로 건축학과에 지원한 학생들도 상당수 있다. 매스컴의 위력이 대단함을 실감한다.

다음으로 건축학과 학생들의 건축에 대한 생각을 들여다보면, 건축을 의식주(衣食住)와 연관하여 사람이 살아가는 데 꼭 필요한 집을 만드는 것, 사람의 삶을 배려해 줄 수 있는 공간을 만드는 것, 공간을 창조하는 예술적인 작업, 사람에게 편안한 공간을 제공해 주는 과학적이고 예술적인 행위, 단순히 공학·예술 등 어느 한 분야로 정의할 수 없는 종합적인 것 등등 다양한 답변들이 있다.그에 더해 아직은 잘 모르겠고 앞으로 배워가면서 무엇인지 찾아가고 싶다는 학생들도 있다.

설익은 과일을 한입 베어 물었을 때 떫고 시큼하지만, 잘 익었을 때의 본래 과일 맛을 담고 있다. 이처럼 학생들의 생각은 설익고 어설프지만, 건축에 대한 본질과 가치에 대한 진솔함을 지니고 있다. 이러한 아마추어로서의 진솔함이 향후 좋은 건축가로 성장해가는 밑거름이 되어, 아름답고 행복한 건축을 해나가리라 기대한다.

이제 좀 더 구체적으로 건축이란 무엇인가에 대해 살펴보자. 건축에 대해 많은 사람들이 정의를 내렸다. 건축가뿐만 아니라 철학자, 문학가, 정치인도 있다. 괴테는 “건축은 냉동된 음악이다”라고 하였고, 프랭크 로이드 라이트는 “건축은 시대와 시대, 세대와 세대를 이어 내려오는 위대한 삶의 창조적인 정신이다”라고 정의했다. 그리고 윈스턴 처칠은 “사람은 건축을 만들고, 건축은 사람을 만든다”라고 했다.

루이스 설리번은 건축이란 기능적 통합과 구조의 개념, 시대정신과 환경에 대한 배려가 있어야 한다고 말했고, 미스 반 데어 로에는 건축은 공간 속에 변화되어 가는 시대의 의지라고 했다. 르 코르뷔지에는 건축을 장엄한 매스들의 연출이 빛과 함께 훌륭하게 이루어지도록 하는 것이라 했고, 루이스 칸은 건축은 영감에서 시작해서 영감으로 끝난다고 말했다.

이상에서 볼 수 있듯이 건축을 한마디로 명확하게 정의 내리는 것은 불가능해 보

그림 1-2 독일에 있는 쾰른 대성당과 코메르츠은행 타워이다. 성당은 인간이 신에게 다가가는 영적인 장소이고, 사무실은 인간이 쾌적하게 일하는 공간이다. 이와 같이 건축은 인간과 함께 존재한다. 거주함, 이것이 시대를 넘어 지속되고 반복되는 건축의 진정한 가치이다.

인다. 이런 측면에서 보면 이 말이 맞는 것 같고, 다른 측면에서 보면 저 말이 맞는 것 같다. 또한 시간의 흐름에 따라 건축의 정의가 달라지기도 한다. 하지만 인간의 삶을 담는 그릇이라는 건축의 본질에 대한 변치 않는 가치가 존재한다는 사실은 명확하다. 이는 오랜 역사 속에서 인간과 건축이 함께 해왔고, 앞으로도 그럴 것이기 때문이다. 건축은 인간을 위해 존재할 때 그 가치가 있으며, 사람들의 삶을 풍요롭게 해주어야 한다. 이것이 시대를 넘어 지속되고 반복되는 건축의 진정한 가치이다.

이 책에서 건축에 대한 또 다른 정의 내리기를 감히 시도하지는 않는다. 다만, 건축을 상호대립적인 혹은 상호 보완적인 관계로 바라보고자 한다. 즉 예술과 과학, 이성과 감성, 이론과 실제 등이다. 이러한 관계는 때로는 모순과 대립으로, 때로는 조화와 합일로 혹은 갈등을 만들어 내는 딜레마의 관계로 나타난다. 이러한 관계는 동전의 양면과 같이 따로 떼어서 별개로 존재할 수 없고, 그 중 어느 것이 더 중요하다고 말할 수 없다. 이러한 두 관계의 상호작용을 고려해, 해당 건축 프로젝트에 대한 바람직한 방향 설정이 중요하다.

많은 건축가들이 이러한 관계들 속에서 자신만의 전략 혹은 틀이라는 방향키를 설정하여 항해하듯 설계를 진행한다. 사공이 많으면 배가 산으로 간다는 말이 있듯이 건축가에게 이런 방향의 설정은 매우 중요하다. 이러한 방향 설정이 프로젝트의 목표가 되고, 많은 관계자들이 이 목표를 향해 함께 매진하기 때문이다. 이러한 관계들은 대개 충돌과 갈등을 불러오기 때문에, 건축가의 명확한 방향 설정은 프로젝트의 성공을 위해 필수적이다. 이제 건축을 예술과 과학, 이성과 감성 그리고 이론과 실제라는 관점으로 한 걸음 더 들어가 보자.

건축은 과학과 예술의 중간에 있는 종합학문이다

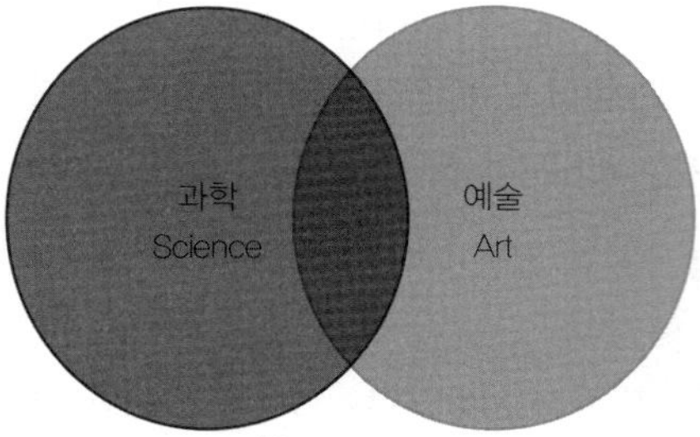

그림 1-3 건축은 과학과 예술의 중간 분야로서 과학적인 분석작업과 창조적인 예술작업이 동시에 요구된다.

먼저 건축과 예술·과학의 관계를 보면, 건축이 여러 학문 분야 중에서 어디에 속하냐는 관점이다. 독일의 지리학자 에발트 반제(Ewald Banse)는 여러 학문 분야를 분류하면서 수학·물리학·화학으로 갈수록 순수과학이고, 음악·문학·조형미학으로 갈수록 순수예술이라 했다. 그리고 순수과학일수록 분석적이고, 순수예술일수록 구성적이기 때문에 건축을 과학이나 예술의 중간 분야로 분류했다. 즉, 건축은 과학과 예술의 중간 분야에 있는 논리학, 철학과 같은 종합 학문이라는 것이다.

이해를 돕기 위하여 대학교에서 건축학과가 어느 단과대학에 속해 있는지 살펴보자. 우리나라의 경우 대부분의 건축학과는 공과대학에 속해 있다. 그래서 건축공학과 혹은 건축공학부라고 불린다. 졸업장에도 공학사, 공학석사 등 공학이란 말이 붙는다. 일부 대학교는 건축대학이 별도의 단과대학으로 독립되어 건축학과 혹은 건축학부라 불린다. 또한 건축학과 5년제가 도입되면서 같은 학교 내에 5년 과정인 건축학과와 4년 과정인 건축공학과가 있는 경우도 많다.

이렇게 대학마다 차이가 나는 것은 건축을 공학이나 예술 분야로 명확히 구분하기 곤란함을 반증한다고 할 수 있다. 대학원에서는 전공이 세분화되는데 건축역사, 건축이론, 건축설계, 도시, 시공, 구조, 생태·환경 등이다. 거칠게 보면 설계는 예술 분야에, 구조·시공은 과학 분야와 더 가깝다고 할 수 있다. 그렇지만 설계 분야에서도 예술적인 부분과 과학적인 부분이, 구조·시공 분야에서도 예술적인 부분과 과학적인 부분이 있다. 통상 설계단계를 계획과 실시로 나누는데, 계획단계에서는 예술적인 면이 실시단계에서는 과학적인 면이 중요시된다.

그리고 대개 예술은 주관적이고 정성적인 학문으로, 과학은 객관적이고 정량적인 학문으로 여긴다. 하지만 건축은 과학과 예술의 교집합이기 때문에, 과학적인 분석

작업과 창조적인 예술 작업이 동시에 요구된다. 그래서 건축을 제대로 하려면 예술뿐만 아니라 타 학문 분야에 관한 공부가 필요하다. 건축가는 미술·음악·문학 등 예술 분야에 관심을 가져야 한다. 건축과 예술은 무엇인가를 만드는 과정에서 통하는 게 많다. 또한, 건축가와 예술가의 작업과정은 닮은 점이 많다. 순간적으로 반짝이는 아이디어보다 이를 구체적인 작품으로 만들어내는 인내와 끈기가 필요하다. 이처럼 좋은 작품에는 절대적인 시간 투자가 요구된다. 하지만 건축을 잘 해 보겠다는 의도로 타 학문 분야에 너무 빠지다 보면 건축의 길을 잃을 수도 있다. 어느 정도 중용이 필요하다. 하지만 말처럼 쉽지 않다. 건축이 재밌기도 하고, 힘들기도 한 이유이다.

여기에서 건축이 예술이냐 과학이냐를 따지는 것이 중요치 않다. 각각이 가지고 있는 인간을 위한 태도가 더 중요하다. 예술은 인간의 감성을 풍부하게 하고, 삶의 활력소가 된다. 건축이 감상의 대상이 되는 예술품일 필요는 없다. 건축은 예술이 아니고 현실이다. 건축은 사람이 거주하는 실제로 구축되는 물리적인 대상이기 때문이다. 과학은 인간의 생활을 보다 안전하고 이롭게 한다. 과학기술 없는 건축은 상상하기 힘들다. 건축은 과학기술의 발달에 힘입은 바가 크다. 예술과 과학은 인간을 위해 쓰일 때 가치가 있다. 더불어 예술과 과학이 결합될 때, 그 빛을 더 발한다. 요컨대 건축은 과학과 예술의 중간 분야로서 인간을 위해 존재할 때 그 가치가 있으며, 사람들의 삶을 풍요롭게 해야 한다.

그림 1-4 스페인의 건축가 산티아고 칼라트라바가 설계한 사토라스 스테이션(Satolas Station)이다. 순수한 구조미와 재료의 특성을 잘 살려서, 과학기술과 예술적 감성을 절묘하게 결합했다. 건축은 과학과 예술의 중간 분야로서 인간을 위해 존재할 때 그 가치가 있으며, 사람들의 삶을 풍요롭게 해야 한다.

좋은 건축은 이성과 감성의 조화를 통해 이루어진다

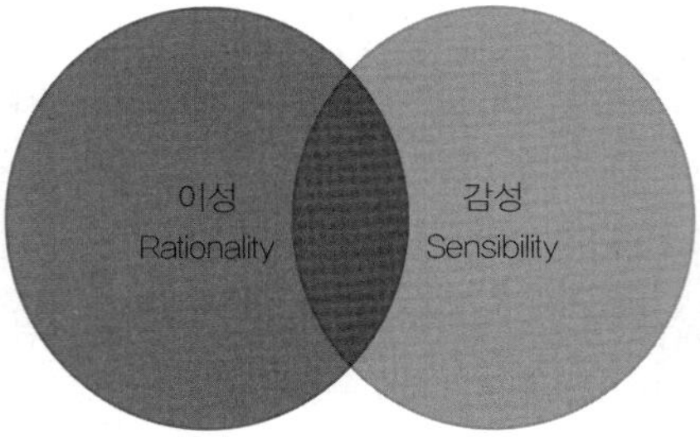

그림 1-5 좋은 건축은 이성과 감성의 조화로 사용자에게 편안함과 감동을 주어야 한다.

다음은 이성과 감성의 관계로, 이는 건축가가 설계에 임하는 태도로 볼 수 있다. 흔히 건축의 3요소로 기능·구조·미를 꼽는다. 건축은 사용하기 편해야 하고, 튼튼해야 하고, 아름다워야 한다는 것이다. 여기에서 기능과 구조가 객관적이고 이성적이라 한다면, 미는 주관적이고 감성적이라 할 수 있다. 미적인 측면은 받아들이는 사람마다 기준이 다르기 때문에 정답이 없다. 반면, 기능과 구조는 어느 정도 합목적적이고 보편타당한 답이 있다. 기능과 구조에만 충실한 건물은 뭔가 부족하고, 미적인 측면만 강조한 건물은 의견이 분분하다. 결국, 기능·구조·미의 3박자가 조화를 이뤄야만 좋은 건축이라 할 수 있다.

이성과 감성의 관점에서 건축역사를 거칠게 살펴보면, 이 두 관계가 상호보완하며 반복됨을 알 수 있다. 고전주의 건축이 이성적이라면 바로크 건축은 감성적이다. 합리주의 건축은 이성적이고 낭만주의 건축은 감성적이다. 그리고 모더니즘 건축이 이성적이라면 포스트모더니즘 건축은 감성적이다. 미술이나 문학사조와 마찬가지로 건축사조 또한 대체로 이전 사조에 대한 반발로부터 출발한다. 이처럼 이성과 감성적 측면이 변증법적인 과정을 거치면서 진화됨을 알 수 있다. 이는 시대별로 건축가들이 이성과 감성 중 어디에 더 중점을 두느냐의 건축적 시각 즉, 태도와 관계가 깊다.

포르투갈의 세계적인 건축가 알바로 시자는 살아있는 근대건축의 마지막 거장으로 불린다. 한국에도 그가 설계한 건축물이 여러 개 있다. 안양예술공원 내의 알바로 시자홀, 파주출판도시에 있는 미메시스 뮤지엄, 용인에 있는 아모레퍼시픽 연구소인 미지움 등이다. 시자는 2008년 한국에 처음으로 방문했을 때, 《동아일보》와의 인터뷰에서 "건축을 공부하는 사람은 의사가 환자를 보듯 건물을 살펴야 합니다. 겉모습만 보고 판단해서도 안 되고 지나치게 애정만 가져서도 곤란하죠. 이성과 감성이 조화된 시각으로 공간을 바라보는 것이 건축가가 가져야 할 태도입니다"라고 말했다.

더불어 그는 현대건축이 새로워야 한다는 강박관념에 빠져있음을 지적하며, 특히 전체와의 조화보다 강한 임팩트를 갖는 튀는 외관을 강조하는 현대 대도시의 모습을 경계했다. 또한 겉으로 보이는 이미지와 건물의 본질이 조화를 이루도록 균형을 잡는 것이 건축가의 역할임을 강조했다.

제인 오스틴의 소설 《이성과 감성》은 두 자매 엘리너와 메리앤이 주인공이다. 언니인 엘리너는 이성적이고, 동생인 메리앤은 감성적이다. 엘리너는 매사에 신중하고 분별력이 있다. 반면 메리앤은 감성이 풍부하고 열정적이다. 둘 중 어느 쪽이 더 바람직한 삶의 방식일까? 이성일까 감성일까 딱 잘라 말하기 힘들다. 서로 반반씩 섞으면 좋지 않을까? 이 소설은 이성과 감성이 어느 한쪽으로 치우쳤을 때의 문제들을 찬찬히 진지하게 살핀다.

인간의 삶에서 이성적 측면과 감성적 측면이 조화를 이루어야 하듯이, 건축에서도 마찬가지이다. 건축은 설계 및 시공과정 모두에서 이성적인 깐깐함과 감성적인 따스함이 꼭 필요하다. 그래야만 사용자가 살기 편하고 튼튼하고 오래가는 집을 만들 수 있다. 더불어 사람들에게 감동을 줄 수 있다. 요컨대 좋은 건축은 이성과 감성의 조화를 통해 이루어진다. 좋은 건축은 사람들에게 몸의 편안함과 맘의 포근함을 선사한다.

그림 1-6 알바로 시자가 설계한 안양예술공원 내의 미술관으로 그의 이름을 따서 '알바로시자홀'이다. 외관은 단일 매스이지만 형태와 창문 등의 변화감으로 단조롭지 않다. 내부 공간은 장식이 없는 흰색 벽과 간접조명으로 된 천장으로, 미술을 담는 그릇으로서의 역할을 충실히 해내고 있다.

건축은 이론과 실제, 이상과 현실이라는 모순을 극복해야 한다

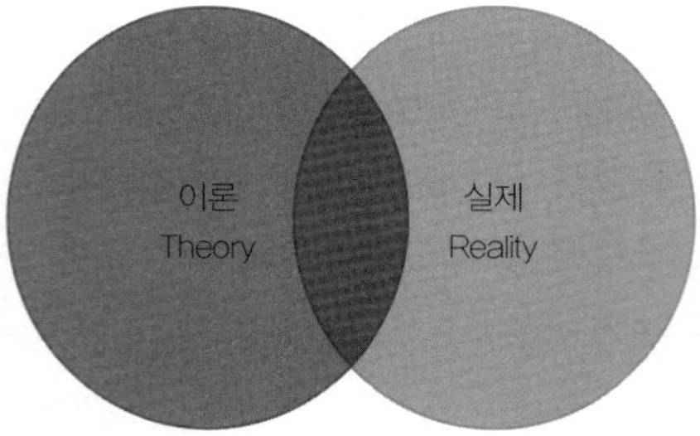

그림 1-7 건축을 업으로 하다 보면 이론과 실제, 이상과 현실이라는 모순의 벽에 수없이 부딪히게 된다. 이러한 벽을 넘어설 때 좋은 건축이 탄생한다.

마지막으로 이론과 실제, 이상과 현실의 관계는 우리가 건축을 바라보는 가치관과 대응된다. 대학에서 설계 스튜디오를 지도하면서, 처음 느낀 것은 학교 교육과 실무와의 괴리감이었다. 일례로 대학에서의 공동주택 설계과제를 보자. 현재 우리나라에서 지어지는 대부분의 공동주택은 아파트이다. 외국에서는 흔한 단독주택단지나 저층연립주택, 타운하우스 등은 보기 드물다. 이는 주택을 거주목적보다는 상품으로 보는 한국의 사회·경제적 현실에 기인한다. 그렇다면 현재 대부분의 공동주택이 아파트라고 해서 학생들에게 아파트 설계를 가르쳐야 하나? 아니면 실무에서 접하기 힘든 연립주택이나 타운하우스를 가르쳐야 하나? 설계 스튜디오를 지도하는 선생은 이러한 양자택일의 딜레마에 빠지게 된다.

이론적으로 공동주택설계에서 가장 중요한 것은 우리 옛 마을과 같이 이웃이 어울려 함께 사는 공동체 만들기이다. 그러나 실제로는 분양이 잘 되고 돈이 되는 것에 초점이 맞추어진다. 최대한 높이 지어서 많은 세대수를 만들어 내야 한다. 그래서 공동체 활성화에 유리한 저층연립주택보다 고층아파트가 지어진다. 현실이 이렇다고 해서 학생들에게 고층아파트 설계를 가르쳐야 하나? 대학은 사회에서 바로 써먹을 수 있는 직업교육장이 되어서는 안 된다. 대학의 건축교육은 이론적 타당함과 이상적 가치를 추구해야 한다.

이러한 이상과 현실에 대한 딜레마는 실무에서도 마찬가지이다. 대부분의 건축가들이 현재의 획일적인 아파트 설계에서 벗어나길 희망한다. 그리고 사람들의 다양한 삶을 담아낼 수 있는 다양한 주거문화를 추구한다. 하지만 현실은 그렇지 않다. 이윤추구를 최대 목적으로 하는 시행사와 건설회사가 주 의뢰인인 상황이다. 그래서 사용자보다 사업성과 상품성이 우선시 된다. 목구멍이 포도청이라고 건축가들은 이상을 접고 현실에 적당히 타협한다.

그림 1-8 〈아키그램, 실험적 건축 1961–74〉전, 2003년 서울에서 열렸다. 아키그램(Archigram)은 건축(architecture)과 전보(telegram)를 합성하여 만든 것으로, 날로 무의미해져 가고 척박해져 가는 전후 영국 주류 건축계와 디자인계의 현실에 제동 거는 긴급 안건, 즉 전보를 띄운다는 의미가 담겨 있다. 또한, 콜라주와 그래픽, 만화 등의 기법을 적극적으로 활용하여 '드로잉에 의한 건축'을 시도한 그들 고유의 작업방식을 반영한 이름이다.

1960년대 전 세계 젊은이들을 사로잡았던 영국의 전설적인 팝밴드 비틀즈가 있다. 그들은 음악뿐만 아니라 사회·문화 전반에 영향을 미쳤고, 지금까지도 그 영향이 이어지고 있다. 같은 시기 영국의 음악계에 비틀즈가 있었다면, 건축계에는 아키그램(Archigram)이 있다. 아키그램은 당시 주류 건축계의 풍토와 업계의 척박한 현실에 도전장을 냈다. 창작, 토론, 전시, 출판 등의 활동을 통해 이상적이고 실험적인 생각을 펼쳤다. 그들의 진보적이고 미래 지향적인 제안들은 대부분 실현되지 않았지만, 전 세계의 수많은 건축가들에게 영향을 주었다.

역사적으로 공자만큼 현실과 이상 사이에서 좌절과 갈등을 겪은 인물도 드물다. 그렇지만 현실과 타협하지 않는 고고한 이상이 공자를 만들었다. 이처럼 현실에 안주하지 않는 이상적인 고민이 없으면 발전이 없다. 이상과 꿈을 저버리지 않을 때 희망이 있다. 희망을 가지려면 용기가 필요하다. 건축을 업으로 하다 보면 이론과 실제, 이상과 현실이라는 모순에 자주 맞닥뜨리게 된다. 현실이라는 보이지 않는 벽에 수없이 부딪히게 된다. 이러한 벽을 넘어설 때 좋은 건축이 탄생한다.

그림 1-9 2003년 8월 예술의 전당 '한가람 디자인 미술관'에서 전시된 아키그램의 실험적 건축작업이다.

이제 건축가는 무엇을 하는 사람인지를 살펴보자. 일반적으로 건축설계를 하는 사람을 칭할 때 건축가, 건축사, 설계사라는 말이 혼용된다. 우선 건축가(architect)라는 단어는 으뜸이라는 의미의 'Arch'와 뭔가를 짓는 사람이라는 의미의 '-tecton'이 합쳐진 'Architecton', 즉 잘 짓는 사람이라는 말에서 유래되었다. 예전에는 설계와 시공을 함께 했기 때문에 건축가는 집을 으뜸으로 짓는 사람이었다. 또한 국제건축가연맹(UIA)은 "건축가란 생활의 표현인 건축예술에 숙달한 자로서, 인류가 생활하고 노동하는 장소를 창조하고, 그것에 생명을 불어넣는 자격을 갖고 있다."라고 정의했다.

17명의 건축가들이 각자의 분야와 입장에서 건축가의 세계에 대해 솔직하게 털어놓은《건축가가 말하는 건축가》란 책에서 공간그룹의 이상림 대표는 건축가란 사회의 요구를 실현시키는 사람이며, 창조자이자 조율하는 사람이라 말했다. 더불어 건축가의 일반적 정의인 "우리 시대의 환경을 담은 무언가를 아름답게 창조하되 여기에 시대정신을 반영하는 사람"을 예를 들면서 건축가는 우리 시대의 이상과 현실을 반영하여, 시대가 품고 있는 진보적이고 유용한 기술을 실현하는 사람이라 말했다.

이처럼 건축가(architect)라는 말이 세계적인 공식명칭으로 사용되고 있다. 반면, 건축사는 국가에서 인정한 건축에 관한 제반 업무를 행하는 면허를 받은 자인 동시에 자격증을 부여받은 사람을 말한다. 다시 말해 법적으로 운전면허증이 없으면 운전을 할 수 없듯이 건축사 자격증이 없으면 자신의 이름으로 건축 행위를 할 수 없다. 법적으로 건축에 관한 이러저러한 업무를 할 수 있는 자격을 부여받은 사람이 건축사이다. 그리고 일반 사람들이 많이 사용하는 설계사라는 용어는 공식적인 호칭도 아니고, 건축계에서는 전혀 사용하지 않는다.

이처럼 건축가는 사회·문화적으로 가치 있는 일을 하는 사람이다. 그렇지만 집 장사라는 오명과 같이 부정적인 시각 또한 강하다. 일부 건축가들은 문화로서 건축을 바라보지 않는 우리 사회의 인식을 탓한다. 하지만 시대의 현실에 편승하여 경제적 가치를 우선시했던 건축가들의 자성이 먼저다. 다시금 건축가라는 단어의 어원에 주목해야 한다. 단어의 기원은 사물의 본질을 보여 준다. '으뜸으로 집을 잘 짓는 사람'이라는 말에 건축가의 엄중한 사회적 역할과 책임이 담겨 있다.

건축가는 동그란 안경을 쓴 사람이다

유명 건축가들의 모습을 떠올려보면 대개 비슷한 이미지가 연상된다. 복고풍의 동그란 안경을 낀 모습, 머리를 길게 기르거나 꽁지머리로 묶은 모습, 콧수염이나 턱수염을 기른 모습 그리고 주로 검은색의 캐주얼한 옷차림 등이다. 이러한 모습은 예술가의 모습을 떠올리게 한다. 왜 건축가들은 이런 모습을 할까?

전문적으로 건축 사진을 찍는 사진작가와 함께 작업할 기회가 있었다. 그분은 짧은 머리에 수염을 기르고, 카메라 가방을 둘러멘 영락없는 사진작가의 모습이었다. 작업 중간에 이런저런 대화를 하면서, 그렇게 자신의 외모를 가꾸는 이유에 관해 물어보았다. 그분은 항상 머리와 수염을 같은 길이인 3mm로 다듬는다면서, 이렇게 계속 그러한 모습을 유지하게 된 얘기를 들려주었다.

건축 사진을 찍다 보면, 간혹 그 건물의 전체 형태를 사진에 담아내기 위해 주변의 높은 아파트를 방문하여 사진 촬영에 대한 양해를 구하게 된다는 것이다. 그 아파트 내부에 들어가 사진을 촬영해야 하는데 평범한 차림으로 초인종을 누르면 대부분 문전박대를 당했는데, 작가 같은 모습을 한 이후에는 문을 잘 열어준다는 것이다. 즉 그러한 예술가 같은 모습이 사진작가라는 직업에 많은 도움이 된다는 것이다. 이는 많은 사람들이 일반적이지 않은 이러한 예술가다운 모습에 신뢰감 혹은 동경심을 갖는 것으로 볼 수 있다.

우연한 기회에 예술의 전당에서 운영하는 미술 영재 프로그램에 참여하는 초등학교 저학년 학생들에게 '건축과 건축가'에 대한 특강을 한 적이 있다. 건축가는 어떤 일을 하는 사람들인가를 소개하며, 르 코르뷔지에 사진을 빔프로젝터로 띄워놓고, 이 사람이 누구인지 학생들에게 물어봤다. 초등학생들이라 맞는 답을 기대하지는 않았지만, 한 학생이 자신 있게 간디라고 대답했다. 그전에는 생각지도 못했는데, 그 초등학교 학생의 말을 듣고 르 코르뷔지에와 간디가 많이 닮았음을 알게 되었다.

르 코르뷔지에는 현대 건축가들에게 가장 큰 영향을 준 근대건축의 거장으로서 건축, 그림, 저술 등에서 타의 추종을 불허한다. 지금까지도 많은 건축가들과 학생들이 르 코르뷔지에를 본보기로 삼는다. 지금도 그의 작업을 따라 그리기도 하고, 그의 작품을 보러 해외로 기꺼이 떠난다. 르 코르뷔지에가 일하는 모습의 사진을 보면 두꺼

그림 1-10 현대 건축가들에게 가장 큰 영향을 준 근대건축의 거장 르 코르뷔지에. 두꺼운 뿔테의 동그란 안경을 쓰고 작업하는 모습에서 고뇌하는 건축가의 심경이 드러난다.

운 뿔테의 동그란 안경이 인상적이다. 갸름한 얼굴에 동그란 안경이 예술가다운 풍모와 고뇌하는 건축가의 모습을 느끼게 한다. 당시에는 기술적인 한계 때문에 동그란 안경을 낄 수밖에 없었을 것이다.

요즘은 건축가들뿐만 아니라 연예계, 예술계 등에서 복고풍의 동그란 안경이 유행이다. 필자도 몇 년 전부터 동그란 안경을 애용하고 있다. 안경점 판매원의 너무 잘 어울린다는 입에 발린 칭찬이 한몫했다. 내가 콧수염을 기르고 동그란 안경을 끼는 이유는 두 가지이다. 첫째는 건축가다운 이미지를 풍기기 위해서이다. 이러한 이미지는 의뢰인 혹은 관계자들을 만나는 자리에서 업자가 아닌 건축가라는 좋은 인상을 줄 수 있다. 두 번째는 좋은 건축을 하겠다는 마음가짐이다. 우선 이러한 튀는 외모를 하고 다니면, 남들 눈에 쉽게 띄기 때문에 자연스럽게 나쁜 짓을 할 수 없게 된다. 물론 내가 이런 외모를 하는 이유는 전문가로서 누구보다 더 열심히 잘 하겠다는 의지의 표현이다.

요즘은 학생들이나 사무실의 젊은 건축가들도 머리나 수염을 기르는 경우가 종종 있다. 나도 마찬가지이기 때문에 뭐라 할 수 없지만, 머리나 수염을 기르는 것보다 먼저 실력을 길러야 한다고 못 참고 꼭 한마디 한다. 그러면 등 뒤에서 "외모부터 가꾸고요!"라는 당돌한 답변이 돌아온다.

건축학과 학생들이 생각하는 건축가

건축학과 졸업생들이 설계사무소로 취업하는 비율이 점점 줄고 있다. 대부분의 건축학과가 5년제가 되면서 신입생의 지원율도 하락하고 있다고 한다. 이는 학부모의 경제적인 부담과 장기적인 건설 경기 침체의 영향이다. 이와 더불어 학생들의 SNS 등을 통한 활발한 정보 교류의 영향도 큰 것 같다. 사회에 나가기 전에 선배나 친구들을 통해 직장의 현실을 미리 파악할 수 있게 된 것이다.

대부분의 학생들이 건축가라는 직업에 막연한 매력을 느껴서 지원한다. 신입생에서 고학년으로, 희망과 좌절을 겪으면서 건축가란 직업에 구체적으로 다가가게 된다. 이러저러한 이유로 중도에 설계의 꿈을 접는 학생들도 많다. 그동안 학생들과 대화하면서 그들이 생각하는 건축가를 정리해 보면 다음과 같다.

첫 번째로 건축가의 일상과 대우에 관한 이야기이다. 대부분의 건축 프로젝트들은 마감일이 정해져 있다. 더 좋은 안을 만들기 위해 초기에 투자하는 시간이 많다. 그러다 보니 마감이 임박하면 할 일이 많아 야근 철야를 하게 된다. 아직도 이러한 작업패턴은 학교와 실무에서 똑같이 반복된다. 하지만 건축가들은 예나 지금이나 사시사철 야근 철야로 자기 시간 없이 일하지만 받는 보수는 형편없다. 이처럼 일하는 시간에 비해 열정 페이 수준의 열악한 처우는 하루빨리 개선되어야 할 건축계가 당면한 과제이다.

두 번째로 건축가의 일과 보람에 관한 이야기이다. 〈그림 1-13〉을 보고 일반 사람들은 모자로, 건축가는 집으로 상상한다. 좋은 집을 구상하고 설계하는 것이 건축가

그림 1-11 일하는 시간에 비해 열정 페이 수준의 열악한 처우는 하루빨리 개선되어야 할 건축계가 당면한 과제이다. (ⓒ주가영)

그림 1-12 내가 설계한 집이 지어졌을 때의 뿌듯함, 이것이 열악한 조건에서도 건축을 계속하게 하는 원동력이다. (ⓒ신혜인)

의 일이다. 좋은 건축을 위해 건축가는 수많은 대안을 만들어 낸다. 하지만 그중에 하나만이 살아남는다. 또한 건축가는 과중한 업무 때문에 잠을 편히 못 잔다. 이처럼 건축가는 보수는 열악하지만 좋은 건축을 위해 밤낮으로 고민하고 일한다. 이러한 모든 악조건에도 불구하고 내가 설계한 집이 지어졌을 때의 성취감과 뿌듯함, 이것이 건축을 계속하게 하는 원동력이다.

세 번째로 건축가의 성공에 관한 이야기이다. 인기 연예인이나 스포츠 스타와 같이 성공하는 건축가는 극히 드물다. 영화나 TV에서 본, 부와 명예를 거머쥔 멋진 건축가는 현실에서는 찾아보기 힘들다. 특히 다른 직종에 비해 상대적으로 연봉도 적다. 미래에 대한 희망과 비전도 불확실하다. 그래서 많은 학생들이 좌절하고 건축을 포기하기도 한다.

마지막으로 건축가의 역할에 관한 이야기이다. 그래도 고무적인 것은 많은 학생들이 건축가의 사회적 역할과 가치에 대해서 긍정적으로 생각한다는 것이다. 그래서 건축에 매력을 느끼고 열심히 하는 학생들이 많다. 지금 이 순간에도 설계 스튜디오나 작업실에서 토끼 눈을 하고 건축에 몰입하는 예비 건축가들이 많을 것이다. 학생들의 다크 써클과 충혈된 눈에서 설계를 열심히 하는 열정과 끈기가 묻어난다. 〈그림 1-14〉는 젊었을 때 열심히 일하여, 행복한 가정을 이루겠다는 학생의 꿈을 보여 준다. 건축가가 행복하게 일하면 그 집에 사는 사람들에게 행복을 줄 수 있고, 건축가

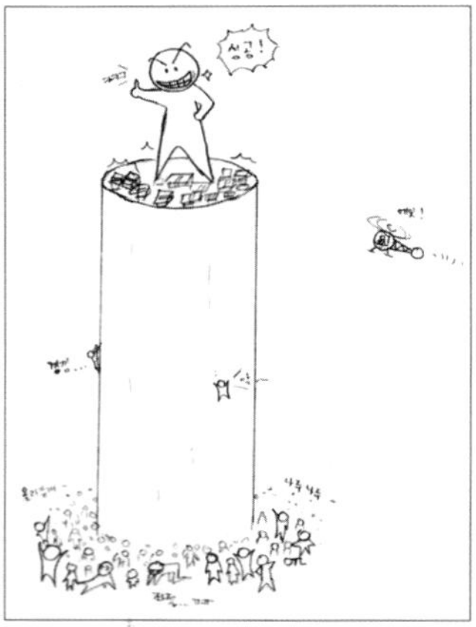

그림 1-13 연예인이나 스포츠 스타처럼 성공하는 건축가는 극히 드물다. (© 권효승

그림 1-14 행복하게 건축을 하면, 사람들에게 행복을 주는 집을 만들 수 있고, 건축가 또한 행복한 삶을 살 수 있다. (©김울안이)

또한 행복하게 살 수 있다. 즉 건축가는 행복을 만드는 사람이다.

TV 드라마, 영화 그리고 책 속에서의 건축가

영화나 TV 드라마에서 건축가가 등장하는 경우가 종종 있다. 2012년에 개봉한 〈건축학 개론〉은 '건축학 개론'이란 수업에서 처음 만나 풋풋한 사랑을 키워 가는 첫사랑을 다룬 영화이다. 남자 주인공이 건축가이지만 건축보다는 사랑을 이야기한다. 감독이 건축가 출신이다. 그래서 그런지 간간이 건축가의 삶을 단편적으로 엿볼 수 있다.

2012년에 방영한 TV 드라마 〈신사의 품격〉은 4명의 남자 주인공 중에 2명이 건축가이다. 멋지고 잘생긴 외모에 신사의 품격을 갖춘 성공한 건축가들이다. 한국 대표 미남 배우 장동건이 연기한 김도진은 고급 외제 차를 몰고, 와인을 마시며 모형을 만든다. 직원의 얼굴에 유리컵을 던진 의뢰인을 찾아가 면전에서 계약서를 찢어 버린다. 우리 사무소 여직원들이 저런 소장과 함께 일했으면 좋겠다는 눈치들이다. 이 얘기는 이쯤에서 끝내는 걸로. 말투라도 따라 해 본다.

영화 〈건축학 개론〉이나 TV 드라마 〈신사의 품격〉은 남녀 간의 사랑을 다룬 전형적인 로맨틱 멜로물이다. 건축가의 고된 일상은 다루지 않는다. 건축가의 고뇌하는 내면보다는 예술가적인 외적인 면이 부각된다. 건축가의 단편적이고 피상적인 모습이다. 대개 건축가는 멋진 모습으로 그려진다. 이런 영화나 드라마의 영향으로 건축학과를 지원하는 신입생이 급증하는 기현상이 발생한다.

멜로적 성격이지만 볼 만한 영화로 2000년에 개봉한 이정재, 전지현 주연의 〈시월애〉가 있다. 이 영화 역시 건축가가 주인공이다. 제목 그대로 시공간을 초월한 사랑을 다루는 영화다. 이 영화를 한국영화 사상 최초로 할리우드에서 2006년에 리메이크한다. 키아누 리브스, 산드라 블록 주연의 〈레이크 하우스(The Lake House)〉이다. 나는 〈시월애〉보다 〈레이크 하우스〉를 추천한다. 특히 건축가인 아버지가 병원에서 죽어가면서, 건축가인 아들에게 한 말이 기억에 남는다.

> 바르셀로나의 햇살은 도쿄의 햇살과 다르고, 도쿄의 햇살은 프라하와 다르다는 거. 시간의 한계를 뛰어넘는 진정으로 위대한 건축물은 환경과 조화를 이뤄야 돼. 그걸 생각해야 프로지. 건축물은 자연 속에서 생명을 얻는 거야. 건축가는 빛에 대해 고민해야 돼. 그걸 염두에 둬라, 항상…

결국, 이 말은 건축가인 아들에게 남기는 유언이 된다.

《프랭크 로이드 라이트 자서전》을 포함하여 건축가를 다룬 책들도 많다. 그중에서 수많은 건축가들이 애독하는 《파운틴헤드》란 소설이 있다. 신입사원 시절에 《마천루》란 제목으로 번역 출판된 책을 읽었다. 그 당시 절판되었었는데 지인의 도움으로 어렵게 구할 수 있었다. 2011년에 원제와 같은 《파운틴헤드》로 다시 번역 출판되었다. 이 책은 에인 랜드가 1943년에 썼다. 좀 두껍지만 건축하는 사람들은 꼭 읽어야 하는 소설이다.

에인 랜드는 하워드 로크와 피터 키팅이라는 두 건축가의 갈등과 대립으로 이야기를 풀어간다. 피터 키팅은 타인을 통해 삶의 의미와 힘을 얻는 타인 중심주의자, 하워드 로크는 이성의 원칙에 따라 자신의 소신을 굽히지 않는 자아 실현을 최우선으로 삼는 자기 중심주의자로 그려진다. 에인 랜드는 미국의 건축가 프랭크 로이드 라이트를 모델로 한 하워드 로크를 통해, 전통을 거부하고 혁신과 독창성을 추구하는 이상적인 건축가의 모습을 제시한다. 이를 통해 러시아의 집산주의와 반대되는 미국의 개인주의에 매료되어 미국으로 망명한 작가의 철학을 그대로 드러낸다.

하워드 로크의 성격을 단적으로 드러내 주는 사건이 있다. 당시 정부 일을 맡을 수 없는 상황이었던 그는 피터 키팅의 제안으로 코틀랜드 주택 설계를 대신하기로 한다. 하워드 로크가 제시한 조건은 단 한 가지였다. 그들의 대화를 들어보자.

하워드 로크	피터, 난 이 일이 좋네. 코틀랜드 주택이 완공된 모습을 보고 싶어. 진짜 생명을 지니고 제 기능을 하도록 만들고 싶어. 하지만 모든 살아있는 것은 일체성을 지니고 있지. 그게 무슨 뜻인지 아나? 온전하고, 순수하고, 완전하고, 손상되지 않아야 한다는 거지. 일체성의 원칙이 뭔지 아나? 하나의 생각일세. 그걸 이루는 단일한 생각. 아무도 바꾸거나 손댈 수 없는 생각. 난 코틀랜드 주택을 설계하고 싶네. 그것이 완공된 모습을 보고 싶네. 내가 설계한 그대로.
피터 키팅	하워드, … '그건 아무것도 아니다'라는 말은 하지 않겠네.
하워드 로크	내 뜻을 알겠나?
피터 키팅	그래.
하워드 로크	난 일한 대가로 돈을 받고 싶지만, 이번엔 포기할 수 있네. 내가 한 일은 내 이름으

그림 1-15 1949년에 제작된 영화 〈파운틴헤드〉의 포스터. 영화도 좋지만, 소설 〈파운틴헤드〉는 건축 하는 사람들이라면 꼭 읽어야 할 책이다.

로 알려지길 원하지만, 그것도 포기하겠네. 그리고 내가 지은 집에서 사람들이 행복하게 사는 것도 좋지만, 그건 그리 중요한 문제가 아니네. 중요한 건, 내 목표, 내 보람, 나의 시작, 그리고 나의 끝은 일 그 자체네. 내 방식으로 일하는 것. 피터, 자네가 내게 줄 수 있는 건 오직 그것뿐이네. 그걸 내게 준다면 나도 자네에게 모든 걸 주겠네. 내 방식대로 일하는 것. 사적이고, 이기적이고, 자기 중심적인 동기. 나는 그런 식으로만 가능하네. 그게 나의 전부네.

—《파운틴 헤드》 2권, 436-437쪽.

하워드 로크의 단 한 가지 조건은 돈도 명예도 아니고 자기가 설계한 그대로 지어달라는 것이었다. 하지만 피터 키팅은 본의 아니게 그 약속을 어기게 된다. 준공 전에 자기가 설계한 그대로 지어지지 않은 그 건물을 보게 된 하워드 로크는 경악한다. 그 모습을 저자는 "로크는 코틀랜드 주택 첫 번째 건물 앞에 날 도로 부지 건너편에 서 있었다. 고개를 뒤로 젖히고 양팔을 몸에 닿지 않도록 내리고 꼿꼿이 서 있는 모습이 마치 총살대 앞에 서 있는 듯하다"라고 표현했다. 결국 하워드 로크는 밤에 몰래 들어가 그 건물을 폭파한다.

번쩍하는 섬광과 함께 건물 벽들이 벌어지며 햇살처럼 퍼질 때 도미니크는 그곳에 있을 로크를 생각했다. 자신의 건물을 파괴해야만 하는 건축가. 그 건물의 응력과 지지력의 섬세한 균형을 고안했으며 모든 핵심부를 파악하고 있는 그는 살인자로 변한 의사가 전문가의 솜씨로 심장과 뇌와 폐를 동시에 공략하듯 요소요소에 폭약을 설치할 수 있었다. 그는 현장에서 모든 것을 지켜보았고 건물보다 더 큰 상처를 입었다. 하지만 그걸 기꺼이 받아들였다.

—《파운틴 헤드》 2권, 518쪽.

자신이 설계한 건물을 폭파할 수밖에 없었던 건축가 하워드 로크. 자기 비전에 대해 절대 타협하지 않는 건축가 하워드 로크. 그는 건축을 진심으로 사랑하기에 그 누구를 위해서가 아니라 오로지 자기 자신을 위해 건축을 한다. 이 소설은 1949년 게리 쿠퍼, 패트리샤 닐 주연의 영화로 제작되었다.

첼리스트 장한나는 2010년 《매일경제신문》의 '나의 가능성을 믿고 전진하라'란 제목의 칼럼에서 내 인생의 책으로 《파운틴헤드》를 꼽았다. 그녀는 지휘자의 길을 가면서 무엇보다 타협과 비전에 대해 많이 고민하게 됐다고 한다. 타협이란 현재 상황에 맞게 내 비전을 현실적으로 조금씩 고쳐 나가는 과정이나, 쉽게 만족하는 길을 택하는 것이 아닐까라는 생각이 든다는 것이다. 반면 비전이란 뚜렷한 목표이자 모든 것을 걸고 노력할 만한 절대적인 가치라는 것이다. 그녀는 현실 속에서 로크처럼 살기는 어렵겠지만 뚜렷한 비전이 있다면, 세상과 타협하지 않고 그 비전의 가능성을 믿고 노력할 수 있지 않겠냐는 의견을 피력했다.

건축가는 문제를 해결하는 사람이다

러시아의 소설가 겸 극작가인 안톤 체호프는 언제나 문학 속에 새로운 무엇인가를 담으려고 노력했고, 재판관이 아니라 사실의 객관적인 증인이 되는 것이 작가의 과제라고 보았다고 한다. 무라카미 하루키의 소설 《1Q84》에 체호프와 관련된 다음과 같은 글귀가 나온다.

> 의문이 너무나 많다.'소설가는 문제를 해결하는 사람이 아니다. 문제를 제기하는 사람일 뿐이다'라고. 대단한 명언이다. 체호프는 작품뿐만 아니라 자기 자신의 인생에도 똑같은 태도로 임했다. 그곳에 문제 제기는 있었지만 해결은 없었다. 자신이 불치의 폐병을 앓고 있다는 걸 알면서도(의사였으니 몰랐을리 없다) 그 사실을 애써 무시했고, 자신이 죽어 간다는 것을 실제로 죽음의 침상에 누울 때까지 믿지 않았다. 그는 심한 각혈을 하며 젊은 나이에 죽어 갔다.
>
> —《1Q84》 권1, 559쪽.

안톤 체호프는 많은 의문을 그대로 독자들에게 던졌다. 독자들이 글을 읽고 의문을 품고 고민하여 그 문제의 본질에 한 걸음 다가가기를 바랐을 것이다. 그는 문제 해결을 독자들의 몫으로 남긴다. 이처럼 소설가가 문제를 제기하는 사람이라면, 건축가는 문제를 해결하는 사람이다. 건축가는 대지의 조건, 의뢰인의 요구사항, 법적규제와 건설비용, 기술적 한계 등 많은 문제들과 직면한다. 건축가는 이러한 문제들을 해결해야만 한다. 소설가는 책으로 쓰면 되지만, 건축가는 실제 건축물로 구현해야 하기 때문이다.

《인문의 숲에서 경영을 만나다》의 저자 정진홍은 우리가 인문학에 새삼 주목하는 이유를 통찰의 힘을 키우기 위해서라고 말한다. 여기서 말하는 통찰은 예리한 관찰력으로 사물을 꿰뚫어 보는 것과 처음부터 끝까지 모두 훑어 두루 살펴보는 것을 말한다. 그는 우리가 살고 있고 또 살아가야 할 이 시대는 그 어느 때보다도 강력한 통찰의 힘이 요구된다고 한다. 현대사회는 글로벌 시대, 디지털 사회로 속진하면서 세상은 점점 더 복잡해지고 정신없어졌다. 예전에는 간단히 결정할 수 있었던 일들이 이젠 너무 많은 변수들과 씨름해야 한다는 것이다.

그림 1-16 '잔디보호'라는 주의 푯말이 무색하게 잔디를 가로지르는 샛길을 자주 볼 수 있다.

하지만 각각의 일들에 대한 분석적인 전문가들은 많아졌지만 정작 그들의 의견을 모두 모아 책임지고 판단하며 총괄적인 수준에서 결정할 사람은 선뜻 눈에 띄지 않는다. 그는 이러한 현상을 분석 과잉, 통찰 결핍이라고 진단한다. 분석의 힘은 커졌는지 모르지만, 통찰의 힘은 사라져 버렸기 때문이라는 것이다. 위기가 닥쳤을 때 사태를 더 복잡하게 만드는 사람은 아마추어에 불과하다. 그래서 그는 진정한 리더십은 복잡한 문제를 단순 명료하게 풀어내는 힘에서 발휘된다고 말한다.

건축 또한 마찬가지이다. 훌륭한 건축가는 복잡한 문제들을 단순 명쾌하게 풀어낸다. 설계는 프로그래밍과 디자인 단계로 나누어진다. 프로그래밍은 문제들을 찾아내는 것이고, 디자인은 그 문제들을 해결하는 것이다. 즉 프로그래밍이 분석하는 단계라면 디자인은 문제들을 통찰하여 단순명료하게 풀어내는 단계이다.

'잔디 보호. 들어가지 마세요!' 잔디가 심어진 곳에 가면 흔히 볼 수 있는 푯말이다. 그리고 푯말의 경구가 무색하게 잔디를 가로지르는 샛길 또한 자주 볼 수 있다. 우리는 〈그림 1-16〉을 통해 프로그래밍과 디자인의 관계를 파악할 수 있다. 여기에서 문제는 동선이다. 사람들은 원하는 곳으로 최대한 빨리 가고자 한다. 급할수록 더 그렇다. 한두 사람이 잔디를 밟고 지나간다. 다른 사람들도 따라 한다. 결국, 잔디는 죽고 자연스레 샛길이 만들어진다. 이러한 인간의 행태를 사전에 분석하는 것이 프로그래밍이다. 그리고 이러한 문제를 해결하는 것이 디자인이다. 그래서 애초에 동선을 분석해 샛길 형태로 보도를 설치하면, 잔디도 보호하고 사람들의 요구도 해결되었을 것이다. 이처럼 건축가는 문제를 분석하고 통찰하여, 문제를 해결하는 사람이다.

소설가는 상상력을 바탕으로 이야기를 만들어 낸다. 반면, 건축가는 상상력을 매개로 하여 건축 어휘로 글을 쓰는 사람이다. 그래서 땅의 이야기, 집주인의 이야기, 세상의 이야기에 귀를 열어야만 한다. 즉 남의 얘기에 귀 기울여야 한다. 소설가는 자신만의 상상력으로 글을 쓸 수 있지만, 건축가는 타인의 이야기를 집 속에 스며들게 해야 하기 때문이다.

건축가가 갖추어야 할 자질

많은 학생들이 그림을 잘 그리는 것을 건축가의 필수적인 자질로 생각한다. 스케치 과제를 내주면 한두 장 그려 보고 스스로 재능 없음을 한탄한다. 건축가들이 스케치도 잘하고, 그림도 잘 그릴 것이란 선입견이 초래한 결과이다. 물론 스케치도 잘하고, 스케치에 많은 공을 들이는 건축가도 있다. 하지만 잘 그린다기보다 자신의 아이디어를 자신만의 방법으로 표현하는 건축가들이 더 많다. 학생들이 선망하는 스케치 능력은 건축가가 갖추어야 할 자질 중의 일부에 불과하다. 예쁘게 잘 그리는 것보다 어떤 것을 표현할 것인가라는 생각이 더 중요하다.

지금은 절판된 토탈디자인에서 출간한 《건축 노트》를 보면, 건축가는 다음과 같은 폭넓은 자질을 갖추어야 한다. 스케치 능력과 도면 작성 능력, 전체 건축물을 시각화할 수 있는 능력, 건축과정에 대한 이해, 자재의 종류 및 자재의 형태와 기능에 관한 지식, 디테일을 살필 수 있는 좋은 두뇌, 공간적 원근 감각, 적절성에 관한 판단 능력, 과학적 및 수학적 능력, 인내심, 압박을 받으면서도 일할 수 있는 능력, 다른 사람들과 어울릴 수 있는 능력, 다른 사람들을 감독할 수 있는 능력, 훌륭한 상상력이다.

이처럼 건축가는 폭넓은 자질을 두루 갖출 필요가 있다. 스케치 능력은 뛰어나지만 기술적인 뒷받침이 없으면 사상누각이 된다. 우스갯말로 집을 설계하는 것이 아니고 그림을 그리는 것이 된다. 그리고 요즘은 건축물이 대형화되고 복잡화됨에 따라 동료 건축가나 타 분야의 전문기술자들과 협업이 필수적이다. 그래서 다른 사람들과 어울릴 수 있는 자질 또한 중요하다.

건축가에게 체력과 건강 또한 필수적이다. 업무의 특성상 야근과 철야 작업이 잦기 때문이다. 마감 기일이 정해져 있고, 답이 없는 건축 작업의 특성상 일이 밀리기 마련이다. 업무 강도도 세고, 장시간 일해야 하는 지적 노동이다. 건강해야만 건축을 잘할 수 있고, 오랫동안 할 수 있다. 르 코르뷔지에는 롱샹 교회를 67세에, 미스 반 데어 로에는 시그램빌딩을 72세에, 자하 하디드는 동대문 디자인 프라자를 64세에 설계했다. 김치나 된장이 숙성될수록 깊은 맛을 내듯이, 건축가의 오랜 경험은 건축에 깊은 가치를 더한다.

건축학과 학생들이 자신의 재능에 회의적인 모습을 많이 본다. 불안한 미래와 고된 업무가 회의를 부추긴다. 아직 시작도 하지 않았는데 포기하려고 한다. 해보지도 않고 재능을 탓하며 한 걸음 물러선다. 다른 일을 하면 더 잘할 수 있겠다는 막연한 희망과 함께. 이런 학생들에게 내 얘기를 들려주고, 건축에 대한 열정과 끈기가 곧 자질이자 재능이라고 강조한다. 나도 하는데 여러분은 훨씬 더 잘할 수 있을 거라고. 이러한 자질들은 천부적으로 주어지는 것이 아니라 본인의 노력으로 만들어 가는 것이다. 누구든지 꾸준한 노력과 반복적인 실천을 통해 이러한 자질들을 키울 수 있다. 무엇보다 중요한 것은 좋은 건축을 하겠다는 마음가짐이다.

2

콘셉트와 아이디어

건축에서의 콘셉트는

철학에서의 개념적인 사고 자체보다

건축적으로 구현하는 행위에 있다.

또한 콘셉트는 아이디어가 건축적 형태로

구체화되어 가고 실현되어 가는 과정이다.

좋은 결과의 성취를 위해 최선을 다해 노력하는 과정이다.

철학에서 콘셉트가 'is'라면 건축에서의 콘셉트는 'do'이다.

여기에서 'do'는 몸과 마음으로 뭔가 하는 것이다.

좋은 건축을 위해 한 걸음 다가서는 것이다.

인류의 건축 역사가 말해 주듯

건축함은 나만의 길을 새로 찾는 것이 아니다.

옛것에 기대어 한 걸음 더 나아가는 것이다.

영화 〈건축학 개론〉에 납뜩이란 인물이 나온다. 주인공 승민의 친구로 재수생이다. 건축학과 학생인 승민은 애틋한 첫사랑에 빠져 있다. 승민은 차마 고백을 하지 못하고 마음만 졸인다. 이를 안타깝게 여긴 납뜩이는 연애의 달인으로서 친구에게 고백기술을 전수한다. 그들의 대화를 잠시 엿들어 보자.

납뜩이 양서연… 양서연… 이름 괜찮네. 획수도 좋고… 일단은 소주 한 병을 사. 그리고 걔네 집 앞으로 가는 거야. 가서 소주를 병나발로 딱 불고, 전화를 해. 받잖아? 그럼 집 앞이다. 잠깐만 나와 하고 그냥 끊어. 딱!

승민 그냥 끊어?

납뜩이 그냥 끊어. 그럼 사람이 굉장히 궁금하게 돼 있어. 갑자기 왜? 뭐 이러면서 나오게 돼 있다고. 근데 너한테 술 냄새가 팍 나잖아. 어떨 거 같냐? 응 어떨 거 같애? 일단은 쫀다고. 아니 납득이 안 가잖아 납득이. 갑자기 찾아와서 술 냄새? 어 이건 뭐지? 어 낯선데? 그리고 딱 다가가.

승민	딱… 다가가?
납뜩이	딱 다가가. 그럼 걔가 처음에 무서우니까 뒤로 이렇게 슬슬 물러선다. 그때… 뒤에 벽에 부닥치게 돼 있어. 그때 그 순간 니가 오른손으로 벽을 딱 짚어. 그럼 걔가 완전히 쫄아가지고. 왜… 왜 그래? 그때 기습적으로. 아무 말도 하지 말고 돌아가. 터프하게. 절대 뒤돌아보지 말고. 뒷모습이 콘셉트야! 왠지 쓸쓸해 보이는 그런.
승민	아… 아무 말도 하지 마? 그게 그냥 끝이야?
납뜩이	왜? 너무 함축적이야? 오케이 그럼 어 한마디만 해. 널 갖고 싶어! 딱 그래. 나랑 같이 살자!
승민	지금 당장 어떻게 같이 살어… 집도 없는데.
납뜩이	병신. 누가 진짜 같이 살래? 진짜 같이 살래? 승맹아! 말을 그렇게 하라는 거 아냐 말을.

남녀가 맘에 드는 상대에게 고백하는 이유는 사랑을 이루기 위함일 것이다. 성공하기 위해서 고백을 하지, 실패하기 위해서는 당연히 아닐 것이다. 납뜩이는 고백할 때 왠지 쓸쓸해 보이는 뒷모습이 콘셉트라 말한다. 일단 거친 남자다움으로 기선을 제압한 후에, 왠지 쓸쓸한 뒷모습으로 모성애를 이끌어 내 고백에 성공한다는 전략이다. 결국 결정타는 남자다움이 아니라 모성애를 자극하는 쓸쓸함이다. 바로 이것이 고백을 성공으로 이끄는 납뜩이의 콘셉트이다. 이처럼 콘셉트는 목표한 바를 성취하고자 하는 열망의 표출이다. 잘하고 싶고 멋지게 하고 싶은 의도의 표현이다. 콘셉트는 함축적일 수도 있고, 노골적일 수도 있다. '쓸쓸한 뒷모습'이 함축적이라면, '널 갖고 싶어'는 노골적이다. 콘셉트는 거창할 수도 있고, 소박할 수도 있다. '내가 행복하게 해 줄게'가 거창한 것이라면, '나랑 같이 살자'는 소박한 것이다.

콘셉트란 말은 건축, 디자인, 광고, 영화 등 거의 모든 분야에서 사용되는 용어이다. 네이버 용어사전에 의하면, 광고 분야에서의 콘셉트는 사고방식이라는 의미이다. 상품 또는 서비스의 편리성이나 특성을 새로운 각도로 잡아 내어 광고나 캠페인의 목표로 삼는 것으로, 프로그램 개발 아이디어, 광고 메시지를 구성하는 하나의 개념을 말한다. 커뮤니케이션 용어로는 특정 주제가 내세우는 주장이나 의견을 지칭하는 말로써, '이 영화의 콘셉트가 무엇인가?'라는 뜻은 잠재 관객의 관람 의욕을 불러일으킬

만한 영화의 '새로운 주장'이 무엇인가라는 의미이다.

건축에서의 콘셉트는 설계를 배우는 학생들이나 실무를 하는 건축가들에게 가장 중요하면서도 명확히 정의 내리기 힘든 용어이다. 대학이나 설계사무소에서 계획안을 발표할 때, 가장 중요시 여기는 것이 콘셉트이다. 계획안이 아무리 멋있어도 콘셉트가 없으면, 대개 좋은 평가를 받지 못한다. 훌륭한 건축은 콘셉트가 좋아야 한다고 말하는데, 콘셉트가 없는 것은 좋은 건축이 아닌가? 콘셉트를 먼저 설정한 후에 설계를 진행해야만 올바른 건축 프로세스인가? 아니면 설계 도중이나 완료한 후에 적절한 콘셉트를 갖다 붙여도 되는 것인가? 도대체 콘셉트가 무엇이기에 설계하는 많은 사람들을 괴롭히는 것일까?

우리는 콘셉트에 대한 막연한 두려움과 새로운 콘셉트를 만들어 내야 한다는 압박에 시달린다. 그래서 뭔가 그럴싸하고 형이상학적인 콘셉트를 만들려 애쓴다. 그래서 말잔치로 그치는 경우가 많다. 영화 〈건축학 개론〉에서 납뜩이의 대사처럼 말이다. "병신. 누가 진짜 같이 살래? 진짜 같이 살래? 승맹아! 말을 그렇게 하라는 거 아냐 말을." 우선, 콘셉트는 추상적이어야 하고 새로운 것이어야 한다는 강박관념을 버려야 한다. 콘셉트는 구체적이고 현실에 기반할수록 호소력이 크다.

철학에서 콘셉트가 'is'라면, 건축에서의 콘셉트는 'do'이다

프랑스 철학자 질 들뢰즈는 《철학이란 무엇인가》라는 책에서 철학은 개념들을 창출해내는 학문이고, 언제나 새로운 개념들을 창조하는 것이 철학의 목표라고 말한다. 데카르트의 유명한 명제, '나는 생각한다. 고로 존재한다'와 같이 철학자는 개념을 창안하고, 그 개념을 통해 사유한다. 그래서 철학에서의 콘셉트는 'is'라고 할 수 있다. 철학자는 새로운 개념을 '…이다'라고 정의한다. 이처럼 짧은 말로 함축된 철학적 개념은 한 철학자의 인생과 사유의 흔적이 담겨 있다.

철학자들은 왜 새로운 개념을 창조하는가? 철학자들은 인간과 세계에 대한 근본 원리와 삶의 본질에 대해 사유한다. 이러한 철학자들의 사유의 결과물이 개념이다. 우리들은 철학자의 사유에 기대어, 인생의 가치관과 삶의 태도에 방향성을 잡는다.

우리의 삶이 더 의미 있고, 풍요롭게 된다. 들뢰즈는 각각의 개념은 다른 개념들의 참조이고, 비록 창조되기는 하지만, 그렇다고 결코 무로부터 창조되는 것은 아니라고 말한다.

건축에서 콘셉트 하면 대부분 뭔가 새롭고 독특한 것, 즉 창의성과 독창성을 떠올린다. 이는 건축을 독창적이고 창조적인 분야로 여기는 데서 기인한다. 그래서 아이디어를 생각하는 처음부터 뭔가 독특하고, 특이하고, 새로운 것을 떠올리려고 노력한다. 머릿속에 시각적으로 독특한 형태를 먼저 구상하고, 그것에 맞추어 주어진 프로그램들을 담아내려 한다. 이는 과정보다는 결과물을 중시하는 태도로 설계를 배워 가는 학생들은 지양해야 할 접근방법이다. 대부분의 건축물은 무(無)에서 유(有)를 창조하는 작업이 아니다. 주어진 대지 조건과 의뢰인의 요구, 프로그램, 예산, 관련 법규 등 해결해야만 하는 많은 조건들이 있다.

또한 콘셉트를 무언가 한 단어 혹은 한 문구로 정의할 수 있는 것으로 여긴다. 대부분의 학생들과 실무에서 설계안 발표 시, 콘셉트를 하나의 이름, 즉 단어로 제시하는 경우가 많다. 이는 근대건축 거장들의 영향 때문이라고 할 수 있다. 그들은 강한 담론으로 근대건축을 이끌었다. 대표적인 예로, 르 코르뷔지에의 '근대건축의 5원칙'이 있다. 다섯 가지 원칙은 필로티, 자유로운 평면, 자유로운 입면, 가로로 긴 창, 옥상정원이다. 그는 이 원칙을 빌라 사보아, 유니테 다비타시옹 등의 프로젝트에 그대로 적용했다.

그림 2-1 빌라 사보아는 르 코르뷔지에의 '근대건축의 5원칙'을 가장 잘 구현한 주택이다. 정해진 원칙을 맞추어 설계를 진행했다. 우측의 사진은 설계 스튜디오 한 학생이 빌라 사보아의 모형을 만들면서, 5원칙 중의 하나인 '가로로 긴 창'의 의미를 익살스럽게 나타내고 있다.

오늘날의 시각에서 보면 이 5원칙은 그리 놀랄 만한 게 아니다. 그러나 벽돌이나 돌을 쌓아서 집을 짓던 그 당시에는 거의 혁명에 가까운 발상이었다. 하지만 새로운 개념인 '근대건축의 5원칙'은 르 코르뷔지에만의 독창적인 발명은 아니다. 그 배경에는 철근콘크리트라는 건축기술이 있다. 이전의 조적식 구조에서는 불가능했던 것이 가능해진 것이다. 철근콘크리트의 기둥과 보, 바닥 슬래브로 이루어진 새로운 구조시스템이다. 특히 이 시스템은 세로로 길게 창을 낼 수밖에 없었던 구조적 한계를 넘어 가로로 긴 창을 가능케 했다. 르 코르뷔지에가 이를 글과 그림으로 정의한 것이다.

여기서 주목해야 할 것은 이러저러한 정의 즉, 'is'가 아니다. 실행으로 옮겼다는 'do'이다. 건축 함은 거주를 목적으로 하기 때문에 지어짐을 전제로 한다. 그래서 건축에서의 콘셉트는 철학에서의 개념인 사고 자체보다 건축적으로 구현하는 행위에 있다. 또한 콘셉트는 아이디어가 건축적 형태로 구체화되어 가고, 실현되어 가는 과정이다. 좋은 결과의 성취를 위해 최선을 다해 노력하는 과정이다. 철학에서 콘셉트가 'is'라면, 건축에서의 콘셉트는 'do'이다. 여기에서 'do'는 몸과 마음으로 뭔가 하는 것이다. 좋은 건축을 향해 한 걸음 다가서는 것이다. 인류의 건축역사가 말해 주듯 건축함은 나만의 길을 새로 찾는 것이 아니다. 옛것에 기대어 한 걸음 더 나아가는 것이다.

건축에서의 콘셉트와 아이디어

건축에서의 콘셉트는 해당 프로젝트의 설계 목표이자, 설계를 풀어 가는 과정이다. 건축설계는 필요와 요구로부터 시작되며, 콘셉트와 아이디어를 구체화하는 작업이다. 콘셉트는 여러 요소들을 하나로 통합시켜 줄 수 있는 아이디어, 혹은 가장 중심적인 아이디어이다. 그래서 콘셉트는 대지 및 프로그램상의 요구조건, 건축법규, 설계 내용, 건축가의 신념 등을 통합시킬 수 있는 구체적인 방법이다. 그렇다면 좋은 아이디어 혹은 개념은 무엇인가? 건축설계에 있어 좋은 콘셉트는 독창성, 문제 해결력, 구체성, 실현 가능성 등을 갖추어야 한다.

첫 번째로 독창성 즉, 새로움이다. 설계의 결과물 혹은 설계과정에서의 새로움을 말한다. 많은 학생들이 독창성을 뭔가 독특한 형태의 창조로 받아들이는 경우가 많다. 그래서 평범하고 단순한 형태보다는 상대적으로 튀는 복잡한 형태를 추구한다. 독창성을 이전에 없었던 새로운 것을 창조하는 것으로 여기는 것이다. 이러한 독창성에 대한 선입견을 깨기는 쉽지 않다. 이는 남과 다른 것을 만드는 것이 좋은 평을 받을 것이라는 욕망에서 비롯되기 때문이다. 하지만 남들과 다른 형태적으로 튀는 아이디어가 좋은 아이디어는 아니다. 설계를 풀어 가는 과정의 새로움이 결과물의 새로움을 만들 수 있다. 결과 중심이 아닌 과정 중심의 설계이고, 과정이 아름다우면 그 결과도 아름답다.

〈그림 2-2〉는 성시인 학생의 설계과정과 그에 따른 결과물들이다. 3학년 2학기 설계 스튜디오 과제로서, 화가 구스타프 클림트의 미술관이다. 이 학생은 '작품의 크기에 따라 감상하기에 적합한 거리가 있다'라는 아이디어에서 출발했다. 작은 작품은 가까운 거리에서 큰 작품은 먼 거리에서 보는 것이 작품을 제대로 감상하는 방법이라는 것이다. 전시할 클림트의 작품을 연대기순으로 정리한 다음, 작품의 크기에 따른 감상할 거리의 관계를 다이어그램으로 표현했다. 작품의 크기에 따라 전시공간의 크기가 달라진다. 물론 작품의 크기별로 묶어 전시할 수 있고, 큰 작품의 크기에 맞추어 전시실의 크기를 정할 수도 있다.

이 학생의 아이디어는 클림트의 작품을 연대기순으로 전시하겠다는 것에 의미가 있다. 이러한 개념을 살리기 위해 각층을 경사로로 계획했다. 경사로를 산책하듯이 걸으면서 작품을 연대순으로 감상할 수 있다. 더불어 클림트 작품의 아르누보적인 곡선의 느낌을 살려 경사로를 곡선으로 계획했다. 경사로를 곡선으로 설계하는 것은 쉽지 않다. 작품을 감상하기 편안한 정도의 경사도와 소요 폭을 만족시켜야 한다. 이 학

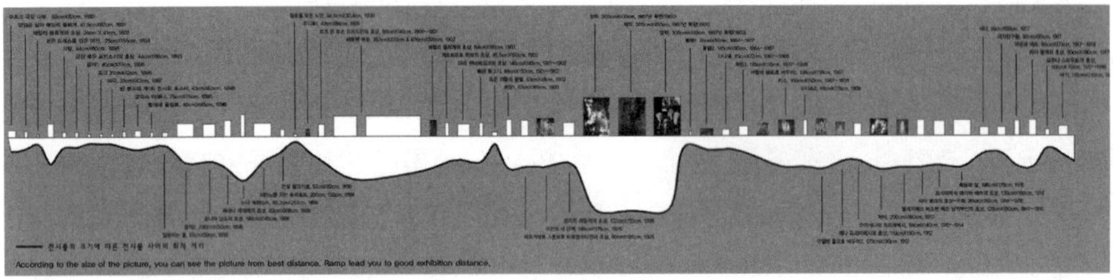

그림 2-2 전시할 클림트의 작품 크기와 그 작품들을 감상하기에 적합한 거리의 관계를 보여주는 다이어그램. (ⓒ성시인)

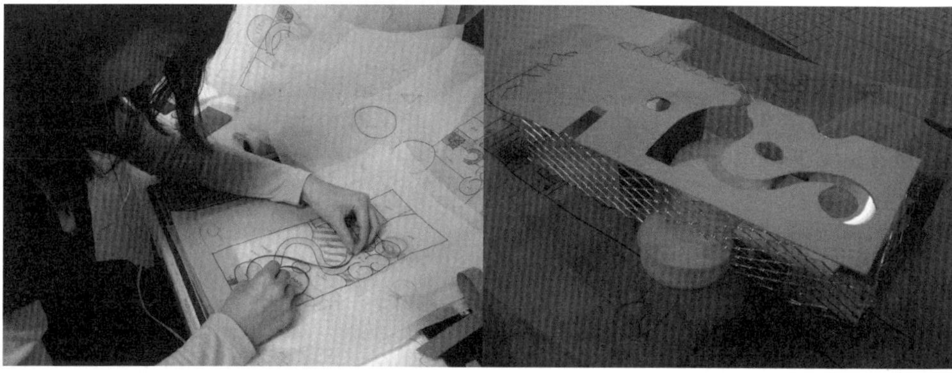

그림 2-3 필요한 길이에 맞는 끈을 이용해서 자유롭게 곡선의 경사로를 계획한다. 아이디어는 또 다른 아이디어를 낳는다. 설계과정에서의 아이디어가 자연스럽게 결과물로 드러난다. (ⓒ성시인)

생은 필요한 경사로의 길이에 맞는 끈을 준비했다. 이 끈을 이용해 수월하게 곡선의 경사로를 만들어 냈다. 골치 아프게 경사로의 길이를 매번 계산할 필요가 없다. 더불어 자유롭게 원하는 곡선의 경사로를 계획할 수 있다. 이 학생의 아이디어가 빛나는 순간이다. 아이디어는 또 다른 아이디어를 낳는다. 설계과정에서의 아이디어가 자연스럽게 형태로 드러난다.

두 번째는 주어진 문제의 해결이다. 디자인의 시작은 요구사항을 정리하고, 문제점들을 찾는 것이다. 주어진 문제들의 개선점이나 해결책을 찾은 과정에서 아이디어가 떠오른다. 답보다 질문이 더 중요하다는 말이 있다. 문제를 어떻게 인식하느냐가 중요하다. 그에 따라 해결방법이 달라지기 때문이다. 요즘 학생들은 질문을 잘하지 않는다. 문제가 있다. 문제를 찾지 않는 것이 문제다. 좋은 물음보다는 결과인 답에 조급해한다. 하지만 질문에 답이 있다는 말은 사실이다.

일례로 잉크병 디자인을 보자. 잉크가 조금 남았을 때 버리기는 아깝고, 만년필에 끝까지 주입하기는 쉽지 않다. 〈그림 2-4〉의 사례를 보면 잉크병을 다각형으로 만들었다. 옆으로 눕혀도 쓰러지지 않는다. 그래서 잉크를 마지막까지 수월하게 주입할 수 있다. 잉크병 모양도 통상적인 원통형을 벗어난 다각형으로 독특하다. 다각형의

그림 2-4 다각형의 잉크병 디자인으로 끝까지 잉크를 수월하게 주입할 수 있다.

모양은 어떻게 하면 잉크를 끝까지 주입하게 할 수 있을까라는 고민의 결과이다. 처음부터 독특한 형태를 생각한 것이 아니다. 문제를 해결하는 과정에서 새로운 형태가 탄생했다. 이처럼 디자인의 시작은 문제를 찾아내는 것이고, 디자인의 결과는 문제를 해결하는 것이다.

그림 2-5 건축가 김인철의 '휘어지는 집'의 모형. 투명한 유리는 흰색으로 불투명한 유리는 검은색으로 만들어 건축가의 개념을 더욱 부각시켰다. (©이용훈, 강효선, 조은경)

〈그림 2-5〉는 건축가 김인철이 설계한 '휘어지는 집'의 사례이다. 아래층은 상가이고, 맨 위층은 주택이다. 주변에서 흔히 볼 수 있는 상가주택이다. 아래층에서 위층으로 갈수록 프라이버시의 요구가 강해진다. 이 집은 프라이버시의 문제를 어떻게 해결하는가가 주안점이다. 프라이버시는 시각적인 요소가 가장 큰 영향을 미친다. 그래서 건축물 간의 이격 거리와 창의 위치가 중요하다. 인접 건물과 적당한 거리를 둘 수 없다면, 창의 위치와 크기가 더욱 중요해진다. 커튼이나 블라인드를 설치하면 된다는 생각은 무책임하고, 좋은 해결책이 아니다. 이 집을 설계한 건축가는 아래층의 창은 넓게, 위층으로 갈수록 창을 좁게 냈다. 상부로 갈수록 창의 면적을 적게 하여, 주거에서 요구되는 프라이버시 문제를 해결했다. 창이 아닌 부분은 시선은 차단하되, 빛은 받아들일 수 있는 불투명 유리를 사용했다. 더불어 불규칙한 창의 배열로, 변화와 리듬감 있는 외관을 만들어 냈다.

세 번째는 구체성이다. 학교에서나 실무에서나 계획안의 콘셉트를 물어보면, 추상적이거나 너무 일반적인 개념을 말하는 경우가 많다. 콘셉트라면 뭔가 있어 보이고 세야 한다고 생각한다. 처음부터 구체적이고 세부적인 개념을 꺼리는 경향이 있다. 추상적인 콘셉트는 설계와 따로 놀기 십상이다. 본인도 잘 알지 못하는 개념을 피상적으로 적용하기 때문이다. 그래서 그 콘셉트가 설계에 어떻게 반영되었는데라는 공격대상이 된다. 뜬구름은 잡을 수가 없다. 그리고 너무 일반적인 콘셉트는 더 문제가 있다. 어느 설계에나 갖다 붙여도 말이 된다. 귀에 걸면 귀걸이 코에 걸면 코걸이가 되어서는 안 된다. 요컨대 추상적이고 포괄적인 아이디어보다는 구체적인 아이디어가 좋다. 구체적인 아이디어일수록 호소력과 설득력이 강하다.

〈그림 2-6〉은 1989년 제4회 대한건축사협회 건축설계 작품공모에서 장려상을 받은 계획안이다. 공모 주제는 '신접살림을 위한 단독주택'이다. 대학교 4학년 때 친구 두 명과 함께 작업했다. 각자 계획안을 만든 후 경선으로 한 명의 안을 선정하는 방식이었다. 장시간의 토론 끝에 나의 안이 선정되었다. 더불어 세미 원룸, 확장성, 가변성이라는 세 가지의 개념이 도출되었다. 다음은 공모전 당시 설계설명서에 기술한 세 가지 주안점이다.

- 세미 원룸(semi-one room): 스킵 플로어로 계획하여 부부 침실을 거실과 분리시키되, 내부에 창을 두어 거실과의 공간적 연속을 꾀하였다.
- 확장성(expansion): 거실과 다용도실에 미닫이문을 두어, 필요시 개방 또는 폐쇄하여 공간을 효율적으로 이용토록 하였다.
- 가변성(flexibility): 라이프 사이클을 고려하여 가족 구성원의 변화에 따른 공간 수요에 대응할 수 있도록 수직 증축이 가능토록 하였다.

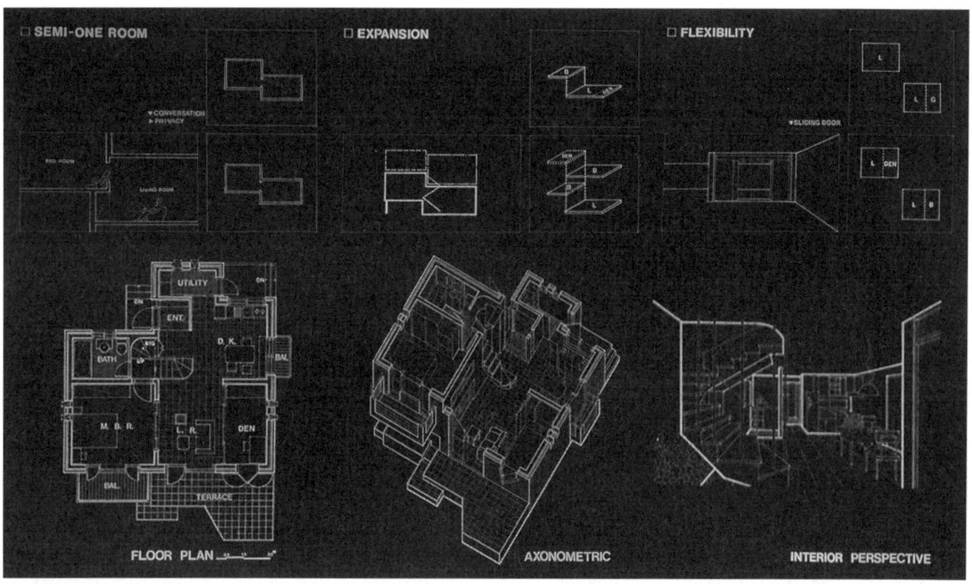

그림 2-6 '신접살림을 위한 단독주택'으로 세미 원룸, 확장성, 가변성이라는 세 가지 개념을 다이어그램으로 표현했다. 이러한 설계 개념을 구체적으로 계획안에 반영했다. 짙은 청색의 하드보드지 위에 흰색 로트링 제도펜으로 그렸다. 흰색 잉크가 금방 굳는 특성이 있어, 빨리 그려야 했다.

그림 2-7 '신접살림을 위한 단독주택'의 등각투상도와 투시도이다. 베이지색 하드보드지 위에 로트링 제도펜으로 그렸다. 실수하면 지우기 어려워서, 엄청난 집중력과 끈기가 필요했다.

작품명은 'For Life in a New Home'이다. 이것은 작품의 제목 혹은 주제이다. 이를 구체화한 것이 콘셉트 혹은 주안점이다. 하나의 단어로 콘셉트를 표현할 수 있다면 좋겠지만 굳이 그럴 필요는 없다. 이름보다는 내용이 더 중요하다. 머릿속에 너무 큰 숲을 그리고 있으면 정작 중요한 나무를 망각할 수 있다. 나무가 모여 숲을 이루듯이, 작은 아이디어가 모여 큰 아이디어가 된다. 화가의 추상 작품이 구체적인 사물에서 출발하듯이, 건축개념도 구체적이고 현실적인 아이디어에서 출발해야 한다.

네 번째는 실현 가능성이다. 학교와 실무는 두 가지의 큰 차이가 있다. 하나는 대학에서는 돈은 내고 설계하고, 실무에서는 돈은 받고 한다는 것이다. 아마추어와 프로와의 관계와 유사하다. 실무에서는 남의 돈을 받고 설계하기 때문에 자기 마음대로 할 수 없다. 더불어 경제적, 시간적 책임과 여러 가지 제약이 따른다. 중간에 포기할 수도 없다. 다음으로 실무에서는 실현을 전제로 설계하지만, 대학은 그렇지 않다는 것이다. 학교에서는 소홀히 다루지만 실무에서는 법규, 공사비, 건축자재, 설비·구조 등 기술 분야도 매우 중요하다. 법적, 윤리적 책임도 따른다.

구조적으로 불합리하거나 시공이 불가능한 아이디어를 내는 학생들이 종종 있다. 특이한 형태를 창조하겠다는 강박의 결과이다. 구조적 문제와 시공에 대한 해결방법을 물으면 답을 못한다. 이는 오히려 문제를 만드는 것이기 때문에 아이디어 자체가 아니다. 아이디어는 문제를 해결하는 것이다. 학생들의 창의성을 독려하는 차원에서 대충 넘어가 주는 선생님도 있다. 모형으로 만들 수 있으면, 실제로도 지을 수 있다는 말도 있다. 물론 엄청난 비용을 들인다면 가능할 수도 있다. 하지만 이는 좋은 해결책이 아니다. 대학에서 설계가 실현을 전제로 하지 않는다 해도 건축의 기본적인 구축법은 알아야 한다.

건축학과 교육은 실무와의 연계가 중요하다. 졸업하면 바로 실무에 투입되기 때문이다. 실무에서는 무엇보다 법규가 우선된다. 법규를 위반하여 설계하면 건축허가를 낼 수 없다. 공사의 착수가 불가능해진다. 우리나라의 건축법은 까다롭고 자주 바뀐다. 실수할 여지가 있다. 그래서 꼼꼼히 검토해야 한다. 법규는 지켜야 할 최저한도의 규정이다. 하지만 대부분의 의뢰인들은 최고한도로 받아들인다. 주어진 대지에서 최대한의 용적률을 추구한다. 그래서 때로는 법규가 건축물의 형태를 만들기도 한다. 실무에서 법규는 피할 수 없는, 실현 가능성의 첫 번째 관문이다.

공사예산에 맞게 설계하는 것도 중요하다. 설계를 진행하다 보면, 의뢰인과 건축가의 욕심으로 공사비는 계속 올라간다. 대부분 공사비가 예산을 초과한다. 경험상 공사비가 예산보다 적게 나온 경우는 없다. 건축물의 규모를 줄이거나 마감재 등의 품질을 떨어뜨려야 한다. 건축 규모는 수익성과 직결되기 때문에 손대기 힘들다. 마감재와 설비 등의 성능을 조정하면 건축물의 품질이 저하된다. 그래서 설계 초기 단계에서부터 마무리 단계까지 공사예산에 들어오는지 짚어 봐야 한다.

재현적 아이디어와 비재현적 아이디어

2002년의 월드컵축구대회를 위해 여러 곳에 축구경기장이 건립됐다. 서울 상암동을 비롯하여 대구, 인천, 광주, 대전, 수원, 전주, 제주 등지에 새로이 지어졌다. 대부분의 올림픽경기장들은 재현적인 아이디어로 설계되었다. 한국의 전통성과 그 지방의 지역성을 은유보다는 1차원적인 직유로 재현했다.

우선 상암동 월드컵경기장은 방패연과 전통 소반, 황포돛배 등의 전통 이미지를 형상화하여 경기장의 형태로 구현했다. 광주월드컵경기장은 전통 놀이인 고싸움의

그림 2-8 서귀포올림픽경기장으로 오름, 테우, 올레를 모티프로 제주라는 지역성을 건축적으로 재현했다.

그림 2-9 전통건축의 구법을 현대적으로 계승한 사례이다. 좌측의 올림픽문화센터는 나무라는 재료를 철로 바꾸어 옛 공포 구조물을 그대로 재현했다. 반면, 우측의 경남문화예술회관은 콘크리트라는 재료로 옛 구법의 본질을 담아내면서 단순한 재현을 넘어섰다.

모양과 무등산의 산세를 형상화한 지붕으로 광주의 지역 이미지를 표현했다. 수원월드컵경기장의 지붕은 미래지향적인 이미지를 비상하는 새의 날개로, 외벽은 수원성의 성곽 이미지를 형상화했다.

그리고 전주월드컵경기장은 전주 토산품인 합죽선의 형태를 살린 4개의 지붕, 솟대를 형상화한 4개의 주 기둥, 전통악기인 가야금 12현을 형상화한 12줄의 인장 케이블 등으로 전통 이미지를 담아냈다. 제주도의 서귀포올림픽경기장은 형태는 기생화산인 오름을, 지붕은 제주의 전통 떼배인 테우와 그물을 형상화했고, 진입 광장의 설계에 제주의 전통 마을 진입 공간구조인 올레를 적용했다.

이처럼 월드컵경기장들은 한국 전통성과 지역성을 드러내고자 하는 강박증을 엿볼 수 있다. 대부분 전통성과 지역성에 관한 비가시적인 정신이나 내용적인 측면보다는 가시적인 형태를 모티프로 하였다. 다소 억지스러운 면도 있다. 하지만 이러한 재현적인 아이디어는 쉽고 빠르게 건축을 읽을 수 있게 한다.

이러한 전통성의 건축적 반영에 대한 의견은 분분하다. 전통 건축의 형태적인 면을 현대적으로 재해석하여 계승 발전시켜야 한다는 의견과 그 바탕에 깔린 정신적인 것을 살려야 한다는 의견이 공존한다. 형태적인 면은 한옥의 처마, 지붕의 곡선, 온돌과 마루, 마당과 담 등을 들 수 있다. 정신적인 면은 전통 마을이나 사찰, 궁궐, 서원 등 전통건축의 바탕에 깔린 철학과 구성원리 등을 들 수 있다. 형태적인 것은 우리 눈에 보이고, 정신적인 것은 보이지 않는다. 그래서 형태적인 것이 정신적인 것보다 좀 더 쉽게 접근할 수 있다. 하지만 대부분의 건축가들은 정신적인 측면의 계승에 비중을 더 둔다.

올림픽공원 내에 있는 올림픽문화센터는 멀리서 보면 단순한 반원형의 건물이다. 가까이 가서 보면 복잡한 구조물이 보인다. 원형의 콘크리트 기둥 위에 철골로 만든 구조물이다. 옛것의 형태를 본떠 만들었다. 전통 건축의 지붕을 떠받치는 공포라는 구조물을 나무 대신 철을 이용하여 그대로 만들었다. 옛것의 재현이다. 형태는 같지만 나무라는 재료가 지닌 본질이 사라졌다. 나무를 정성 들여 다루던 목수들의 땀방울과 오랜 세월도 매끄러운 철재 표면에서 미끄러진다. 현대의 재료에 의한 복제로, 옛것의 아우라가 떠나가 버렸다.

진주에 가면 남강변에 김중업이 설계한 경남문화예술회관이 있다. 콘크리트로 만

그림 2-10 두 개의 소방서 건축물, 재현적 아이디어와 비재현적 아이디어의 차이를 극명하게 보여준다. 좌측은 우리나라의 한 소방서이고, 우측은 자하 하디드가 설계한 비트라 소방서이다.

든 기둥과 곡선의 상부 구조물이 지붕을 경쾌하게 떠받히고 있다. 깊은 처마는 부드럽게 그림자를 드리운다. 우리 옛 건축의 구조미를 드러내고자 하는 시도는 올림픽문화센터와 같다. 하지만 시작은 같은데 결과는 사뭇 다르다. 김중업은 옛것을 재료만 바꾸어 그대로 재현하지 않았다. 강한 직선의 기둥과 부드러운 곡선의 주두가 우아하게 지붕의 무게를 감당한다. 옛것의 본질이 남아있다. 우리 옛 건축의 구조미가 더욱 드러난다. 재현에서 출발했지만, 재현을 넘어섰다. 옛것의 형태가 아니라 그 속에 담긴 정신을 헤아린 결과다. 옛것의 아우라는 여전하고, 새로운 건물은 아름답다. 아름다운 건축물은 우리의 발걸음을 멈추고 고개를 들게 한다.

〈그림 2-10〉에서 좌측은 우리나라의 한 소방서 건물이다. 유리로 마감된 '119'란 글자가 명확하다. 누가 보아도 소방서임을 알 수 있다. 건축물이 소방서임을 말해 준다. 재현적 아이디어이다. 우측 사진은 옛 동대문운동장 자리에 들어선 동대문디자인플라자를 설계한 자하 하디드의 비트라 소방서이다. 크고 높은 쪽은 소방차 공간이고, 낮은 쪽은 소방관 숙소이다. 노출콘크리트에 역동적인 형태이다. 이 건축물은 소방서임을 말해 주지 않는다. 비재현적인 아이디어이다.

그림에 비추어 말하면 재현적 아이디어는 구상화이고, 비재현적 아이디어는 추상화라고 할 수 있다. 현대미술은 눈앞의 현실을 있는 그대로 사실적으로 나타내는 것에서 벗어나 재현으로부터의 자유를 추구한다. 이 흐름은 현대건축도 마찬가지이다. 구상화든 추상화든 나름대로 의도를 가지고, 사물과 작가의 내면세계를 표현한다.

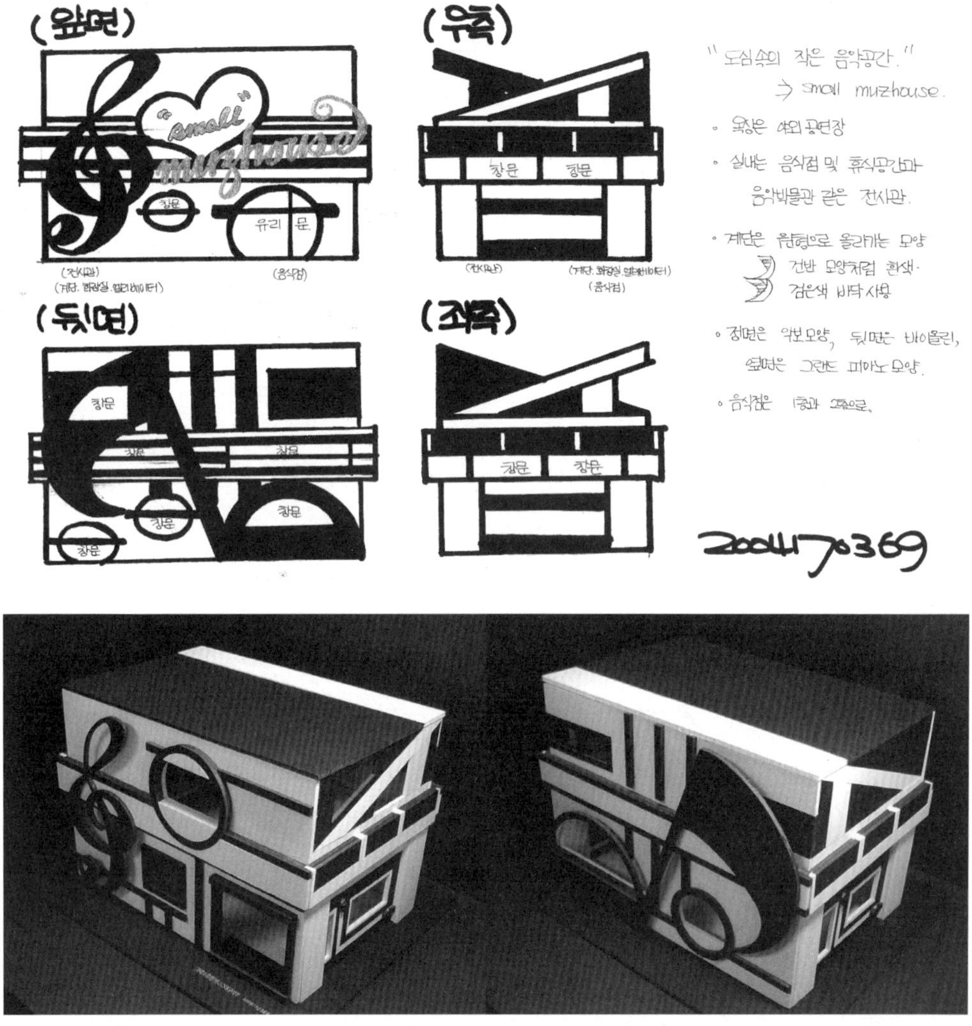

그림 2-11 재현적인 아이디어로 음악을 모티프로 디자인한 '도심 속의 작은 음악 공간'의 도면과 모형. (©신나래)

좋은 그림은 대상의 고유한 본질을 드러낼 때 아름답다. 아름다움은 사람들에게 감동을 준다. 좋은 건축도 마찬가지이다.

〈그림 2-11〉은 기초설계 과목의 과제물이다. 신나래 학생은 음악을 주제로 '도심 속의 작은 음악 공간'이라는 전시관을 만들었다. 재현적인 아이디어로, 음악을 모티

프로 디자인했음을 쉽게 알 수 있다. 정면은 악보, 뒷면은 바이올린, 측면은 그랜드 피아노 모양으로 계획했다. 내부의 계단 또한 피아노 건반을 연상시키는 흰색과 검은색을 사용했다. 다소 유치할 수 있지만, 기능적으로 무리가 없다. 악보, 바이올린, 피

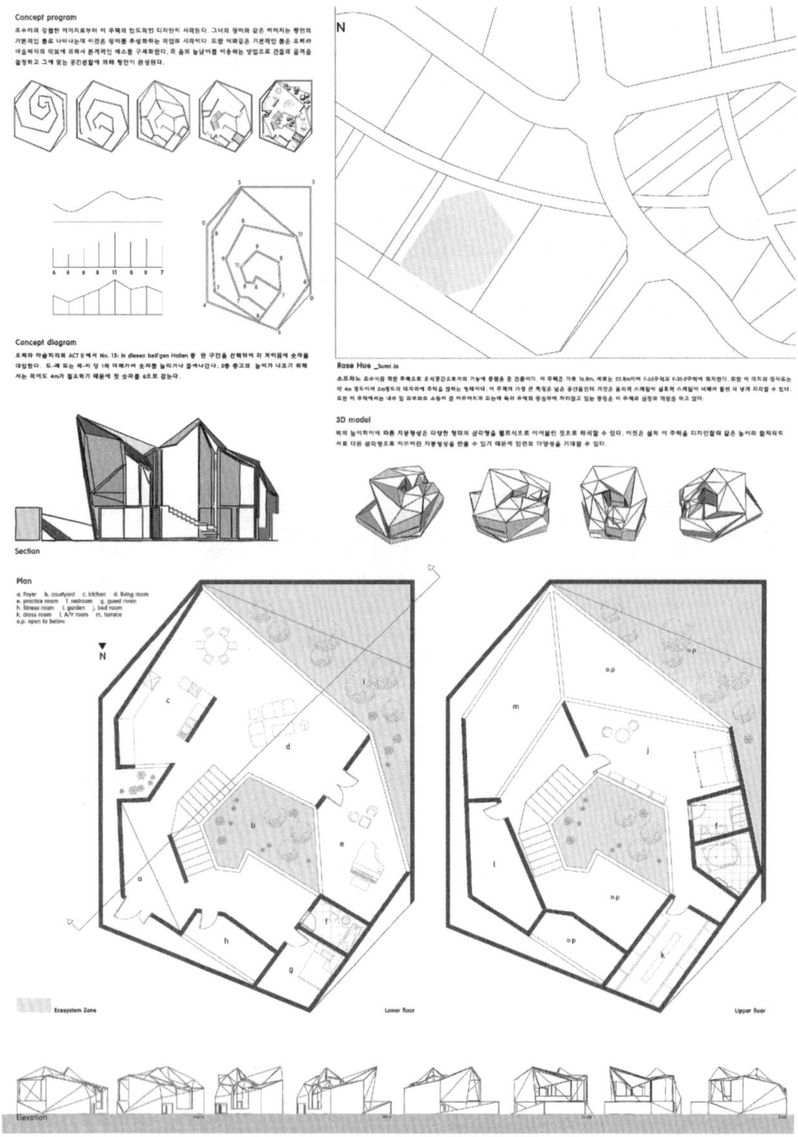

그림 2-12 성악가 조수미를 위한 주택계획안 패널 이미지. (ⓒ정소현)

그림 2-13 조수미를 위한 주택계획안의 모형 사진. (ⓒ정소현)

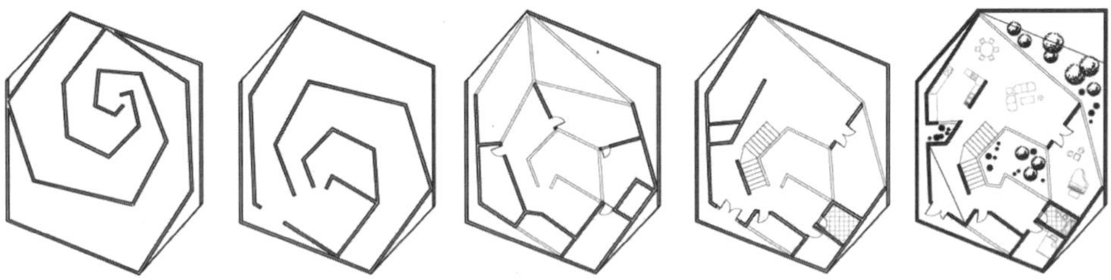

그림 2-14 주택계획안의 평면 발전과정을 보여 주는 다이어그램. (ⓒ정소현)

아노라는 세 가지의 이질적인 요소를 조화롭게 잘 정리했다.

〈그림 2-12〉는 성악가 조수미를 위한 2학년 1학기 정소현 학생의 주택계획안이다. 조수미의 강렬한 음악성을 장미꽃 이미지로 표현했다. 비재현적 아이디어로, 우선 장미꽃을 추상화하여 평면의 기본 틀로 삼았다. 그리고 오페라 '마술피리'의 악보를 모티프로 형태를 구체화했다. 음의 높낮이를 이용하여 건물의 골격을 결정하고, 그에 맞는 공간분할로 〈그림 2-14〉와 같이 평면을 발전시켰다.

다음으로 건축물의 각 부분의 높이를 결정했다. 먼저 오페라 〈마술피리〉의 악보 중에서 한 구간을 선택한다. 각 계이름에 숫자를 대입한다. 도-레, 레-미당 1씩 더해가며 숫자를 증감한다. 2개 층의 높이는 최소 4m 이상이 필요하기 때문에 첫 숫자를 6으로 잡는다(〈그림 2-15〉 참조). 각 지점을 연결하면 주택의 형태가 드러난다. 이러한 과정의

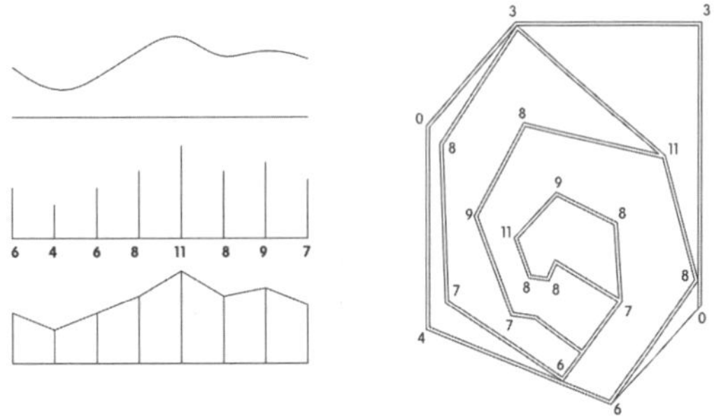

그림 2-15 평면과 해당 부분의 높이를 보여준다. (ⓒ정소현)

당위성에는 다소 무리가 있지만, 결과는 보기에 좋다. 평면에 사선이 많지만, 기능에는 큰 문제가 없다. 아이디어를 처음부터 끝까지 치밀하게 끌어나가는 노력이 돋보인다.

개념과 아이디어를 끌어내는 방법

아이디어를 끌어낼 수 있는 생각 도구가 있다. 만다라트(Mandal-Art)라고 한다. 일본의 디자이너 이마이즈미 히로아키가 개발한 발상기법으로 'manda+la+art'가 결합된 용어이다. 'manda+la'는 목적을 달성한다는 뜻이고 'mandal+art'는 목적을 달성하는 기술, 그 도구를 의미한다. 머릿속의 아이디어를 사방팔방으로 펼칠 수 있도록 해 주는 생각 도구이다. 디자인, 마케팅, 광고 등의 분야에서 많이 쓰인다. 간단한 도구이지만 상당히 유용하다.

메모지나 수첩 그리고 워드나 파워포인트 등의 컴퓨터 프로그램을 이용해 쉽게 작성할 수 있다. 스마트폰이나 아이패드용 애플리케이션의 이용도 가능하다. 언제 어디서나 쉽게 할 수 있는 생각 도구이다. 작성을 위한 준비 또한 매우 간단하다. 종이든 컴퓨터 화면이든 가로세로 3칸씩 9개의 빈칸을 만들면 준비 끝이다. 중앙의 빈칸에 고민하고 있는 주제를 적어 넣는다. 그런 다음에 8개의 빈칸에 주제와 연상되는 아이디어를 채워 넣는다. 이때 중요한 것은 빈칸 없이 8개 모두 꼭 채워 넣어야 한다는 것이다. 한 주제에 대해 8가지 아이디어를 낸다는 것이 쉽지는 않지만, 꼭 해 봐야 한다. 이러한 과정을 통해 다양한 아이디어가 나오고, 고민하는 힘도 길러진다.

만다라트는 이런 식으로 새로운 발상을 계속함으로써 생각을 정리하는 방법이다. 나선형 구조로 움직이는 머리의 구조에 가장 적합한 생각 도구이다. 이렇게 함으로써 주제에 집중하게 되고, 생각이 구체화되고 명료해진다. 더불어 독립된 정보들이 시각적으로 연결되어 서로 간의 관계망이 드러난다. 이를 통해 문제 해결력이 상승한다. 요컨대 만다라트는 창의적이며 시각적인 사고를 도와주는 도구이다.

설계 스튜디오에서 많은 학생들이 아이디어를 내는 것을 어려워한다. 아이디어를 짜낸다는 말이 있듯이, 아이디어를 내라 하면 머리부터 쥐어짠다. 요즘 학생들이 문제에 대한 집중력과 고민하는 힘이 약해서 일지도 모른다. 하지만 창의적 발상을 위한 교육과 훈련 부족이 그 이유이다. 좋은 아이디어를 내놓으라고 종용하지만, 그에 대한 교육은 없다. 아이디어는 과즙처럼 쥐어짠다고 나오는 것은 아니다. 그에 따르는 기술의 교육이 필요하다. 그 방법에 대해 고민하던 차에, 창의적 생각 도구인 만다라트를 접하게 되었다. 그래서 아이디어 도출을 제일 어려워하는 2학년 학생들과 함께 시도해보았다.

설계를 처음 하는 학생들이라 의욕은 넘치지만, 힘에 부친다. 우선 만다라트가 생소한 도구이고, 아이디어 제안을 버거워할 수 있어서 3인 1팀으로 브레인스토밍을 하도록 했다. 1인당 두세 개의 아이디어만 내면 되기 때문에 부담이 적어진다. 설계과제가 단독주택이기 때문에 주제는 주거와 집으로 정했다. 그리고 가능한 한 그림으로 빈칸을 채우도록 했다. 필요시 글은 보조로 사용 가능하다. 작업이 끝난 다음에 벽에 붙여놓고 팀별로 발표한다. 그리고 팀별 상호 간의 토론을 통하여 아이디어를 상호교환하고 수정 보완한다.

다음 단계는 이제 어느 정도 훈련이 되었기 때문에 개인별로 만든다. 앞서 팀별로 작업한 주거와 집이란 주제는 포괄적이고 추상적이다. 이번 주제는 주택설계이다. 주택설계를 위한 구체적인 아이디어를 내야 한다. 중앙의 빈칸에 주택의 주제나 이름을 적는다. 처음에 적어도 되고 맨 나중에 적어도 된다. 8개의 빈칸에 글과 그림으로 아이디어를 표현한다. '나는 이런 집에 살고 싶다', '나는 이런 집을 설계하고 싶다' 등을 머릿속에 떠올려 보면 도움이 된다.

작업이 끝나면 우선 결과물을 모두 벽에 붙인다. 12명의 학생 수만큼 아이디어의 개수가 배가된다. 8개의 아이디어가 모여서 96개가 된다. 중복되는 아이디어도 있지만, 구체적인 내용과 표현은 서로 다르다. 다음으로 자신의 아이디어를 다른 학생들 앞에서 발표하고 서로 토론한다. 이러한 소통을 통해서 좋은 아이디어들이 모이고, 생각이 깊어진다. 이렇게 만들어진 아이디어들은 주택을 설계하는 밑바탕이 된다. 좋은 아이디어는 좋은 집을 만든다.

또 다른 아이디어를 끌어내는 방법이 있다. 바로 아이디어 스케치이다. 머릿속에 떠오르는 아이디어들을 글과 그림으로 정리하는 방법이다. 처음에는 노트나 쪽지에

그림 2-16 국나영 학생은 주택설계의 주제를 'Fly to the SKY'로 정했다. 그리고 그에 대한 8가지 아이디어를 글과 그림으로 표현했다. ① 하늘을 바라볼 수 있는 유리 천창을 계획한다. ② 욕실을 넓게 하여, 가장 편안한 공간으로 설계한다. ③ 집 안에서 밖으로 쉽게 드나들 수 있게 한다. ④ 연못을 설치하여, 물을 집 내부로 끌어들인다. ⑤ 신혼부부임을 감안하여 프라이버시를 고려한다. ⑥ 생활공간을 음악실 등의 소음원으로부터 분리시킨다. ⑦ 넓은 마당과 데크를 계획한다. ⑧ 최대한 지형을 살려 계획한다. (ⓒ국나영)

생각나는 대로 떠오르는 단어들을 무작위로 적는다. 관련 자료도 찾아보고, 고민한 흔적들을 글이나 그림으로 적는다. 이러한 작업을 계속해서 반복한다. 그럴수록 고민의 가짓수는 줄어들고, 고민은 깊어진다. 불현듯 아이디어들이 하나로 꿰어지고 정리되는 순간이 찾아온다.

이때 고민의 결과들을 한 장의 종이에 표현한다. 한 장에 일목요연하게 정리하면, 한눈에 개념과 아이디어들이 파악된다. 그리고 시간이 들더라도 최대한 정성껏 만든다. 시간과 정성을 들이면 하는 일과 아이디어들에 더 애정이 간다. 애정이 있으면 일이 즐겁다. 이 아이디어 스케치를 바탕으로 설계를 진행한다. 설계하다 보면 새로운

그림 2-17 주택설계의 주제를 'Cross Axis'로 정한 천수진 학생의 결과물이다. 그에 대한 8가지 아이디어는 다음과 같다. ① 교차되는 축으로 형성되는 공간을 계획한다. ② 집의 첫인상인 현관은 축으로 형성된 공간을 느낄 수 있는 전이 공간이 되도록 한다. ③ 내부에 단차를 두어 공간을 구분하고 다양화한다. ④ 빛을 많이 받을 수 있는 통창을 계획한다. ⑤ 여유로운 목재 데크 공간을 설치한다. ⑥ 나무와 꽃으로 가꾸어진 정원을 계획한다. ⑦ 편안히 책을 읽을 수 있는 서재를 마련한다. ⑧ 외관은 서로 엇갈리는 경사진 지붕으로 역동성을 표현한다. (ⓒ천수진)

아이디어가 추가되기도 하고, 마음에 들던 아이디어가 삭제되기도 한다. 아이디어 스케치는 언제든지 볼 수 있고, 추가 삭제가 가능하도록 자기 자리에서 가까운 벽에 붙여놓는다.

〈그림 2-18〉의 첫 번째 그림은 내가 전남 진도에 있는 국립남도국악원 설계 공모를 진행하면서 만든 아이디어 스케치이다. 전체 배치에 대한 아이디어를 그림과 글로 표현했다. 대지가 갖고 있는 장소성과 주어진 프로그램을 어떻게 조화시키는가에 대한 고민이 담겨 있다. 대지의 중심에서 한라산을 바라보는 방향을 주축(Main Axis)으로 잡고, 이 축을 기준으로 음양의 상호 대립적인 개념을 설정했다.

좌측은 양(陽), 우측은 음(陰)이다. 양의 요소는 코스모스, 유클리드 기하학, 동적, 시끄러움, 쿵짝 쿵짝, 정형 등이다. 음의 요소는 카오스, 프랙탈 기하학, 정적, 조용함, 쿵짝짝 쿵짝짝, 비정형이다. 사선의 주축을 기준으로 양(陽)적인 단어들은 검은

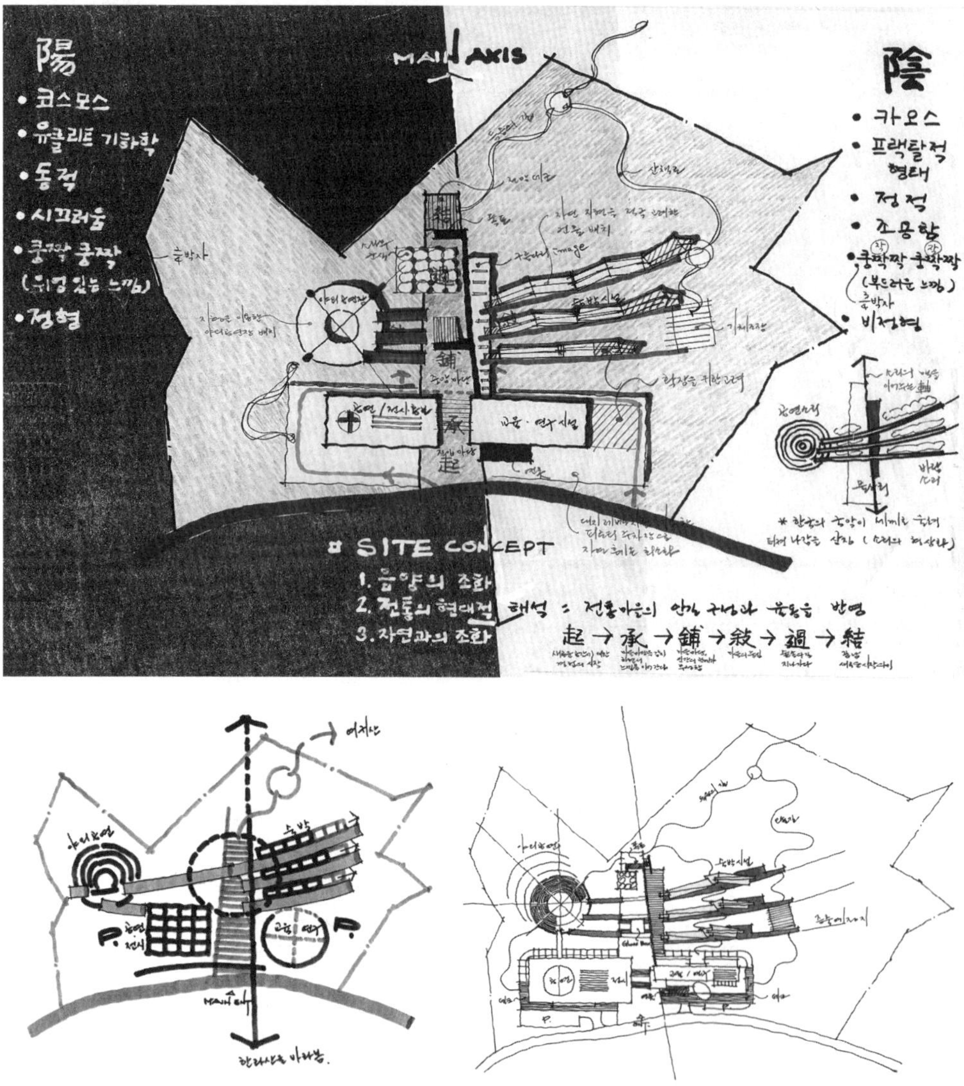

그림 2-18 국립 남도국악원의 배치 계획을 위한 스케치이다. 초기의 스케치는 굵은 선으로 간략하고 빠르게 그린다. 아직까지는 대안이기 때문에 개념을 강조하여 표현한다. 마지막 단계의 스케치는 가는 선으로 느리게 세부적으로 그린다. 건축물과 길의 모습이 드러난다.

바탕에 흰색 글자로, 음(陰)적인 단어들은 흰색 바탕에 검은 글자로 표현했다. 이 음양의 요소들은 중앙의 마당과 길을 통해 연결된다.

이 프로젝트는 주어진 시간이 너무 짧아서 마음이 조급했다. 마음은 급하고, 좋은 생각은 떠오르지 않았다. 회사에서 밤샘 작업이 이어졌다. 앞의 아이디어 스케치를 벽에 붙이고, 새벽에 퇴근했다. 다음날 오전 스케치를 본 상사가 '아이디어가 좋아. 당선이네!'라고 칭찬했다. 아이디어 스케치를 보고, 앞으로 만들어질 결과물을 예측한 것이다. 몸과 마음은 피곤했지만, 힘이 났다. 진심에서 우러나오는 '당선이네!'라는 말 한마디는 씨가 되었고, 열정의 불쏘시개가 되었다. 이 아이디어 스케치를 바탕으로, 배치계획을 구체적으로 진행했다.

설계 공모에서 주어진 프로그램은 600석의 국악 전용 공연장과 야외공연장, 전시장 및 교육연구시설과 숙박시설 등이다. 국악 전용 극장은 처음 접하는 프로젝트였다. 국악에 관한 서적과 자료를 찾아 국악에 관한 공부를 했다. 출퇴근 시에는 국악과 국악방송을 들었다. 이때 얻은 자료와 느낌을 노트에 기록했다. 주어진 대지는 진도의 남단에 위치하여, 아름다운 포구와 바다가 펼쳐진다. 맑은 날은 제주의 한라산이 보이는 산 중턱에 자리 잡고 있다. 하지만 건물을 앉히기에는 경사가 너무 심하다. 가장 큰 고민거리이다.

대지의 중심에서 한라산을 바라보는 주축을 설정하고, 좌측에는 동적 시설인 공연장을 우측에는 정적 시설인 교육연수실과 숙박시설을 배치하고, 중앙의 외부 공간으로 연결한다. 경사가 심한 지형을 최대한 살리기 위해 건물들을 분산하여 배치하자. 이를 바탕으로 배치계획을 다듬어 나갔다. 배치의 주된 개념은 음양의 조화, 전통의 현대적 해석 그리고 자연과의 조화이다.

설계 공모 시 모형을 제출해야 하는데 시간이 촉박했다. 전문 업체에 모형 제작을 맡기려면 건물 전체에 대한 도면이 필요하다. 절대적인 시간이 부족했다. 그래서 고민 고민 끝에 개념 모형을 만들기로 했다. 디테일이 없는 아크릴과 목재 덩어리로 만들었다. 또한 기존 지형을 최대한 살린다는 설계 개념에 맞추어 대지의 등고선이 그대로 보이게 만들었다. '궁하면 통한다'라는 말이 있다. 절대적인 시간 부족에 따라 고심 끝에 낸 아이디어가 주효했다. 통상적인 방법으로 만든 경쟁사들의 모형보다 상대적으로 부각되어서 호평을 받았다.

그림 2-19 국립 남도국악원 설계 공모 시의 모형 사진이다. 기존 지형을 최대한 살린다는 설계 개념에 맞추어 대지의 등고선이 그대로 보이도록 만들었다. 그리고 절대적인 시간 부족에 대한 대응으로 건축물은 디테일이 없는 아크릴과 목재 덩어리로 제작했다.

나는 새로운 프로젝트를 시작할 때마다 노트를 하나 마련한다. 줄이 없는 무선노트다. 여기에 아이디어를 글이나 그림으로 풀어놓는다. 설계 초기의 지침 분석에서부터 사례조사, 아이디어 스케치, 일정, 디테일 스터디 등까지 날짜순으로 적어넣는다. 최대한 깔끔하게 작업하여, 필요시 복사해서 사무실 스텝들과 공유한다. 이를 통해 프로젝트의 진행 과정과 아이디어의 발전과정을 볼 수 있다. 이 노트는 프로젝트에 따라 한 권이 되기도 하고, 여러 권이 되기도 한다. 일의 흔적이고, 든든한 재산이다.

책 속에 아이디어가 숨어 있다

한 편의 시나 소설에도 아이디어가 숨어 있다. 시나 소설을 짓는 것은, 집을 짓는 것

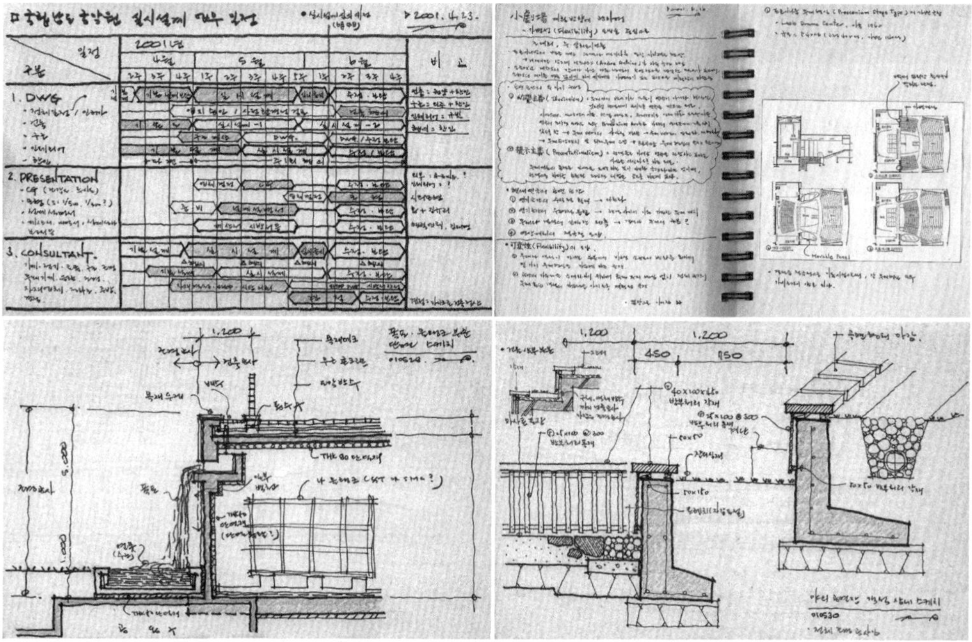

그림 2-20 프로젝트별 작업노트는 일의 흔적이고, 든든한 재산이다.

과 같은 마음에서 출발한다. 어떤 대상과 사건의 본질에 진심으로 다가가는 것이다. 그래서 좋은 글은 삶을 충만하게 하고, 건축 작업에 영감을 주기도 한다. 우리가 책을 가까이해야 하는 당위이다. 〈그림 2-21〉은 어린이 놀이터 계획안이다. 쉘 실버스타인의 《아낌없이 주는 나무》라는 동화책에서 아이디어를 얻었다. 이 아이디어를 바탕으로 새로운 어린이 놀이터의 큰 그림을 그렸다.

이 프로젝트는 '어린이+나무'를 주제로, 가상의 조건보다는 실제적 상황을 전제로 하며, 4-7세의 취학 전 어린이를 대상으로 놀이 공간을 구상해야 하는 '제1회 토탈 디자인상'이라는 공모전이다. 대학 4학년 때, 같은 학과 친구 2명 그리고 타 대학의 산업미술학과 2학년생과 함께 4명이 팀을 이루어 공동으로 작업했다. 이 공모전은 건축·인테리어, 그래픽, 제품 등의 분야별로 시행되었는데, 건축·인테리어 부문에 출품했다.

계획대상지를 아파트 단지 내의 어린이 놀이터로 선정했다. 기존의 어느 아파트 단지에서나 볼 수 있는 획일적인 기구 위주의 놀이 환경을 개선하고자 했다. 팀원들

그림 2-21 어린이 놀이터 계획안

과 함께 어린이 놀이터와 어린이집 등의 시설들을 견학했다. 뭔가 멋진 아이디어를 짜내기 위해 머리를 맞대고 몇 시간이고 이야기하고 고민했던 기억이 아직도 생생하다. 이 프로젝트의 단계별 프로세스를 짚어 보면서, 개념과 아이디어의 발상이 어떠한 과정을 거쳐 건축적 형태로 구체화되어 가는지 살펴보자.

1) 아이디어의 발상

우선 '어린이+나무'라는 공모전의 주제를 접하고, 가장 먼저 머리에 떠오른 생각은 쉘 실버스타인이 쓴 《아낌없이 주는 나무》라는 동화책이었다. 어릴 때 재미있게 읽었던 책이었는데, 누렇게 변한 책을 꺼내어 다시 찬찬히 읽어 보았다.

한 그루의 나무와 소년의 이야기이다. 소년이 어릴 때 나무는 함께 놀아 주는 즐거움을 주는 대상이었다. 나무는 소년이 커서는 열매를 주어 돈을, 나뭇가지를 주어 집을, 줄기를 주어 배를 만들 수 있게 하여, 소년이 행복할 수 있도록 아낌없이 준다. 세월이 흘러 노인이 된 소년은 피곤에 지친 모습으로 나무에게 돌아온다. 이제 더 이상 줄 것이 없는 나무는 자신의 그루터기에 앉아 소년이 쉬도록 권한다. 이렇게 나무가 소년에게 놀이, 열매, 휴식, 가지와 줄기, 그루터기까지 자신의 모든 것을 아낌없이 주면서 행복해 하는 내용이다.

특히, 책의 중간중간에 있는 삽화가 의미 깊게 다가왔다. 그래서 이 공모전에 대한 개념이나 영감을 떠올리는 데 도움이 될까 하여, 《아낌없이 주는 나무》에서 맘에 드는 삽화를 따라 그렸다. 수성펜으로 그린 그림에 색연필과 마커펜으로 색칠도 하고, 설계실의 벽에 붙여놓고 생각이 안 풀릴 때마다 바라봤다. 어느 때는 그 그림이 뭔가 나에게 말해 주길 기대하면서 하염없이 바라보기도 했다. 〈그림 2-22〉는 그때 따라 그린 삽화 중의 하나이다. 나무에 매달려 있는 아이의 모습을 손과 발로만 단순하게 표현했는데, 오히려 그 단순함이 더 많은 이야기를 해 준다. 나무를 기어오르는 것인지 미끄러져 내려오는 것인지, 여자아이인지 남자아이인지, 몇 살이나 되었는지, 힘들어 하는 표정인지 재미 있어 하는 표정인지, 혹 나무 뒤에서 나무에 기어오르려 애쓰는 동생을 위해서, 형이나 오빠가 엉덩이를 받쳐 주고 있는 건 아닐까? 이렇게 계속해서 이야기는 이어진다.

결국 《아낌없이 주는 나무》라는 책의 글과 그림에서, '나무는 그 자체로 어린이에게 즐거움을 주는 놀이터이고, 더 나아가 꿈과 행복을 주는 대상'이라는 아이디어를 떠올리게 되었다. 또한 나무는 이처럼 어린이에게 소중하고, 인간과 환경이라는 상호관계라는 측면에서 볼 때 아끼고 사랑해야만 하는 대상이라는 것을 깨닫게 되었다. 이러한 초벌

그림 2-22 《아낌없이 주는 나무》라는 책의 삽화를 따라 그렸다. 나무를 기어오르는 아이의 표정이 자못 궁금하다.

아이디어를 바탕으로 이 공모전의 주제와 관련하여 실질적인 개념과 테마를 이끌어 내었다.

2) 개념(concept)과 테마(theme)의 구상

이처럼 《아낌없이 주는 나무》라는 책에서 아이디어를 얻어 '어린이게 꿈을 나무에게 사랑을'이라는 테마를 이끌어 냈다. 아파트 단지 내의 창의적 놀이 행동을 억제하는 기존의 획일적인 놀이 환경을 아낌없이 주는 나무에서 아이디어를 얻어 놀며 배우는 공간, 나무와 같이 건물 자체가 입체적인 놀이터가 되는 장소를 만들고자 했다. 더불어 동물사육장, 온실, 자기 이름의 나무를 심을 수 있는 공간을 마련하여, 키우고 배우면서 자연을 사랑하게 된다. 나무도 자라고 아이들도 자라고 꿈이 커가는 놀이 공간으로 계획하고자 했다. 이러한 테마를 기본으로 하여 이 새로운 어린이 놀이 공간에 담아야 할 구체적인 프로그램을 생각했다. 그래서 건축물 내부에는 놀이방, 사육장, 공작실, 온실과 화장실을 계획했고, 외부 공간에는 놀이마당, 물놀이 공간, 공작실과 연계된 공작마당, 자기 나무를 심을 수 있는 정원, 대지의 경사를 이용한 미끄럼틀을 계획했다.

3) 평면 형태의 구상

처음에는 어린이들을 위한 시설이라 원형으로 평면 형태를 만들었다(〈그림2-23〉 참조). 막연히 아이들은 원형을 좋아할 것이라는 생각에서였다. 재미있을 것 같다는 생각도, 유치하다는 생각도 함께 들었다. 다음으로 사각형으로 계획했다. 기능적이고 동선 해결도 쉽지만, 아이들이 너무 재미없어 할 것 같다. 놀이 공간은 호기심을 유발하고, 상상력을 자극해야 한다. 그래야 재미있게 놀 수 있다. 아이들은 재미가 없으면, 금방 시시해 한다. 여기까지는 형태에 대한 구체적이고 참신한 아이디어가 없었다. 그래서 더 많은 스케치와 모형을 만들며 고민을 계속했다. 팀원들과의 열띤 토의도 반복됐다. 결국은 건축에서의 기본적인 세 가지 도형인 사각형, 원형, 삼각형을 기본으로 하여 형태를 다듬어 가기로 결정했다. 이러한 과정을 통해 원형에서 출발한 형태는 원형과 사각형 그리고 삼각형의 조합을 통해, 새로운 형태와 새로운 공간으로

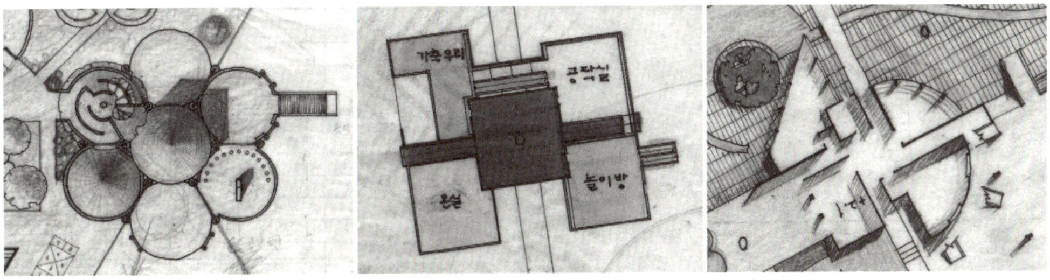

그림 2-23 평면형태의 구상과정이다. 초기의 원형과 사각형의 형태에서 최종적으로 건축에서의 기본적인 세 가지 도형인 사각형·삼각형·원형이 조합된 형태로 발전했다.

만들어지게 되었다. 놀이방과 사육장은 원형으로, 온실은 삼각형으로, 공작공간은 사각형의 공간으로 계획했다. 이 네 개의 공간을 네 방향에서 드나들 수 있는 공용 공간으로 연결했다.

직사각형의 대지에 건축물을 사선으로 배치했다. 그래서 외부 공간은 네 방향에서의 출입구에 의해 네 개의 사다리꼴로 나누어진다. 이 크기가 각기 다른 사다리꼴의 외부 공간은 내부 공간과 연계된다. 놀이방에는 철봉과 그네 각종 운동을 할 수 있는 흙으로 된 놀이마당이 붙어 있고, 온실 앞에는 상징적으로 큰 나무와 친수공간을 계획하여 물과 함께하는 다양한 놀이를 즐기도록 했고, 나무 그늘에서 쉴 수 있도록 하였다. 또한, 자연에 대한 사랑을 놀고 체험하며 배울 수 있도록 작은 동물을 키울 수 있는 사육장과 자신이 직접 나무를 심고 가꿀 수 있는 자기 나무 정원을 계획하였다. 공작실에는 공작 마당을 사육장에는 관찰 마당을 두어, 내·외부 공간이 연계되어 다양한 활동이

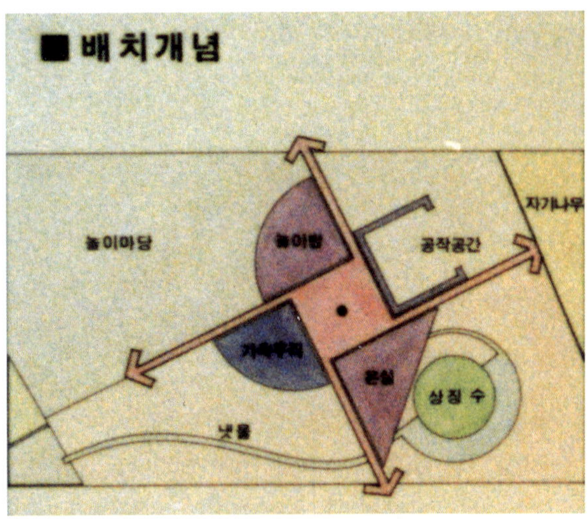

그림 2-24 배치 개념 다이어그램으로 건축물의 네 방향에서의 출입에 의해 외부 공간이 네 가지 특성을 가진 사다리꼴의 공간으로 분할된다.

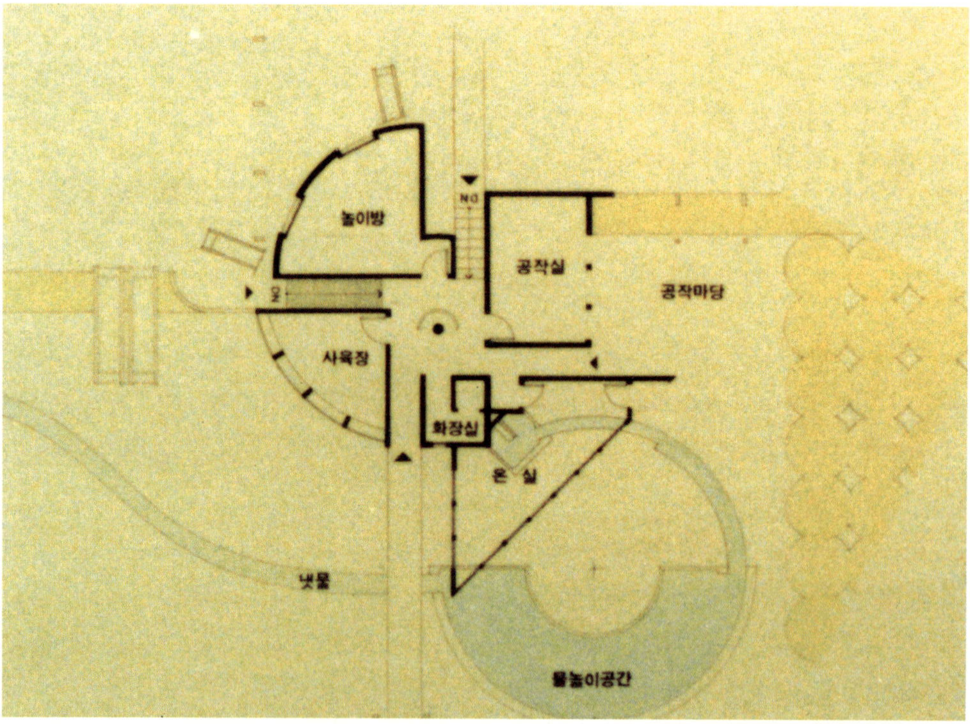

그림 2-25 1층 평면 및 배치도이다. 일반적으로 1층 평면도는 배치도와 함께 표현한다. 이는 건물과 대지와의 관계, 내부 공간과 외부 공간의 관계, 건물 출입에 대한 동선의 흐름, 조경 등에 정보를 나타낼 수 있기 때문이다. 건물 출입구 네 곳을 ▼로 표기하여 진입에 대한 방향성을 주었고, 건축물은 진하고 두꺼운 선으로 외부 공간은 약하고 얇은 선으로 표현했다.

이루어질 수 있도록 했다.

4) 입면과 단면 형태의 구상

《아낌없이 주는 나무》에서 소년이 나무에 기어오르거나 나뭇가지에 매달려 그네도 타고 때로는 나무와 함께 숨바꼭질도 하고 나무 그늘에서 단잠을 자는 모습에서 '건물 자체가 놀이터가 되는 어린이 놀이터'를 떠올렸다. 그래서 건물의 형상이 나무의 형태와 유사하게 줄기에서 가지가 뻗어 나가는 구조로 계획했다. 어린이들의 동선은 나무와 함께 놀 때와 유사하게 나무를 오르는 것은 사다리를 통해 수직으로 이동

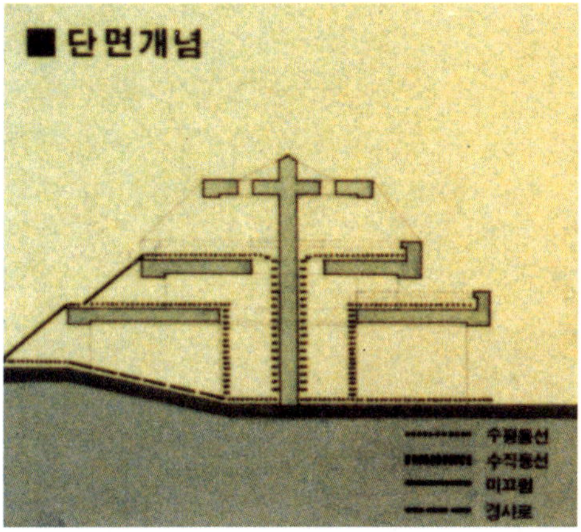

그림 2-26 동선에 대한 다이어그램으로 선의 속성과 속도의 관계를 접목하여 표현했다. 동그란 점선은 수평 동선을, 짧은 선의 점선은 사다리를 이용한 느린 수직 동선을, 실선은 미끄럼을 타는 빠른 수직 동선을, 선이 긴 점선은 경사로를 이용한 동선을 나타낸다.

할 수 있도록 하고, 나무에서 내려오는 것은 미끄럼틀을 설치하여 아래층이나 바닥으로 이동할 수 있도록 했다. 이렇게 하여 건축물 자체가 입체적 놀이터가 되게 하였다. 어린이들은 신체의 동작에 따른 속도감을 체감할 수 있고, 자연스럽게 놀이를 통하여 체력 또한 증진되는 효과가 있다.

건축물은 세 개의 층으로 구성되는데 1층은 놀이방, 사육장, 공작실, 온실 등의 프로그램을 담고 있다. 2층은 어린이들이 동굴과 같은 숨기 좋은 공간을 선호한다는 점을 고려하려 낮은 층고의 공간으로 계획했다. 3층은 원형의 형태로 하늘을 향해 열려 있으며, 미끄럼을 타고 지면으로 바로 내려갈 수 있다. 다양한 형태와 프로그램

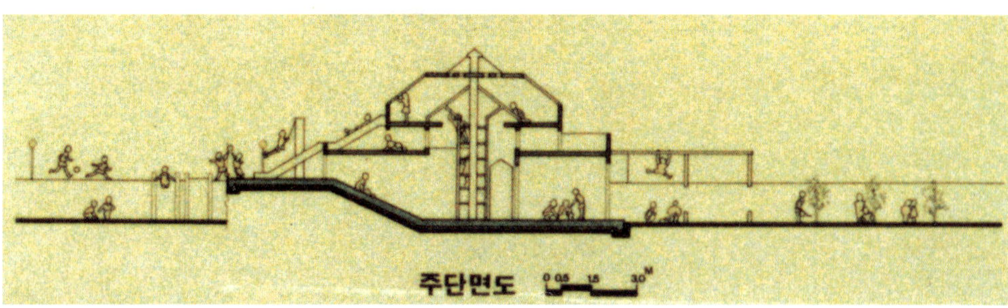

그림 2-27 단면계획으로 어린이들의 다양한 활동들을 간략한 그림과 함께 표현했다. 이 어린이 놀이터가 어떤 활동들을 담아내고 있는지 전체적으로 보여 준다. 어린이들은 나무에서 놀 때와 마찬가지로 사다리와 미끄럼틀을 이용해 재미있게 오르고 내릴 수 있다.

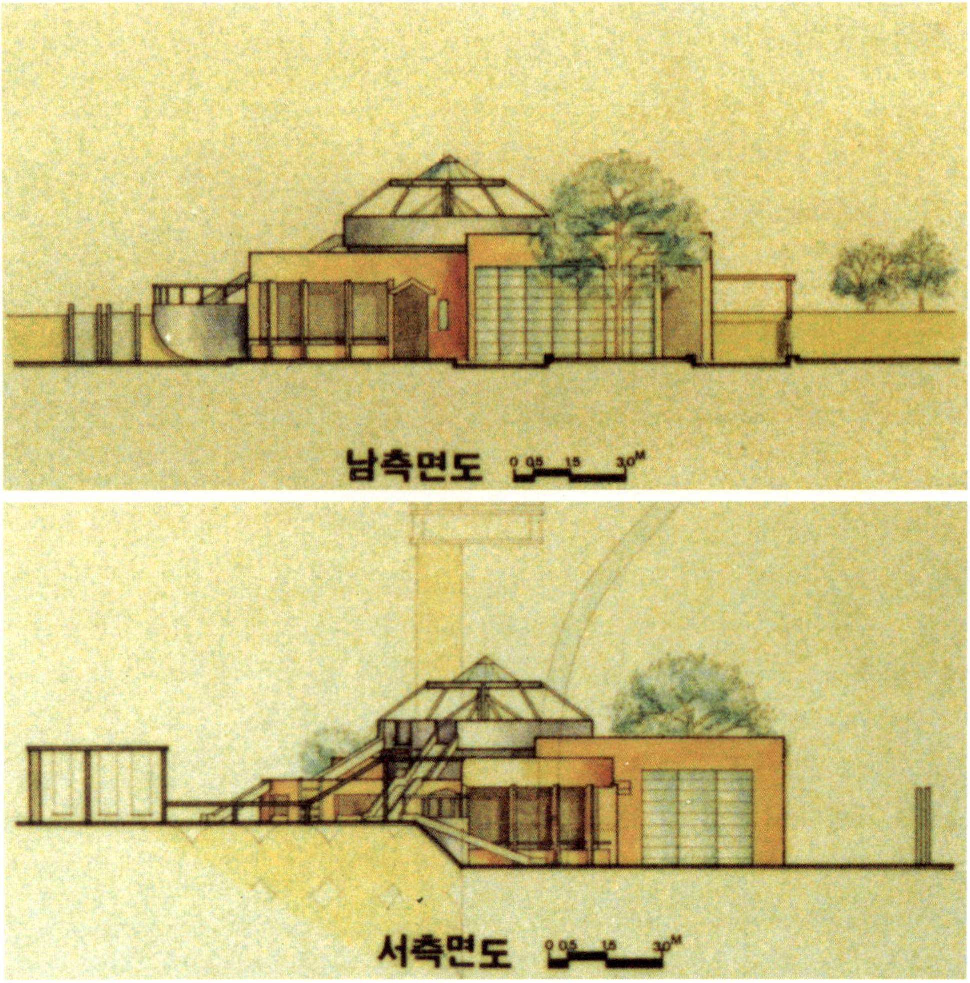

그림 2-28 남측면도와 서측면도이다. 로트링 제도펜으로 그렸고, 색연필과 마커펜을 이용해 채색했다. 선의 두께 조절과 그림자를 그려 넣어 입면도에 건물 형태가 살아나도록 했다. 건물 자체가 입체적인 놀이터이기 때문에 미끄럼틀과 그네 등을 그려 넣었다.

그리고 각기 다른 높이의 내부 공간은 어린이들의 신체에 대응하면서 놀이에 흥미를 더한다.

건축도면은 통상적으로 입면도를 먼저 그리고 다음에 단면도를 그린다. 평면과 입면 계획이 마무리되면, 그에 맞추어 단면도를 그리는 것이 일반적이다. 하지만 이

프로젝트는 단면의 구상이 끝난 다음에 입면도를 작업했다. 건물 자체가 놀이터이기 때문에 외관의 디자인보다는 내·외부 공간에서의 어린이들의 활동이 우선이었다. 사람들의 활동은 평면도와 단면도에서 드러난다. 특히 단면도를 통해 건물 전체의 뼈대와 다양한 사람들의 활동을 읽을 수 있다.

5) 표현 및 패널에 관한 구상

이 공모전(제1회 토탈 디자인상)을 준비할 당시에는 컴퓨터를 이용한 캐드나 포토샵 같은 소프트웨어가 없어서 손으로 직접 패널에 그려야 했다. 글자 또한 판박이 방식으로 한 자 한 자 따서 붙였다. 공모전 지침에 의해 패널은 60cm의 정사각형 크기 2매를 제출해야 했다. 패널은 주어진 지침에서 착안하여, 정사각형을 모티프로 구성했다. 정사각형의 반복과 차이를 통해 주어진 틀에 변화를 주고자 했다. 가장 비중 있는 외관 등각투상도와 평면도·입면도를 정사각형 틀에 큰 정사각형으로 자리 잡고, 나머지 공간에 개념도와 단면도 등을 그려 넣었다.

　제목이 있는 부분은 검은색 여백으로 눈에 잘 들어오도록 하였다. 제목 옆의 그림

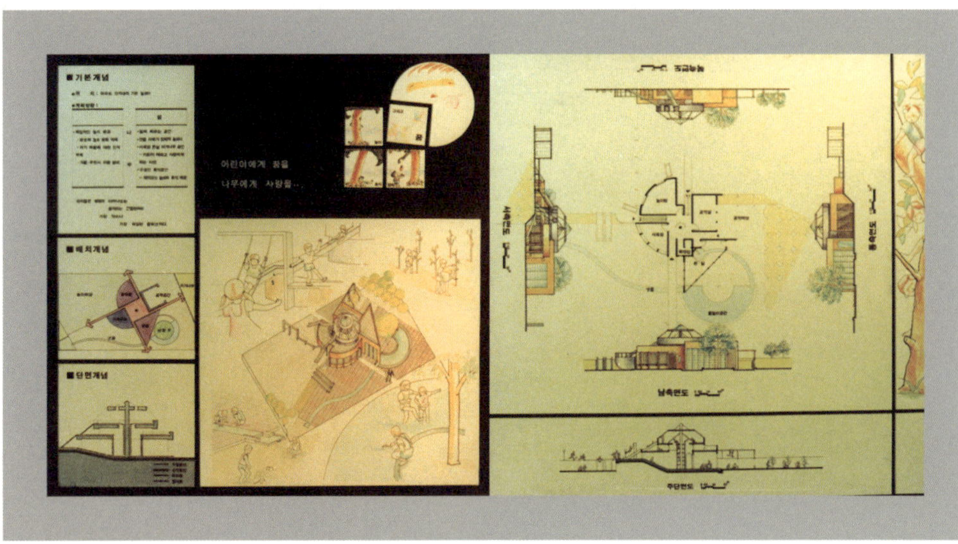

그림 2-29 공모전에 출품한 패널이다. 옅은 베이지 색의 하드보드지 위에 로트링 제도펜으로 그리고, 색연필과 마커펜을 이용하여 채색했다. 검은색의 종이 위에 결과물들을 붙여 변화감을 주었다.

은 많은 영감을 준 《아낌없이 주는 나무》라는 책의 오마주이다. 작은 정사각형 네 개를 이용하여, 나무가 어린이에게 주는 혜택을 표현했다. 그 중 꿈이라는 정사각형은 어린이가 먹고 자란다는 것을 강조하기 위해 약간 비틀어 주었다. 그리고 입면도는 보기에 불편한 점이 있지만, 네 방향에서 바라본 그대로 배치하여 정사각형이라는 구도를 따랐다(〈그림 2-29〉 참조).

3

점 · 선 · 면 · 입체

건축가들은 크게는 도시계획에서부터

작게는 화장실 타일 나누기에 이르기까지 선을 긋는다.

도시와 건축에 대한 생각들이 선으로 표현된다.

그 선에 의해 건축물이 만들어지고 도시가 탄생한다.

그래서 선 하나하나에 의미를 담아야 하고,

되는 대로 대충 그어서는 안 된다.

좋은 선에서는 주저함의 흔적도 담긴다.

건축가의 선은 좋은 건축을 위한 고민의 결과이다.

좋은 선은 좋은 건축을 만들고, 나쁜 선은 나쁜 건축을 만든다.

건축가는 자신이 그은 선에 책임을 져야 한다.

철학자이자 수학자인 라이프니츠는 무한하게 작은 점들이 모여서 어떻게 선을 형성하는지 설명하고자 했다. 라이프니츠 자신이 '연속체의 미로'라고 부른 문제이다. 세계 최초로 제기된 이 문제는 미분의 발견이라는 신기원으로 인도된다. 이처럼 철학자에게 점과 선은 형이상학적 사유의 출발점이 된다.

소설가 발터 뫼르스는《꿈꾸는 책들의 도시》에서 "온점이 벽이라면, 쌍점은 문입니다"라고 말한다. 글쓰기에서 온점(.)은 더 이상 갈 수 없는 벽과 같이 문장의 끝에 쓰는 마침표이다. 반면 쌍점(:)은 방으로 들어갈 수 있는 문과 같다. 내포되는 종류를 들거나 작은 표제 뒤에 간단한 설명을 붙일 때 쓰는 쉼표의 일종이다. 이처럼 작가에게 점은 글 쓸 때 꼭 필요한 문장부호이다.

화가 칸딘스키는 바우하우스에서 강의해 온 내용을 요약한 책《점·선·면》을 통해 자신의 예술론을 펼쳤다. 우선 기하학에서 점은 눈에 보이지 않는 본질이기 때문에, 개념상 점을 비물질적인 본질이라고 정의한다. 또한 물질적으로 생각할 때 점은 제로(Null)와 같다고 말한다. 다음으로 선은 점이 움직여 나간 흔적, 다시 말해 점이 만들어 낸 소산이라고 기술한다. 이처럼 선은 점의 움직임에서 생겨난다. 점이라는 정적인 것이 선이라는 역동적인 것으로 비약하게 된다.

그리고 칸딘스키는 면을 작품의 내용을 담는 바탕인 물질적인 것으로 이해한다. 이를 기초평면이라 하는데, 작품이 표현되기 전의 빈 공간, 아무것도 담기지 않은 빈 화면을 가리킨다. 칸딘스키에게 점·선·면은 물질적인 요소의 개념에서 벗어난, 순수하고 추상적인 형태의 조형 요소이다. 이처럼 화가에게 점·선·면은 추상화의 세계로 향하는 문의 빗장을 열어 준다.

그렇다면 건축가에게 점·선·면은 무엇일까? 철학자에게는 사유의 출발점이고, 소설가에게는 글쓰기의 문장부호이고, 화가에게는 작품 표현의 조형 요소이다. 이와 마찬가지로 건축가에게 점·선·면은 생각의 출발점이자, 표현의 요소이다. 건축가는 점·선·면이란 언어로 건축을 사고하고 말한다. 즉, 이를 통해 건축을 입체적으로 표현한다.

건축도면은 점과 선 그리고 글자로 이루어진다. 기둥이 점 적인 특성을 갖는다면, 벽체는 선적인 특성을 갖는다. 점은 눈이 잘 띄는 속성으로 인해 가장 빠른 의사전달 수단으로 사용될 수 있다. 따라서 이 점의 속성을 잘 활용하면 최단시간에 최상의 표현을 이끌어 낼 수 있다. 또한 바둑에서의 바둑알과 같이 점은 선과 같은 영역을 만들어 낸다. 점의 밀도가 달라지는 부분에 선이 생기고, 선을 이으면 면이 생긴다. 점이 이어지면 선이 되고, 점이 커지면 면이 된다. 점은 수에서의 0과 같이 존재하지 않는 가상의 무엇이다. 그래서 건축도면에서 점으로 이루어진 선은 보이지 않는 것을 표현한다.

모든 도면은 선으로 이루어진다고 해도 과언이 아니다. 대부분 건축도면은 선으로 이루어진다. 그래서 건축에서 선은 매우 중요하다. 실선은 눈에 보이는 선이다. 기둥, 벽체, 창호 등 대부분 실선으로 그린다. 점선은 보이지 않는 가상의 선이다. 상부 벽체선 혹은 공사비에 포함되지 않는 가구 등을 표현한다. 선과 점으로 이루어진 일점쇄선과 이점쇄선은 약속의 선이라 할 수 있다. 일점쇄선은 기둥이나 벽체의 중심선에, 이점쇄선은 대지 경계선에 사용한다. 그리고 복선은 높이 값을 가지지만, 단선은

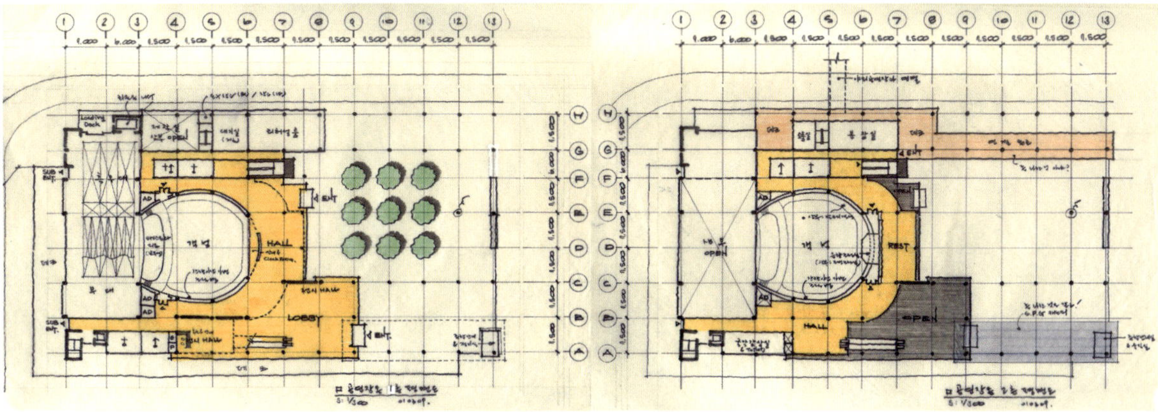

그림 3-1 국립남도국악원 공연장동의 1층과 2층 평면도이다. 기본설계 단계의 검토 도면으로 옐로우 스케치 페이퍼에 수작업으로 간략하게 그렸다. 검은색의 플러스펜으로 기둥은 점으로, 벽체는 선으로 표현했다.

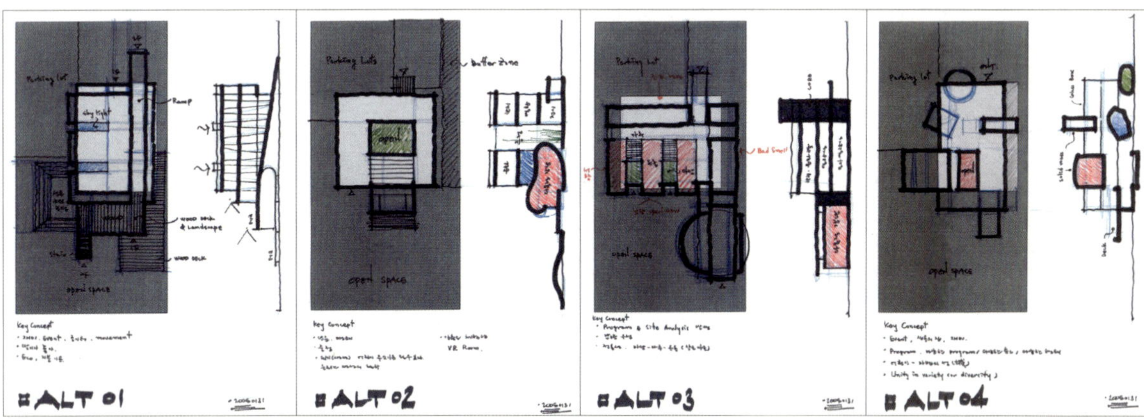

그림 3-2 단원 어린이도서관 설계 공모 계획안의 스케치이다. 초기의 아이디어 스케치는 주로 굵은 마커펜이나 매직펜으로 빠르게 그린다. 머릿속의 아이디어를 빠르고 효과적으로 풀어낼 수 있다.

높이 값이 없다. 기둥과 벽체는 복선으로, 바닥 마감재는 단선으로 그린다. 이처럼 선은 2차원적인 표현이지만, 3차원의 속성을 가진다.

선의 굵기와 속도 또한 중요하다. 초기의 아이디어 스케치는 굵은 선으로 빠르게 그린다. 머릿속의 아이디어를 빠르고 효과적으로 풀어내는 데 유리하다. 선의 양이 적고 축척에서 자유롭다. 아이디어를 포획하기 위해 수정 없이 빨리 많이 그린다. 반면, 디테일은 가는 선으로 천천히 그린다. 시공을 전제로 하기 때문에 책임이 따른다. 선

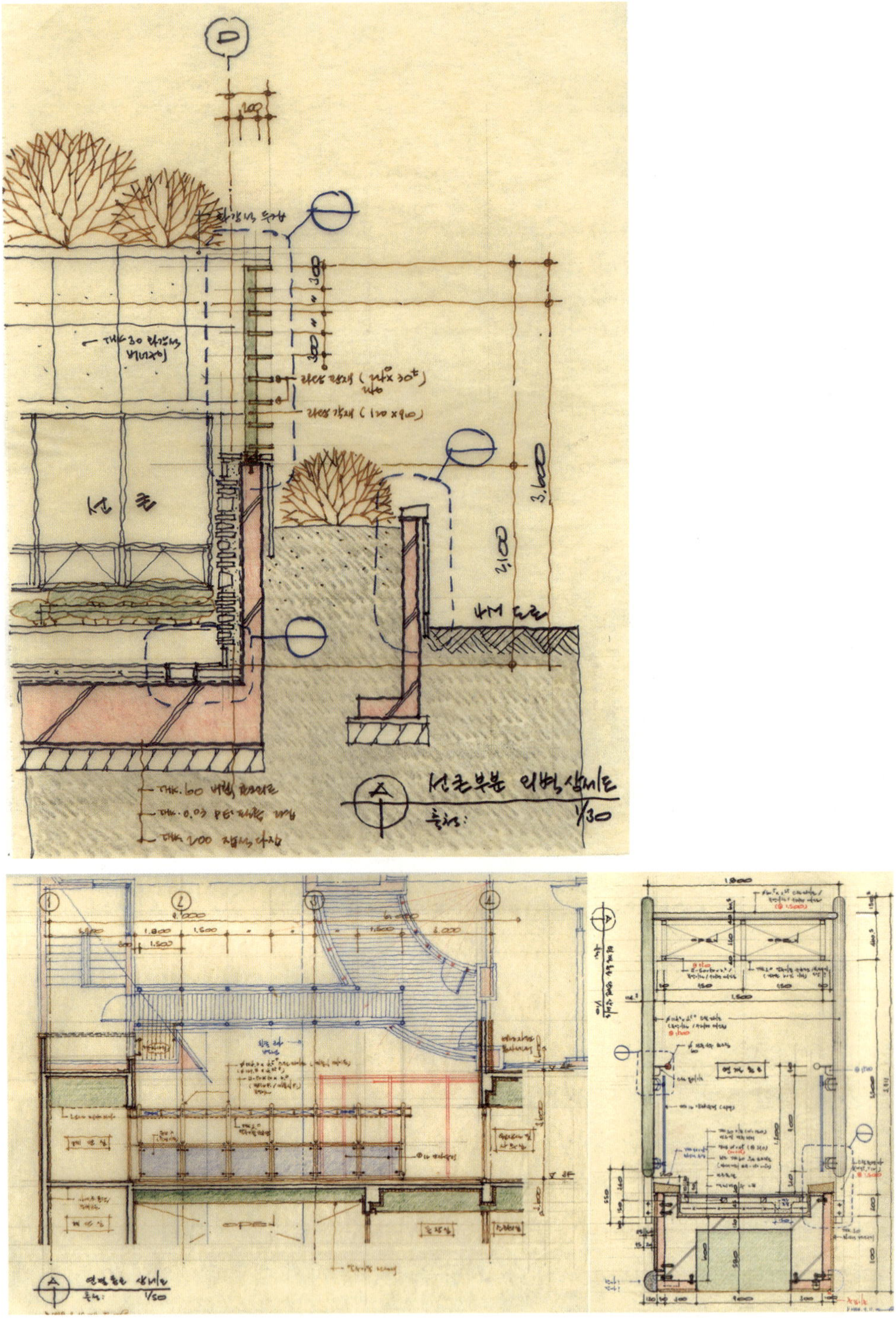

그림 3–3 면목8동 복합청사 선큰 (sunken) 부분과 연결 통로의 디테일 스케치이다. 디테일은 가는 플러스펜으로 천천히 세밀하게 그린다. 시공을 전제로 하기 때문에 책임이 따른다. 설계과정에서 꼼꼼히 그려야만 실제 공사도 꼼꼼하게 된다.

그림 3-4 '신접살림을 위한 단독주택' 계획안의 입면도이다. 요즘은 보기 힘든 로트링 제도펜을 이용하여 선을 그렸다. 선의 위계를 살려 건축물의 형태는 가장 굵은 펜으로, 면에서 돌출된 부분은 중간 펜으로, 창문틀은 가장 가는 펜으로 그렸다. 선 두께의 조절로 어느 정도 입체감이 드러난다. 마커펜으로 색칠하고, 그림자를 넣어 입체감을 살렸다.

의 양이 많아지고 축척에 맞추어 그려야 한다. 한 장의 도면이 완성되기까지 수많은 고민과 수정이 뒤따른다. 설계과정에서 꼼꼼히 그려야만 실제 공사도 꼼꼼하게 된다.

선 긋기에서는 선의 위계가 가장 중요하다. 선의 표현에서 선 굵기 정도의 위계질서이다. 중요한 선은 굵고 강하게 그리고, 덜 중요할수록 가늘고 약하게 그린다. 단면선은 굵게 입면선은 가늘게 그린다. 평면도에서 벽체는 굵은 선으로 바닥마감재는 가는 선으로 그린다. 입면도의 선은 가까운 면은 굵게 멀수록 가늘게 그린다. 선 두께의 조절로 어느 정도 입체감을 표현할 수 있다. 음영표현을 하면 입체감이 더욱 살아난다. 2차원의 도면이지만 3차원의 표현이 가능하다. 선의 위계와 그림자의 길이로 건축물 형태와 높이를 짐작할 수 있다.

요즘은 컴퓨터로 선을 그린다. 빠르고 정확하며, 수정과 변경이 편하다. 그린 다음에 선 두께를 쉽게 조절할 수 있다. 하지만 손으로 그린 도면에 비해 뭔가 부족한 듯 느껴진다. 컴퓨터로 선을 그릴 때는 마우스 하나면 된다. 손으로 그릴 때는 다양한 종류의 펜과 종이, 제도 용구가 필요하다. 그리고자 하는 목적에 따라 펜과 종이를 선택해야 한다. 컴퓨터로 그린 선과 손으로 그린 선에서 느껴지는 차이는 도면을 대하는 첫 마음가짐에서 비롯되지 않을까? 우선 그린 다음에 수정해도 된다는 마음과 처음부터 신중하게 펜과 종이를 선택하는 태도의 차이 말이다.

건축가는 자신이 그은 선에 책임을 져야 한다

스페인의 건축가 안토니오 가우디는 "직선은 인간의 선이며, 곡선은 신의 선이다"라고 말했다. 직선은 인간이 만들어 낸 선이고, 곡선은 신이 만들어 낸 선이라는 의미이다. 가우디는 인위적인 직선보다 자연스러운 구불구불한 곡선을 주로 사용했다. 곡선을 통해 카사 밀라, 구엘 공원, 사그라다 파밀리아 등 감동을 주는 독창적인 공간 미학을 보여 주었다. 지금도 세계의 많은 사람들이 안토니오 가우디의 건축을 보러 스페인을 방문한다.

반면, 르 코르뷔지에는 "굽은 길은 당나귀의 길이며, 곧은 길은 사람의 길이다"라고 하면서 직선과 직각을 예찬했다. 사람은 목적이 있기 때문에 똑바로 걷고, 당나귀는 무작정 갈지자로 걷는다는 것이다. 그는 굽은 길은 동물성의 결과이고, 곧은 길은 인간 이성의 결과라고 주장했다. 더불어 곡선은 비용이 많이 들고 힘들며 위험하고 교통을 마비시키기 때문에 건물, 하수구, 차도, 보도 등의 건설과 교통은 직선을 필요로 한다고 강조했다. 요컨대 현대도시는 직선에 의지하여 유지되고 있다고 주장했다.

르 코르뷔지에는 이러한 직선을 바탕으로 도시에 선을 그었다. '당나귀의 길'을 통해 지속적으로 강요된 파리시의 문제를 지적하며, 1925년 기존의 도시를 허물고 유리마천루의 수직 도시인 '부아쟁 계획(Plan Voisin pour Paris)'을 제안했다. 그 당시 아메리카 대륙의 직선 도시를 찬미한 결과였다. 도심지의 혼잡 완화, 인구밀도의 증대, 교통수단의 확충, 식수면적의 확대를 목표로 삼았다. 다행히 실현되지는 않았다. 하지만 한국의 강남과 같이, 현대의 신흥 도시들은 그의 생각을 기반으로 탄생했다.

제인 제이콥스는 《미국 대도시의 죽음과 삶》에서 주류 도시계획가들의 이론에 반기를 든다. 그들이 책상 위에서 그린 도면과 현실의 도시는 다르다는 것이다. 그녀는 도시의 가로와 공원에 주목하여, 거리를 사람들로 채우는 것이 안전하고 살기 좋은 도시를 만드는 지름길임을 밝힌다. 도시에 생명력을 부여하는 것은 다양한 인간 활동이고, 사람들 간의 잦은 마주침이 거리를 활성화시킨다는 것이다. 도시계획가들이 그린 도시가 이상적이고 피상적인 선(線)이라면, 그녀가 바라본 도시는 그 선 사이에 있는 현실적인 사람들의 삶이다.

현대에 와서 근대의 도시계획가들이 비판받는 이유는 무엇일까? 속도의 문제가 가장 크다. 르 코르뷔지에는 "도시의 성공은 속도에 달려 있다"라는 전제하에 도시계획 이론을 펼쳤다. 직각과 직선이 그 해결책이었다. 직선은 빠르고 곡선은 느리다. 하지만 누구를 위한 빠름인가? 속도를 추구한 결과 도시는 사람이 아닌 자동차가 주인이 되었다. 또한, 무엇을 위한 빠름인가? 사람의 행복은 빠름에 있지 않다. 인생은 속도가 아니라 방향이라는 말이 있다. 삶은 곡선이다. 느리게 살며 소소한 행복을 누릴 수 있는 도시가 좋은 도시이다. 좋은 도시는 인간의 삶을 풍요롭게 한다.

설계사무소 초년 시절 처음으로 공사현장을 접했을 때의 기억이 생생하다. 내가 많은 부분을 그린 도면으로 시공하는 현장이었다. 막 거푸집을 떼어 내어 콘크리트의 속살이 드러났다. 시멘트 특유의 냄새도 나고, 뚫린 벽으로 빛이 입자로 들어왔다. 기둥과 벽이 세워지고 계단이 만들어졌다. 내가 제도판에서 그은 선 그대로 지어지고 있었다. 도면의 선 하나하나에 대응하여 기둥과 벽이 되고, 창과 문이 되었다. 신기하기도 하고 가슴 벅찼다. 동시에 내가 선을 잘못 그린다면 어떻게 될까 하는 불안감도 엄습했다.

건축가들은 크게는 도시계획에서부터 작게는 화장실 타일 나누기에 이르기까지 선을 긋는다. 도시와 건축에 대한 생각들이 선으로 표현된다. 그 선에 의해 건축물이

그림 3-5 좌측은 경상북도 안동의 하회마을, 우측은 서울 강남의 위성사진이다. 자연이 만든 자연스러운 곡선과 인간이 만든 인위적인 직선을 대비적으로 보여 준다.

만들어지고 도시가 탄생한다. 그래서 선 하나하나에 의미를 담아야 하고, 되는 대로 대충 그어서는 안 된다. 좋은 선에는 주저함의 흔적도 담긴다. 건축가의 선은 좋은 건축을 위한 고민의 결과이다. 좋은 선은 좋은 건축을 만들고, 나쁜 선은 나쁜 건축을 만든다. 건축가는 자신이 그은 선에 책임을 져야 한다.

수업과제 1. 선 긋기 연습

수작업으로 하는 제도는 건축에서 창작하고 표현하는 전통적인 방법이다. 현대의 디지털 세상에서도 그 의미는 결코 퇴색되지 않을 것이다. 연필이나 펜으로 선을 그린다는 것은 방향과 길이를 가지는 움직임이다. 연필의 종류, 연필심의 두께, 종이의 질감, 날씨 등에 따라 손에 느껴지는 감촉과 소리가 다르다. 즉 손과 머리로 감응하는 몸으로 기억되는 촉각적인 행위이다. 그래서 자전거 타기와 마찬가지로 한번 몸에 배면 쉽게 잊히지 않는다.

선 긋기 연습은 서예 연습과 비슷하다. 많이 그려봐야만 필력이 생기고, 자신만의 스타일이 형성된다. 중국 무협영화를 보면 대개 복수를 위해 십 년 이상의 수련을 쌓는다. 결국 고수가 되어 복수에 성공한다는 이야기가 주를 이룬다. 우리는 영화에서처럼 복수할 필요는 없지만, 오랜 연습을 통해 연필을 다루고, 선의 형태를 구사하는데 능수능란하게 될 수 있다. 무술의 고수가 오랜 수련을 통해 외공과 내공이 경지에 오르듯이 건축가 또한 오랜 숙련이 필요하다.

다음의 유의 사항을 염두에 두고, 선 긋기 연습을 한다.

1) 선의 선명도와 적절한 선 굵기의 변화, 선의 위계 등에 특히 주의해야 한다.
2) 선의 시작과 끝을 명확히 하며, 일정한 힘을 주어 긋는다.
3) 점선은 가능한 일정한 크기와 간격을 유지한다.
4) 각을 이루어 만나는 부분은 정확히 맞물려 교차해야 한다.
5) 중복해서 그은 흔적이 나타나지 않도록 한다.
6) 자기에게 알맞은 연필을 선택하고, 항상 연필심을 가늘게 해야 한다.

〈그림 3-6〉은 건축학과 1학년 때 처음으로 배우는 제도 및 기초설계 과목의 과제

그림 3-6 선 긋기 연습 과제물로 끈기와 창의성이 동시에 요구된다 (©윤보라, 이혜정, 신나래, 박소영, 신혜인)

물이다. A3 크기의 켄트지에 연필로 작업한다. 건축도면에서 사용하는 다양한 종류의 선을 이용해서, 선택한 대상을 표현해야 한다. 건축물·자연풍경·동식물 등 자유롭게 대상을 선정한 후에 다양한 선을 사용하여 패턴을 넣는다. 평가 포인트는 다양한 종류의 선의 사용, 전체적인 선의 밀도, 앞에서 기술한 유의 사항의 준수 등이다. 선 긋기라는 반복적이고 다소 지루할 수 있는 작업에 재미와 창조성을 가미한 과제이다.

수업과제 2. 과일 단면 그리기(평면, 단면에 대한 이해)

건축도면에서 평면도와 단면도가 가장 중요하다. 평면과 단면도의 치수에 따라 집을 짓기 때문이다. 평면도와 단면도를 그리는 원리는 같다. 건축물을 수평으로 잘라 그리면 평면도이고, 수직으로 잘라 그리면 단면도이다. 그래서 엄밀히 말하면 평면도는 단면도의 일종이다. 단면은 영상진단 의료장비인 CT나 MRI와 같이 겉에서 보이지 않는 내부의 모습을 시각적으로 보여 준다.

반면 배치도와 입면도는 외부를 표현한다. 이는 평면과 단면의 그림자이다. 평면과 단면에 따라 드러나는 외피이다. 평면도와 단면도에 따라 공사하면, 그에 따라 입면이 형성된다. 병원에서 질병의 진단을 위해 CT나 MRI 촬영이 필요하듯이, 건축물에서는 평면과 단면이 매우 중요하다. 공간 즉, 건축물의 내부를 보여 주기 때문이다. 평면과 단면을 통해 공간의 짜임새가 드러나고, 사람들의 다양한 활동과 움직임이 파악된다. 평면이 수평적인 구성을 보여 준다면, 단면은 수직적인 구성과 연결을 보여 준다.

실무에서 평면도와 단면도는 경험이 많은 경력자들이 그린다. 건축물의 기능, 법규, 구조 및 설비시스템, 건축 재료 및 구법 등을 알아야 한다. 또한 건축물을 입체적

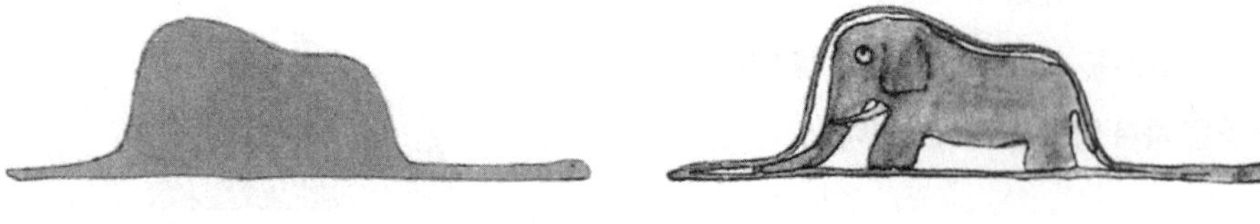

그림 3-7 생텍쥐페리의 《어린 왕자》에 나오는 삽화이다. 좌측의 그림을 보고, 어른들은 모자를 그렸다고 생각한다. 어린 왕자는 코끼리를 통째로 삼키고서 소화시키는 무서운 보아 구렁이를 그린 것이다. 그래서 어른들이 알아볼 수 있도록 우측의 그림과 같이 보아 구렁이의 뱃속을 그렸다. 어른들에게는 언제나 설명을 해 주어야 하기 때문이란다. 이처럼 입면이 겉에서 보이는 것을 그린다면, 단면은 보이지 않는 내부를 표현한다.

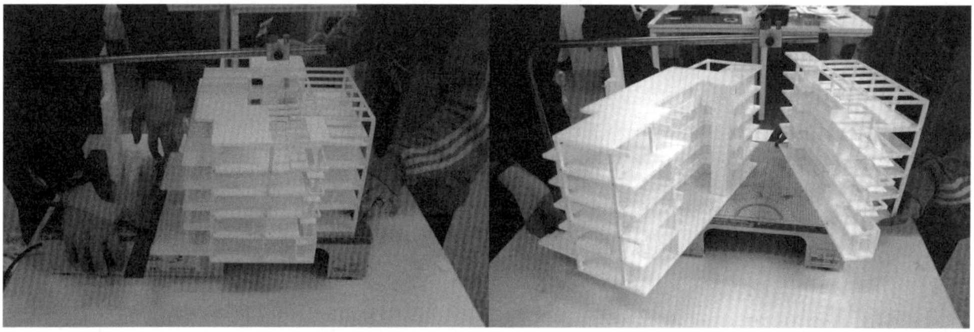

그림 3-8 건축물 모형을 열선 커터기로 수직으로 잘랐다. 건축물을 수평으로 잘라 그리면 평면도이고, 수직으로 잘라 그리면 단면도이다. 이런 작업을 통해 학생들은 단면도의 기본 원리를 쉽게 이해했다.

으로 머릿속에 그릴 수 있어야 한다. 그래야만 오류가 없는 완결된 도면을 그릴 수 있다. 요즘은 캐드 프로그램에 의한 편집 위주의 도면 작업을 주로 해 머릿속으로 집을 그리는 상상력이 떨어지고 있다. 그래서 도면들이 서로 맞지 않고, 따로 노는 경우가 많다. 도면의 아귀가 맞지 않는 것이다. 이러한 상상력의 결핍은 결과적으로 설계 품질의 저하로 이어진다.

실무에서나 학교에서나 평면도와 단면도 작업을 제일 어려워한다. 특히 단면도를 더 어려워한다. 보이지 않는 것을 상상해서 그려야 하기 때문이다. 하지만 기본적인 원리만 알면 단면도도 그리 어려운 것은 아니다. 〈그림 3-9〉는 1학년 학생의 과제물이다. 과일이나 채소를 선택하여 칼로 잘라 그 단면을 그리는 과제이다. 평면도와 단면도의 기본적인 원리를 이해하기 위함이다. 딸기, 귤, 키위, 파인애플, 피망, 참외 등 다양한 과일이 등장한다. 단면상 큰 차이가 없는 오이, 바나나 등은 선택하지 않도

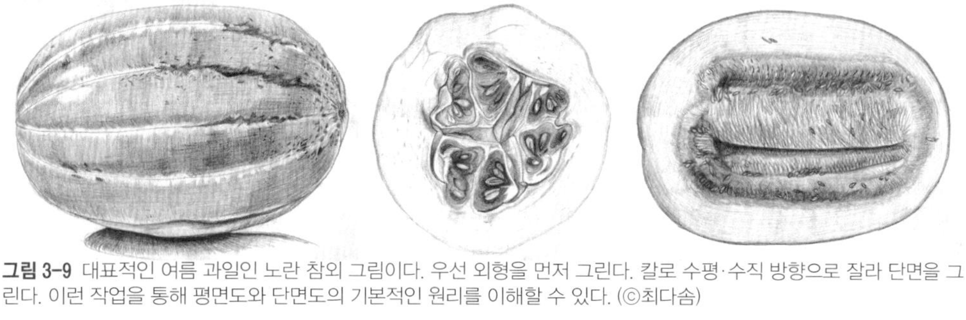

그림 3-9 대표적인 여름 과일인 노란 참외 그림이다. 우선 외형을 먼저 그린다. 칼로 수평·수직 방향으로 잘라 단면을 그린다. 이런 작업을 통해 평면도와 단면도의 기본적인 원리를 이해할 수 있다. (ⓒ최다솜)

그림 3-10 4학년 2학기 '유진상가 리모델링 설계과제'의 단면모형이다. 3D 프린터로 출력하여, 이어 붙여 만들었다. 이제 건축가들은 다양한 컴퓨터 프로그램을 이용하여, 수작업으로는 불가능한 공간을 만들어 낼 수 있다. 이처럼 기술의 발달은 건축가의 작업에 새로운 가능성을 열어준다. 하지만 여전히 유효한 것은 이러한 공간을 생각할 수 있는 건축가의 상상력이다. (ⓒ이현철)

록 한다. 수평으로 자르면 평면이, 수직으로 자르면 단면이 된다. 더불어 평소에 자주 접하는 과일을 깊이 이해할 수 있는 계기가 된다. 과일의 맛과 향이 덤으로 따라온다.

건축도면에서 평면과 단면은 정밀묘사로 그릴 필요는 없다. 도면은 사진과 같은 재현의 수단은 아니다. 도면의 축척에 따라 축약해서 그린다. 국제적으로 재료와 축척에 따른 표기방법이 있다. 이처럼 기본 원리를 이해하고 찬찬히 생각하면서 그리다 보면, 단면이 그리 어렵지 않다는 것을 알 수 있다. 하지만 과일 단면과 같이 보고 그리는 것은 쉬운 일이다. 건축가는 눈으로 볼 수 없는 것을 상상해서 그려야 한다. 이미 지어진 건물이 아니라 지어질 건축물이 대상이기 때문이다. 쉽지는 않은 일이다.

어떻게 하면 눈에 보이지 않는 것을 그릴 수 있을까? 우선 상상으로 머릿속에 그려야만 한다. 다음으로 머릿속의 그림을 가시적인 도면으로 옮기는 것이다. 머릿속에 그릴 수 있는 힘이 상상력이다. 상상력은 생각하는 힘이다. 흔히 상상력 하면 창의성

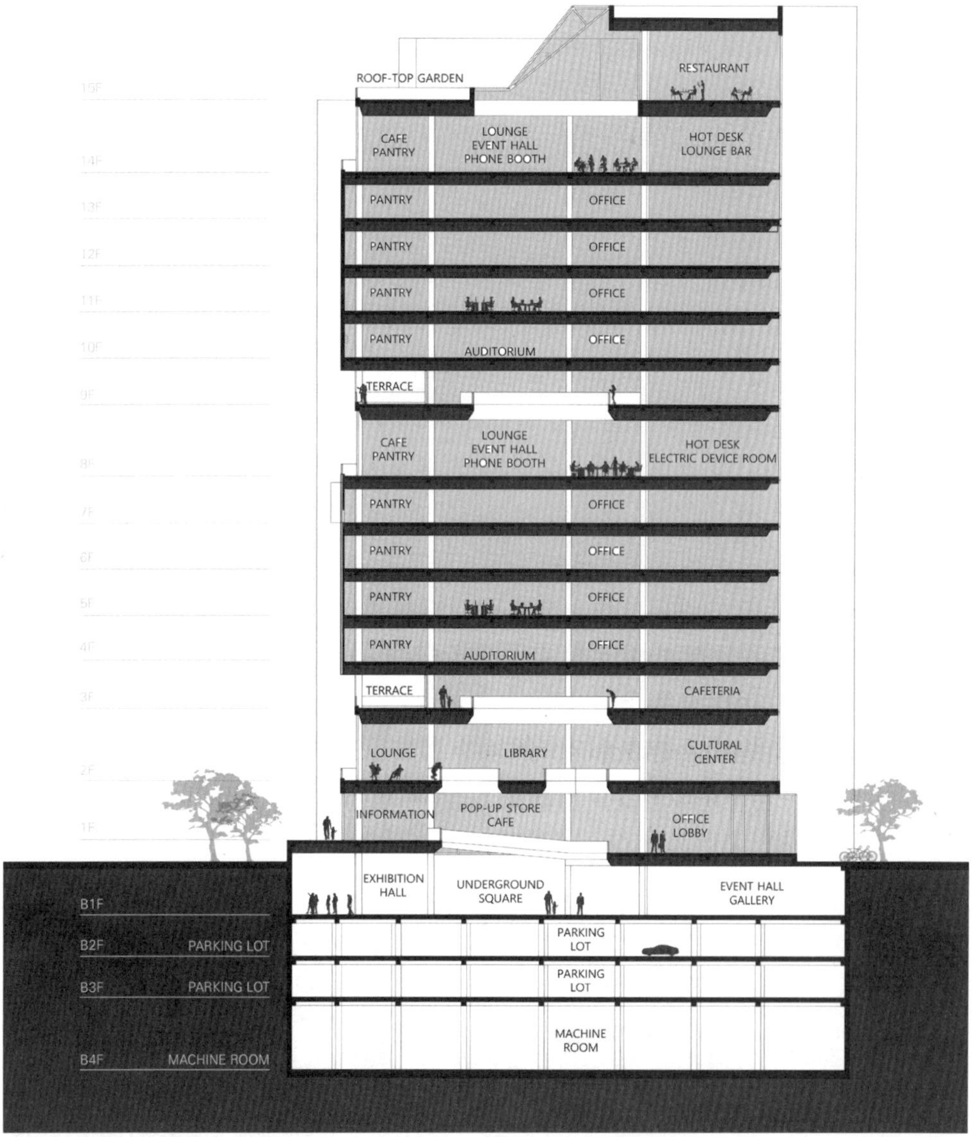

그림 3-11 4학년 1학기 '오피스 빌딩 설계과제'의 단면도이다. 건축물 중앙에 있는 아트리움이 부각되도록 단면도를 그렸다. 지하 1층에서 3층까지 이어주는 아트리움과 천창이 있는 최상층의 아트리움이 인상적이다. 이곳에서 거주자들은 다른 층으로 이동하고, 서로 만나 수다 떨고, 일도 하고 쉬기도 한다. 세 곳의 아트리움은 이 건축물의 중심 공간이자 소통의 장소가 된다.(ⓒ이서현)

을 먼저 떠올린다. 새로운 것을 만드는 것만이 창의성이 아니다. 상상력은 무언가를 만들어 내는 바탕이 된다. 그래서 건축가에는 상상력이 중요하다. 건축가의 상상력에 의해 가상이 현실이 된다.

수업과제 3. 종이접기 모형 만들기(배치도와 입면도에 대한 이해)

배치도와 입면도는 평면도와 단면도에 비해 상대적으로 그리기 쉽다. 보이는 대로 그리면 되기 때문이다. 위에서 보고 그리면 배치도이고, 옆에서 보고 그리면 입면도이다. 보이지 않는 내부의 구조가 아니라 보이는 외부의 모습을 그린다. 하지만 건축학과 초년생의 경우 어렵긴 마찬가지이다. 어떻게 하면 학생들을 보다 쉽게 이해시킬 수 있을까 고민하던 차에, 반 고흐 미술관의 종이접기 그림을 접했다. 그림대로 칼이나 가위로 자르고 접어서 풀로 붙이면 건축물 모형이 된다.

이와 같은 종이접기 모형을 활용하면 만드는 재미도 있고, 배치도와 입면도에 대한 이해에 도움이 될 것 같아 과제로 제시했다. 수업시간인 5시간 정도에 완성해야 하는 과제이다. 우선 학생들에게 종이접기 도면을 나누어 주고, 모형을 만들게 한다. 그런 다음 도법에 맞게 배치도와 입면도를 그리게 한다. 모형을 만들면서 건축물의 형태를 어느 정도 숙지했기 때문에 도면 작업에 속도가 붙는다. 이러한 작업의 결과 학생들이 배치도와 입면도를 보다 쉽게 이해했다.

건축도면 작성 방법에 의하면, 배치도에는 대지의 크기, 건축물의 형태, 방위, 등고선, 조경 등을 표기해야 한다. 광역적으로 주변 환경과의 맥락을 반영하여 표현하

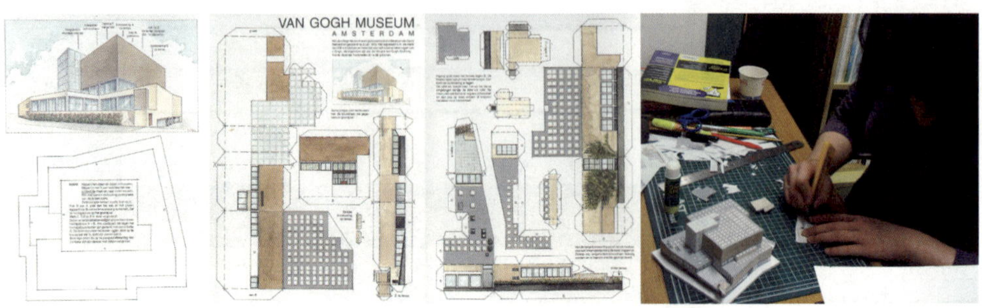

그림 3-12 반 고흐 미술관의 종이접기 모형의 도면이다. 건축물의 전체적인 모습을 파악할 수 있는 투시도와 개략적인 설명이 있다. 칼이나 가위로 자르고 접어서 풀로 붙이면 건축물 모형이 된다.

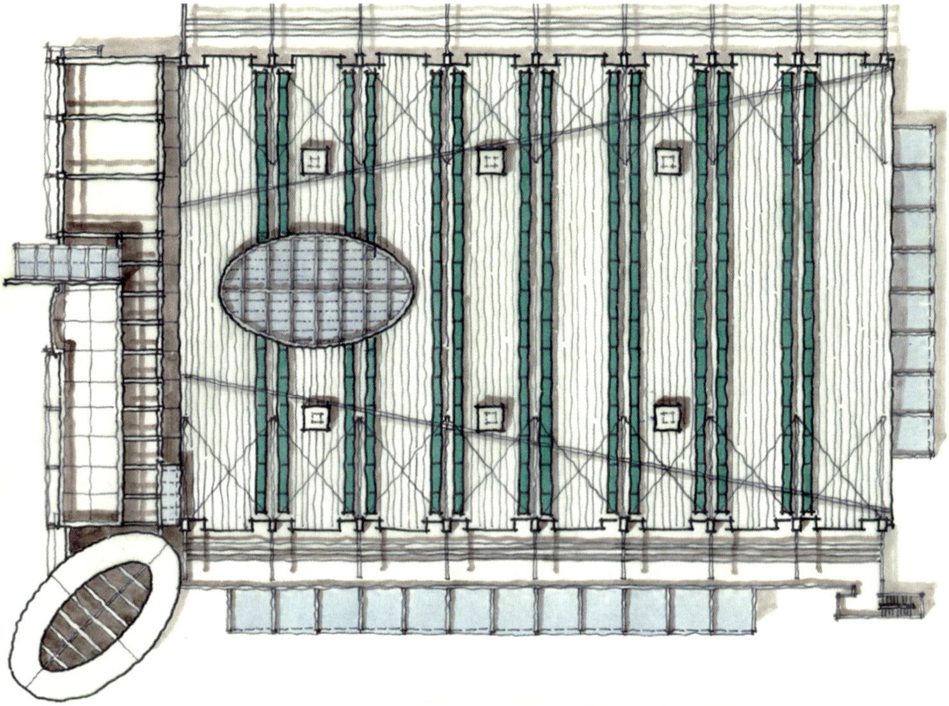

그림 3-13 안양우편집중국의 배치도 스케치이다. 옐로우 스케치 페이퍼에 플러스 펜으로 그렸다. 연한 회색의 마커펜으로 그림자를 표현하여 입체감이 드러나게 했다. 천창 부분은 녹색과 밝은 청색으로 칠해 서로 다른 유리의 재질을 보여 준다.

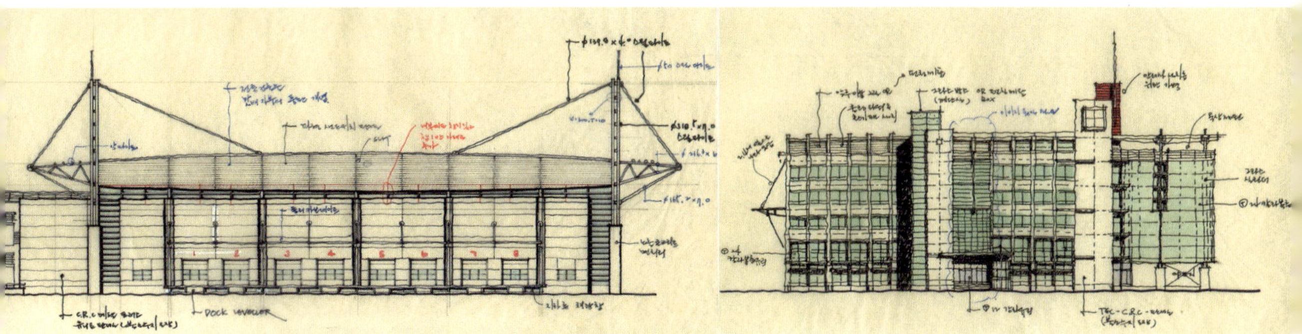

그림 3-14 안양우편집중국의 입면 계획을 위한 스케치이다. 배치도와 마찬가지로 옐로우 스케치 페이퍼에 플러스 펜으로 그렸다. 우측 정면도의 경우 검정색의 플러스 펜으로 그림자를 적극적으로 넣어 돌출된 매스를 더욱 부각했다. 전체적으로 유리 부분은 연한 녹색의 마카펜으로 표현했다.

고, 건축물의 형태 및 일조 등의 영향 파악을 위해 그림자를 그려 넣는다. 그리고 입면도는 건축물의 외부를 나타내는 도면으로, 평면도와 단면도를 기초로 하여 입체적으로 표현하고, 건축물의 이해를 높이기 위해 그림자를 표현하고, 수목·사람·차량 등을 부수적으로 그려 넣는다.

면에서 입체와 공간으로

《입체+공간+커뮤니케이션》이란 책에 평면 디자인의 형태생성 이론이 소개된다. 1920년대 바우하우스의 파울 클레가 개발한 것으로, 점으로 시작하는 형태 생성의 도형적인 차원에 관한 내용이다. 점이 이동하면 선이 생성되고, 그 선이 평면적으로 이동하면 2차원의 평면을 얻을 수 있다는 이론이다. 평면이 움직이면 3차원 공간에

그림 3-15 거실과 침실의 1점 투시도. (©박성원, 김지운, 신나래, 김하경)

서 위치를 가지며 외부와 구분되어 닫혀진 3차원의 형태가 된다는 것이다.

건축공간은 2개 이상의 면이 만나 3차원의 입체를 형성한다. 넓이만 있는 2차원에서 깊이가 있는 3차원의 입체적인 공간이 된다. 건축의 내부 공간은 바닥·벽·천장으로 이루어진다. 이 공간에 사람들이 거주한다. 우리가 거주하고 있는 방이나 거실을 투시도로 그려보면 면과 입체의 관계를 알 수 있다. 2차원의 면이 만나 3차원의 입체를 어떻게 형성하는지를 알 수 있다. 〈그림 3-15〉는 자신이 살고 있는 집의 방이나 거실을 1점 투시도로 그린 학생들의 과제물이다. 창과 가구 등을 그려 넣으면, 이렇게 형성된 입체와 공간과의 관계도 드러난다.

건축의 외부형태는 바닥·벽·지붕으로 이루어진다. 땅이라는 바닥에 벽과 지붕으로 이루어진 형태가 놓인다. 내부 공간은 그릇과 같이 속이 텅 빈 입체이다. 외부형태는 조형물 같은 속이 꽉 찬 입체로 인식된다. 건축에서 중요한 개념어로 속이 빈 공간은 보이드(void), 속이 찬 것은 솔리드(solid)라 한다. 건축물은 보이드와 솔리드의 결합

그림 3-16 '슈뢰더 하우스'의 모형 사진과 스케치, 그리고 투상도. (©김소영)

으로 이루어진다. 비어 있어 보이드 공간은 쓰임이 있고, 차 있어 솔리드 공간은 형태로 드러난다. 이처럼 건축은 면에 의해 생성되는 입체와 공간을 다룬다. 쓰임은 편해야 하고, 형태는 아름다워야 한다. 건축함의 목적이다.

〈그림 3-16〉은 게리트 리트벨트의 '슈뢰더 하우스'를 모형으로 만들고, 스케치와 투상도를 그리는 건축학과 초년생들의 과제물이다. 모형은 세 명이 팀을 이뤄 만든다. 스케치와 투상도는 개인 과제로 모형을 보면서 그린다. 스케치는 프리핸드로, 투영도는 자를 대로 그린다. 직접 모형을 만들고 도면을 그리다 보면, 자연스럽게 면과 입체의 관계를 이해하게 된다. 더불어 프리핸드 스케치, 작도하는 방법과 기술의 습득도 기대된다.

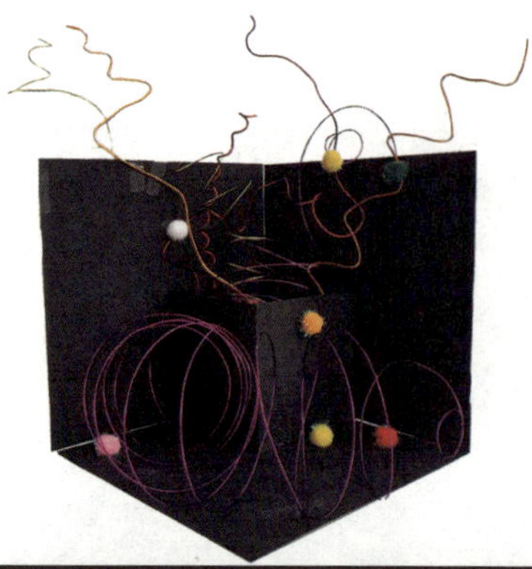

그림 3-17(1) '즐거움'이라는 감정을 표현한 아이디어 스케치와 모형이다. 결과물에 대한 설명을 듣지 않아도 기쁨, 즐거움, 활기참 같은 감정이 전달된다. 모형에서 검은색의 면은 어둡고 딱딱한, 정형화되어 있는 해결되지 않는 내면의 상태이다. 여러 색깔과 용수철 같은 형태의 선들은 다양한 즐거움의 모습으로, 무언가 성취했을 때 분출되어 터져 나오는 희열을 나타낸다. 구형으로 만든 점의 요소는 톡톡 튀어오르는 감정의 파편을 의미한다. '즐거움'이라는 감정을 점·선·면의 속성을 잘 살려서 구체적으로 잘 표현했다. (ⓒ구혜민)

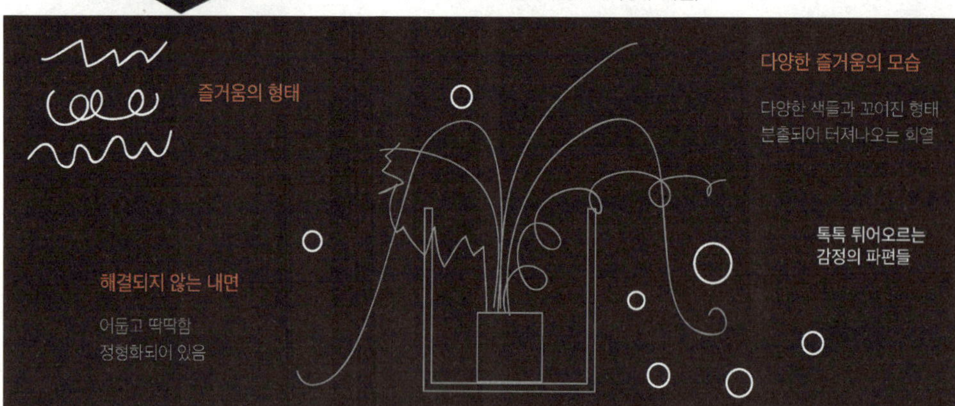

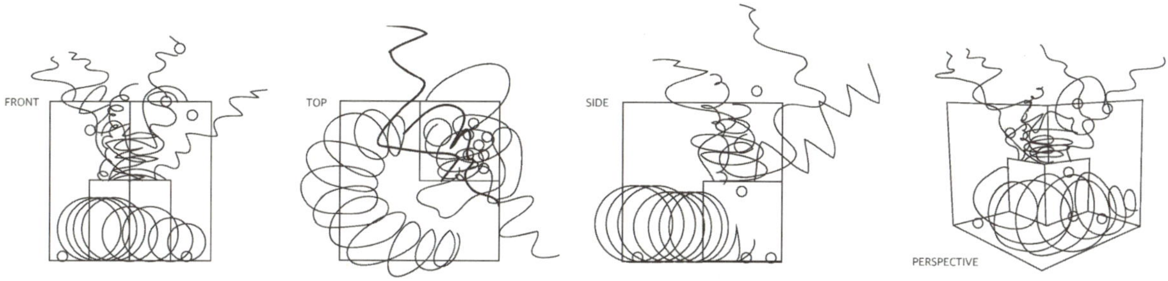

그림 3-17(2) 모형을 놓고 앞에서, 옆에서, 위에서 바라본 세 개의 입면도와 한 개의 투상도이다. 이러한 건축 표현의 기본인 도면 작업을 통해, 설계에 대한 기초를 다질 수 있다. (ⓒ구혜민)

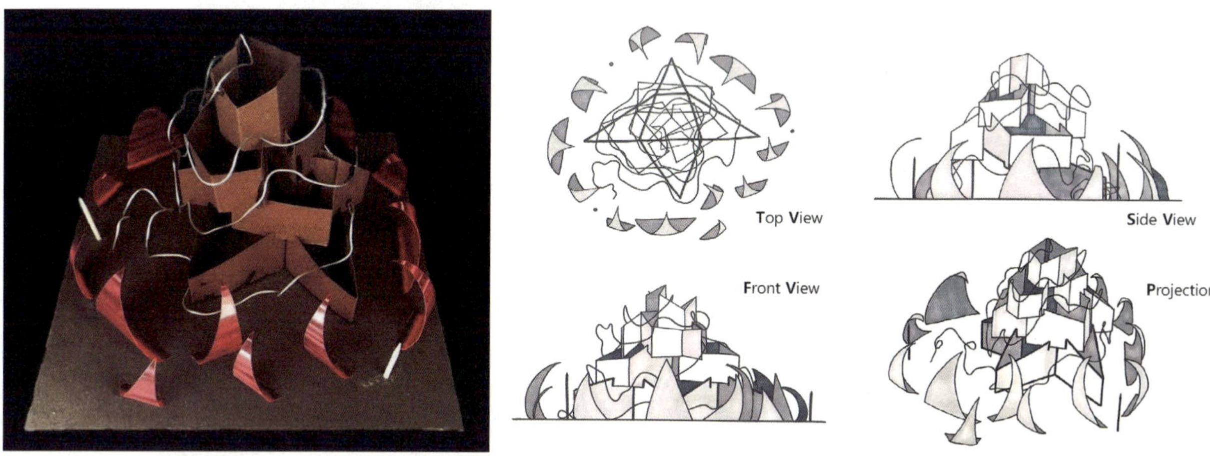

그림 3-18 심리적인 '불안함'을 울렁울렁한 길은 통해 표현했다. 타인이 주는 조언과 기대가 날카로운 부담이 되어 오는 것을 뾰족한 삼각형을 구부려 나타냈다. 전체적으로 산과 같은 조형물로 정상에 오르기까지의 험난한 길은 불안함을 극복하려는 의지를 함축한다. (ⓒ조재원)

수업과제 4. 감정 표현

건축학과 1학년 1학기 기초설계 과목의 기말과제이다. 기쁨과 슬픔 같은 인간의 감정을 입체적으로 표현하는 것이 주제이다. 이 과제는 세 단계의 과정을 거친다. 우선 본인이 선정한 감정을 어떻게 표현하면 좋을지, 아이디어들을 스케치와 글로 풀어낸다. 다음으로 결정된 아이디어를 모형으로 만든다. 이때 점·선·면의 세 가지 요소를 모두

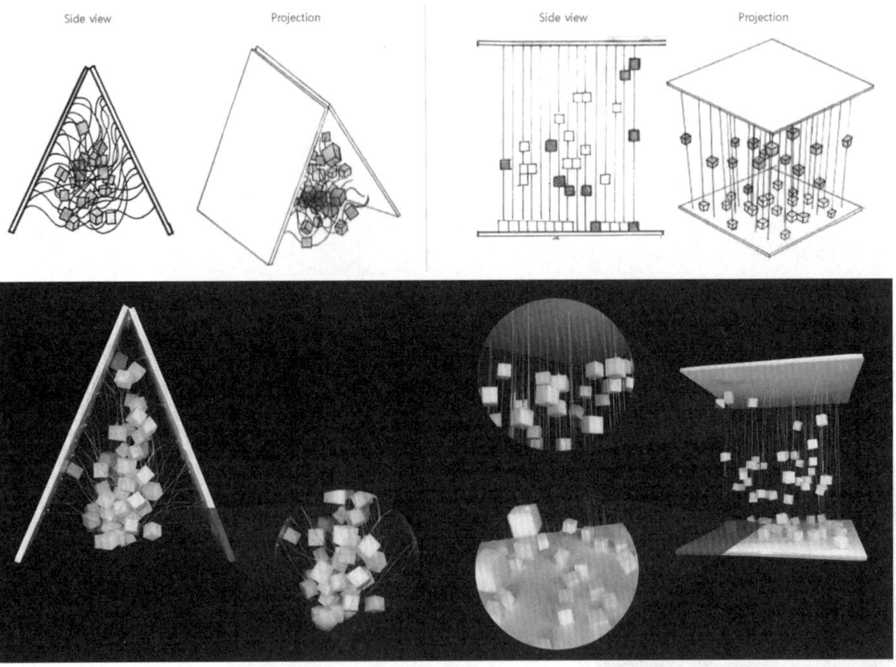

그림 3-19 '혼란과 안정'이라는 대비되는 감정을 표현한 결과물이다. 모형을 삼각형 모양으로 접으면 혼란스러움이, 모형을 펼치면 안정된 상태가 드러난다. 하나의 모형으로 대비되는 감정을 효과적으로 만들었다. 또한, 조형에서 점·선·면이 가지는 특성이 제작 의도에 맞게 잘 드러난다. (©김자현)

이용하여야 한다. 인간의 감정을 점·선·면이 가지는 특성을 잘 살려서 표현하는 것이 이 과제의 키포인트이다. 마지막 단계로 제작한 모형을 보고, 세 개의 입면도와 한 개의 투상도를 그린다. 이 과제를 통하여 비가시적인 추상적인 개념을 가시적인 조형으로 만들어 내는 힘을 키울 수 있다. 또한 건축 표현의 기본인 도면 작업을 통해 설계에 대한 기초를 다질 수 있다.

수업과제 5. 공간 탐구

건축학과 1학년 기초설계 과목의 소과제이다. 2차원의 면에 의해 생성되는 3차원의 공간을 탐구하는 것이 목적이다. 또한, 입체물을 만드는 여러 가지 흥미로운 방법과 평면에서 입체화되는 개념과 기법을 익힌다. 우선 세 가지 대안의 모형을 만든다. 다음으로 제작한 모형을 보고, 입면도 3개와 투상도 1개를 그린다. 대안 1은 수평·수직의 요소만 이용하여, 정적인 공간을 구성한다. 대안 2는 수평·수직의 요소에 사선을 추가하여, 동적인 공간을 탐구한다. 대안 3은 수평·수직의 요소에 곡선을 추가하여, 직선과 곡선의 특성을 살리는 공간을 계획한다. 모형작업 과정에서 면의 조절을 통한 공간의 변화를 즉각적으로 느낄 수 있다.
학생들에게 주어진 기본적인 조건은 다음과 같다.

- 모형 재료는 지속 가능한 건축의 실천으로, 골판지 포장상자 등을 재활용한다.
- 모형의 최대 크기는 20cm×20cm×20cm의 정육면체이다.
- 주어진 정육면체에서 적어도 세 개의 면은 막고, 최소한 한쪽의 면은 개방한다.
- 사람이 들어갈 수 있는 가상의 건축공간으로 생각하며, 공간을 구성한다.

〈그림 3-20(1)〉은 김자현, 〈그림 3-20(2)〉는 구혜민, 신혜영 학생의 결과물이다.

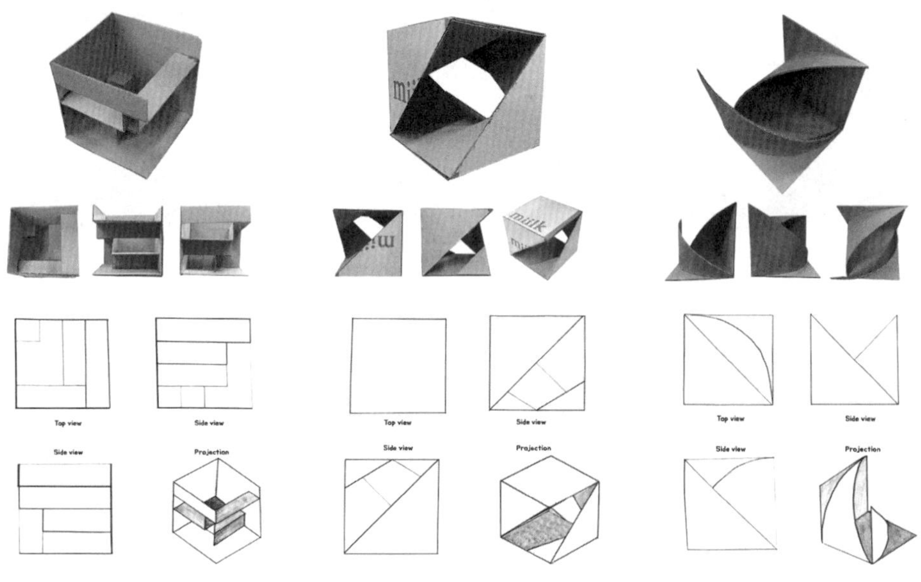

그림 3-20(1) 공간 탐구 과제의 모형 사진과 도면 01. (©김자현)

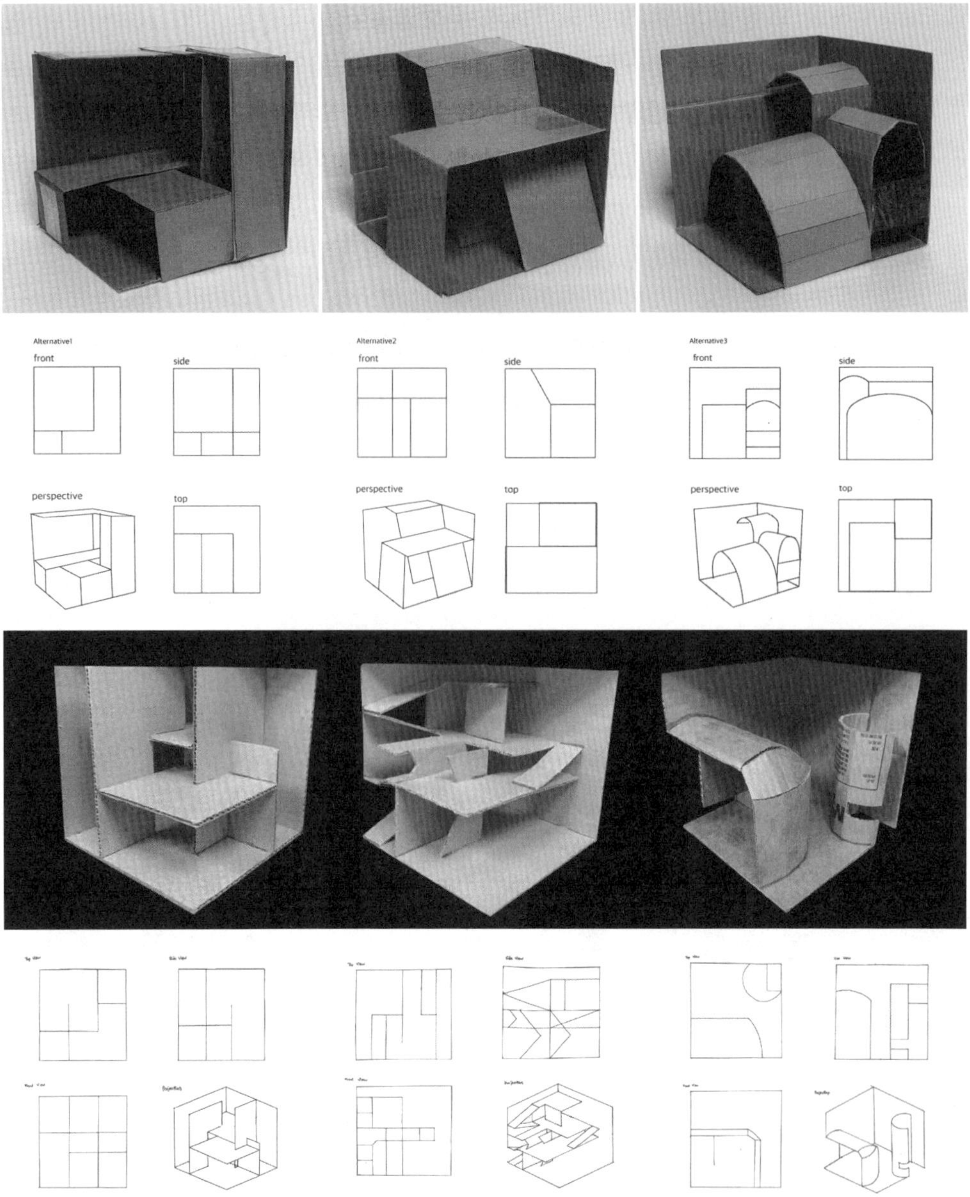

그림 3-20(2) 공간 탐구 과제의 모형 사진과 도면 02. (©구혜민, 신혜영)

수업과제 6. 큐브(Cube) 하우스

나는 1990년 간삼건축에 공개채용으로 입사했다. 1차 전형으로 서류와 포트폴리오 심사에 합격하고, 2차로 실기시험을 봤다. 과제는 주어진 크기의 정육면체에 전시공간을 설계하는 것이다. 전시 주제는 자유였고, 4시간 안에 끝내야 했다. 요즘도 신입사원을 공채로 뽑는 설계사무소에서는 대부분 실기시험을 본다. 지원자가 많기 때문에 제한된 시간과 평가의 효율성을 위해 가이드라인을 정한다. 이때 적당한 크기의 정육면체(cube)나 직육면체의 볼륨을 많이 제시한다. 이러한 가이드라인은 지원자들의 성과물 비교평가를 수월하게 한다. 또한, 주어진 틀 안에서 문제를 해결하고, 디자인하는 능력도 판단할 수 있다.

대학에서도 본 과제를 하기 전에 소과제로 큐브를 많이 선택한다. 워밍업 과제이다. 처음부터 어려운 과제를 제시하면 학생들에게 부담감을 줄 수 있다. 큰 규모를 다루기 전에 작은 규모를 다뤄봄으로써 설계에 자신감이 생기게 한다. 이러한 주어진 틀은 디자인을 제약하기도 하지만 기회 요소가 되기도 한다. 제한된 조건에서 문제를 해결할 때가 성취감이 더 크다. 그리고 작은 문제들을 해결하다 보면 더 큰 문제를 대할 수 있는 담력이 생긴다.

큐브(cube) 하우스는 2학년 1학기 주택설계 스튜디오 학생들에게 소과제로 제시했다. 9m×9m×9m의 큐브 즉, 정육면체의 볼륨에 세 가구가 더불어 사는 집을 설계하는 것이다. 3층 정도의 규모이고, 한 개 층의 높이가 3m로 똑같을 필요는 없다. 학생들에게 주어진 세부적인 설계지침은 다음과 같다.

- 거주대상은 이삼십 대의 자녀가 있는 기혼 부부들로 가정한다.
- 각 세대별 20평 내외의 세 가구를 수평 혹은 수직으로 연접하여 계획하고, 2세대 이상을 반드시 복층으로 계획한다.
- 공용공간은 최소로 하고, 최상층은 지붕의 활용에 대한 방안을 제시한다.
- 현대의 새로운 건축이론, 최근의 사회적 이슈, 건축 사조 등 특정 주제를 설정하여 계획안에 접목한다.

그림 3-21 큐브 하우스 과제의 모형 사진이다. 9m×9m×9m의 정육면체의 볼륨에 세 가구가 더불어 사는 집을 설계하는 과제이다. 큐브라는 형태를 최대한 유지하면서도 다양한 대안들이 만들어진다.

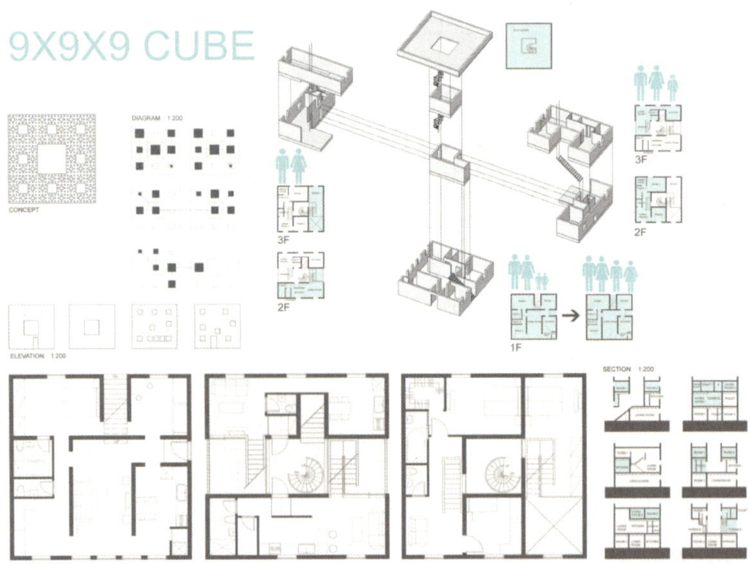

그림 3-22 큐브 하우스 과제의 패널에는 설계과정을 보여 주는 다이어그램과 각층 평면도와 입면도, 단면도 그리고 3차원의 투상도를 꼭 넣어야 한다. 표현에 있어서 공통으로 따라야 하는 지침이다. (©장상수)

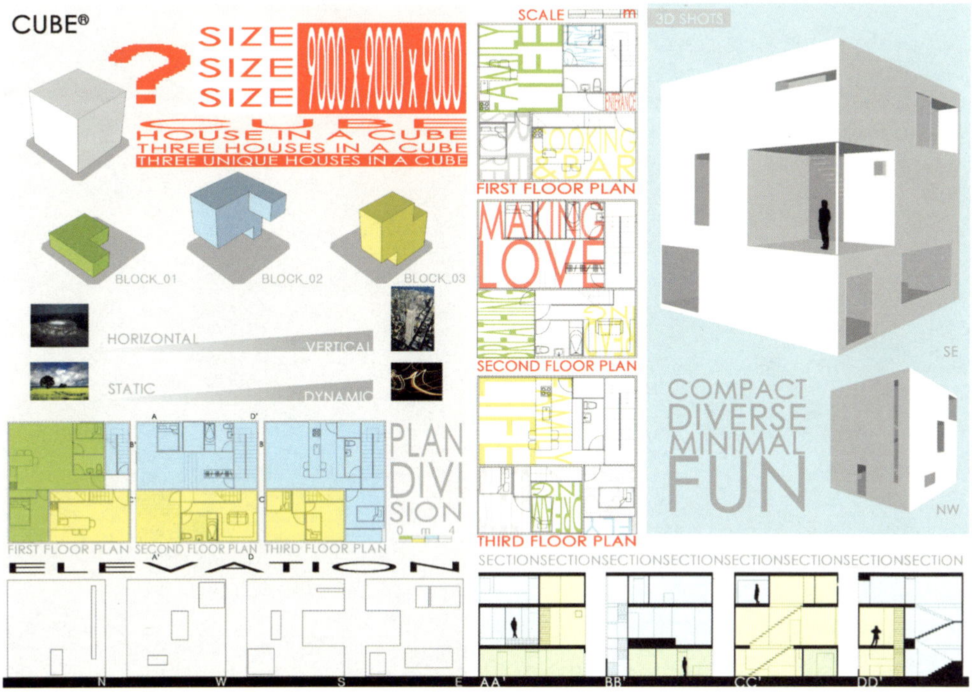

그림 3-23 큐브 하우스 과제의 패널이다. 기본적인 내용에 충실하면서도, 영어 텍스트를 적절히 활용하여 만들었다. 패널 표현에 있어 글자는 이처럼 이미지로서의 역할도 한다. (©김규영)

큐브의 형태를 최대한 유지하면서 주어진 프로그램을 담아내고, 독창적인 아이디어를 제시하는 과제이다. 세 가구가 더불어 사는 집, 규모는 9m×9m×9m의 정육면체로 학생들에게 주어진 조건은 똑같지만 결과물은 다 다르다. 학생 수만큼의 다양한 계획안이 만들어진다. 어설픈 안도 있고 세련된 안도 있다. 아이디어가 좋은 학생도 있고, 표현이 우수한 학생도 있다. 흔히 건축은 정답이 없다고 말한다. 그래서 좋은 건축을 위해서는 수많은 대안을 만들어 봐야 한다.

4

생각과 표현의 방법

스케치와 컴퓨터 그래픽을 남들보다 잘 못한다,

감각과 소질이 부족하다고 설계를 포기하는 학생들이 있다.

대부분은 해 보지도 않고,

시작도 제대로 하기 전에 못한다고 좌절한다.

표현 기법의 습득에는 교육과 실천이 필요하다.

멋지게 잘 그리는 것이 중요한 것은 아니다.

자신의 머릿속 생각을 잘 표현할 수 있는 것이 더 중요하다.

기술 습득이 없으면 자신의 좋은 생각을 잘 표현할 수 없다.

이러한 기술은 건축을 잘 하기 위한 기초가 된다.

《철학, 예술을 읽다》에서 조광제는 어떤 예술이건 작업을 하려면 기본적으로 필요한 기교를 익혀야 한다고 강조한다. 음악을 작곡하려면 화성학을, 그림을 그리려면 데생과 채색법을, 시를 쓰려면 각종 수사학을 배워야 하고, 춤을 잘 추려면 기본적인 몸동작을 완전히 체득해야 한다는 것이다. 하지만 이러한 기법들은 기초적인 작업일 뿐, 어떤 작품을 진정 뛰어난 예술작품으로 만드는 것은 표현하고자 하는 주제와 내용이다. 주제와 내용이 뛰어나야 비로소 기교가 제 기능을 발휘한다. 즉 생각의 표현인 기교보다 그 내용인 생각이 더 중요하다는 것이다.

그래서 예술작품은 커뮤니케이션이 중요하다. 작가의 생각이 감상자에게 잘 전달되어야 한다. 이를 통해 상호 간에 울림이 생기고 보는 이는 감동하게 된다. 예술품과 감상자, 더 나아가 예술가와 감상자가 시공간을 초월하여 연결된다. 같은 예술품이라도 보는 사람에 따라 다르게 감상할 수 있다. 추상작품이라면 더할 것이다. 하지만 추상작품이라도 작가의 의도가 있다. 추상작품은 작가의 생각이 캔버스 너머에 있다. 작가의 생각이 깊은 만큼 보는 이가 한 걸음 더 들어가야 한다.

언젠가 지인인 화가의 추상화를 보고 '작가의 의도된 바탕 위에 빠른 붓질에서 나오는 우연성의 조화'라고 평한 적이 있다. 그 화가는 자신의 그림을 잘 알아준다고 좋아했다. 당연히 작가들도 본인의 의도를 알아보는 감상자를 좋아할 것이다. 이처럼 작품의 내용을 감상자에게 잘 전달하고자 하는 것이 예술에 있어서 표현의 목적이다. 예술작품은 단순한 시각적 만족 이상으로 커뮤니케이션의 수단이다.

건축 또한 예술과 같은 작업과정을 거쳐서 생산되기 때문에, 숙달되어야만 하는 기본적인 표현기법이 있다. 건축을 표현하는 방법은 말, 글, 그림, 모형, 컴퓨터 그래픽이나 동영상 등 매우 다양하다. 우스갯말로 세 가지로 요약하면 말발, 글발, 그림발이다. 건축에서의 표현은 예술과 마찬가지로 소통의 수단이다. 예술은 예술작품이라는 결과물을 받아들이는 사람들과의 소통이 주로 이루어진다. 반면 건축은 결과물뿐만 아니라 작업과정 중에서도 많은 사람들과 소통이 이루어진다. 소통의 대상은 건축 의뢰인, 사용자, 시공자 등 다양하다. 또한 건축 표현의 결과물들이 실제 건축물로 구축되기 때문에 관계자들 간의 효율적이고 명확한 소통이 중요하다.

말발이나 입심이 좋은 건축가들이 많다. 말로 하는 것이 가장 경제적인 방법이다. 비용과 시간이 드는 도면이나 모형 등의 시각적인 결과물 없이 소통이 가능하기 때문이다. 예컨대 건축가가 머릿속에 상상하고 있는 건축물을 말만으로 의뢰인과 소통하여 프로젝트를 따낼 수 있다면 그만큼 경제적이고 효과적인 방법은 없다. 하지만 이렇게 할 수 있다는 것은 상당한 경험과 내공을 갖춘 고수임을 말해 주는 것이다. 하지만 말발로 좋은 성과를 만들어 내지 못하면, '말로는 누구는 못해'라는 혹평을 면하기 어렵다.

대학의 설계 스튜디오에서는 학생들의 설계안 발표와 교수의 평가(critic)가 주를 이룬다. 십수 년의 교육경험을 돌이켜볼 때, 갈수록 학생들이 자신감이 강하고 설계도 잘하고 발표도 잘한다. 주입식 교육의 문제에서 벗어난 것 같아 긍정적이다. 간혹 나보다 말을 더 잘하는 학생이 있어 당혹스러울 때도 있다. 설계안에 비해 말을 더 잘하는 부정적인 측면도 있다. 설계안이 부실할수록 말이 많은 경우가 빈번하다. 불성실함을 말로 때워보려는 학생의 의도이다. 하지만 교수들은 넘어가지 않는다. 고민과 노력의 흔적이 담기지 않은 말은 울림을 주지 못한다. 진정성 없는 번지르르한 말은

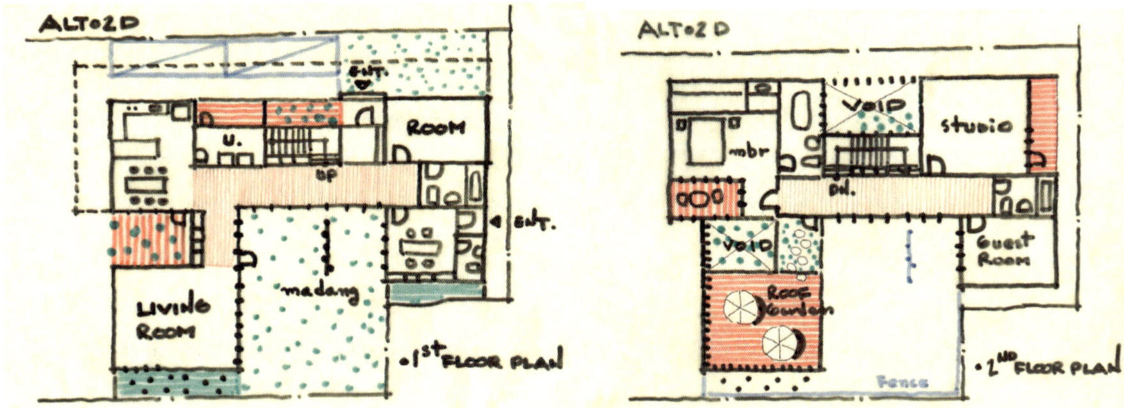

그림 4-1 단독주택 초기 계획안의 평면스케치이다. 옐로우 스케치 페이퍼에 보드마커로 그렸다. 펜이 굵어 세밀한 표현은 할 수 없지만, 주택의 공간구성을 빠르고 효과적으로 표현할 수 있다. 이러한 스케치는 설계를 풀어나가는 과정에서 가장 기본적인 표현방법이다.

상대방의 마음에 달라붙지 않는다. 그래서 말을 할 때는 내용과 깊이가 없는 공허한 말잔치로 끝나지 않도록 항상 경계해야 한다.

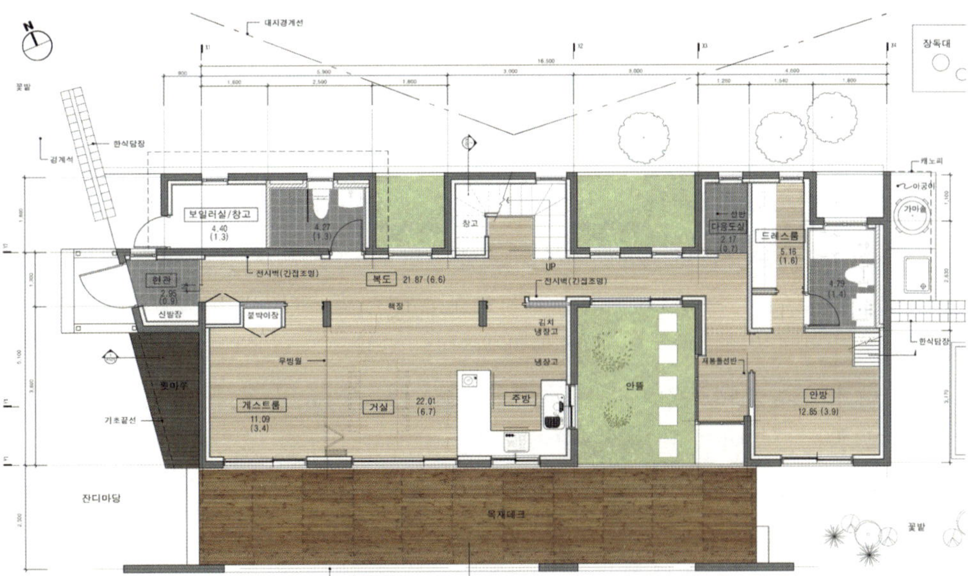

그림 4-2 삼환주택의 1층 평면도이다. 평면도는 가장 중요한 도면이다. 공간의 배치와 규모, 동선의 흐름, 구조 및 재료 등을 표현한다. 이러한 도면은 의뢰인과의 비언어적 소통수단이 된다.

건축은 책이나 잡지, 인터넷 등의 매체를 통해 소통되는 경우가 많다. 글발이 중요한 이유이다. 말이 대면하여 소통하는 양방향이라면, 글은 일방향이다. 건축 책은 사진과 도면을 우선하는 경우가 많지만, 글도 그에 못지않게 중요하다. 글로서 자신의 설계 의도를 잘 설명할 수 있어야 한다. 요즘은 인터넷이라는 바다에 정보가 넘쳐난다. 몇 번의 낚시질로 수많은 정보를 손쉽게 얻을 수 있다. 인터넷이란 매체의 특성상 시각정보가 우선이다. 글보다 눈길을 끄는 그림에 마우스가 간다. 글은 잘 읽지 않게 된다. 요즘 학생들이 글쓰기를 어려워하는 이유이다. 글을 잘 쓰려면 많이 읽어야 한다. 그래야 좋은 건축과 좋은 글에 대한 안목이 생긴다. 좋은 안목은 좋은 글쓰기의 바탕이다.

다음은 그림발이다. 건축은 생성의 과정과 결과 모두에서 그림이 중요하다. 시각 중심적인 건축의 특성에 기인한다. 스케치와 도면으로 대표되는 2차원의 그림, 모형과 컴퓨터 프로그램에 의한 3차원의 그림이 있다. 건축을 하려면 꼭 익혀야 할 기본적인 기교이다. 요즘은 주로 컴퓨터를 이용해 도면을 그리고 모형도 만든다. 연필과 칼 대신에 마우스를 잡는다. 하지만 지금도 대학에서는 수작업에 의한 스케치와 도면, 모형작업을 많이 시킨다. 손에서 머리로 체득되는 수작업이 그만큼 중요하기 때문이다. 도면은 건축에서 가장 중요한 그림이다. 도면에 따라 건축물이 지어진다. 건축도면은 법적, 윤리적, 경제적 책임이 따르는 전문가의 작업이다.

모형은 입체적인 그림이다. 모형은 학생들의 기말 마감 때 패널과 함께 필수적인 성과품이다. 건축학과에서는 통상 학기 말에 전 학년이 참여하는 과제전시회를 한다. 대개 패널과 모형이 전시된다. 패널보다는 볼거리 많은 모형에 먼저 눈이 간다. 패널과 도면은 뒷전으로 밀린다. 그만큼 입체적인 모형은 보는 이의 호기심을 자극하고, 건축을 보다 쉽게 이해할 수 있게 하는 매체이다. 모형은 패널보다 눈길이 더 머물고, 그만큼 강한 인상을 남기기 때문에 성적을 매길 때도 비중이 크다. 이는 실무에서도 마찬가지이다. 모형이 제출되는 공모전에서는 당락을 좌우할 정도이다.

건축을 하려면 말, 글, 그림 등 기초적인 표현기법을 익혀야 한다. 여기에서 집을 지을 때 기초가 중요하듯 '기초적인'이라는 말이 중요하다. 기초를 제대로 놓아야지 튼튼하고 오래가는 집을 지을 수 있다. 기초는 다음 단계로 넘어가기 위해 꼭 선행하여야만 하는 작업이다. 기초적인 표현기법을 습득해야 이를 바탕으로 자신의 건축을

그림 4-3 건축 전시에서 모형은 관람객의 눈길을 사로잡는 주인공이다. 입체적인 볼거리를 제공하는 모형은 보는 이의 호기심을 자극하고, 건축물을 보다 쉽게 이해할 수 있게 한다.

제대로 표현할 수 있다. 그보다 더 중요한 것은 어떻게 표현하느냐가 아니라 무엇을 표현하는 가이다. 생각의 표현인 기교보다, 그 내용인 생각이 더 중요하다. 콘셉트나 아이디어 등 생각이 좋으면 그에 따르는 표현도 수월하다. 보기 좋은 떡이 먹기도 좋다는 말이 있다. 건축가는 화가가 아니기 때문에 잘 그리는 것보다 정성을 들이는 것이 중요하다. 예나 지금이나 열정과 진심은 건축가가 갖추어야 할 중요한 덕목이다.

아날로그와 디지털

원고지에 손으로 꾹꾹 눌러 쓴 글과 컴퓨터로 타이핑한 글은 어떤 차이가 있을까? 작가 김훈과 조정래는 육필 원고 쓰기로 잘 알려져 있다. 김훈은 한평생 연필로만 글을 쓴다. 출판사 편집자들로부터 눈총을 받지만 컴퓨터로는 글이 써지지 않는다고 한다. 김훈은 산문집《라면을 끓이며》의 〈손 1〉에서 다음과 같이 말한다.

> 연필로 글을 쓰면 팔목과 어깨가 아프고, 빼고 지우고 다시 끼워 맞추는 일이 힘들다. 그러나 연필로 쓰면, 내 몸이 글을 밀고 나가는 느낌이 든다. 이 살아있는 육체성의 느낌이 나에게는 소중하다. 나는 이 느낌이 없이는 한 줄도 쓰지 못한다. 이 느낌은 고통스럽고도 행복하다. 몸의 느낌을 스스로 조율하면서 나는 말을 선택하고 음악을 부여하고 지우고 빼고 다시 쓰고 찢어 버린다.
>
> —김훈, 《라면을 끓이며》, 267-268쪽

몸이 허락할 때 글을 쓸 수가 있고, 몸이 허락하지 않으면 글을 쓸 수 없다는 것이다. 더불어 그는 몸과 악기의 예를 들어 디지털 문명의 시대에 여전히 유효한 아날로그의 가치를 이야기한다.

> 살아있는 인간의 몸이 악기 속으로 연장되고, 악기는 인간의 몸속에서 살아나면서 소리를 낸다. 그래서 모든 음악은 인간의 몸의 소리인 것이다. 살아있는 동안 시간과 생명이 스스로의 결핍을 힘으로 삼아서 소리를 낸다. 그리고 몸과 악기의 교감의 원리는 오직 아날로그의 방식으로만 가능하다.
>
> —김훈, 《라면을 끓이며》, 271쪽

악기는 몸의 일부로서 작동하며, 인간의 몸이 아니면 그 악기로부터 소리를 끌어낼 수 없다는 것이다. 타악기는 팔의 일부이고 관악기는 호흡의 일부이며 건반악기, 현악기가 다 몸의 일부이고 성악은 몸 그 자체라는 것이다. 이처럼 김훈의 짧고 강한 글은 몸으로 쓰는 아날로그적 방식에서 비롯된다. 그는 최근 한 방송사와의 인터뷰에서 주어와 동사로만 글을 쓰겠다는 선언이 너무 독단적이어서 후회가 든다며, 요즘은 어떻게 마음에 드는 문장을 쓰느냐가 고민이라고 말했다.

소설가 조정래는 아직까지도 원고지에 손으로 글을 쓴다. 이렇게 쓴 작품이 200자 원고지를 기준으로 약 8만 매에 달한다고 한다. 하나의 책을 탈고할 때 하루에 이삼십 매를 써내야 하는 인고의 글쓰기다. 컴퓨터로 하면 쉽고 더 빠를 텐데 왜 그럴까? "컴퓨터로 작업하면 속도는 열 배 빠르지만, 이야기의 밀도를 담아낼 수 없다." 라고 그는 말한다. 그가 손으로 글쓰기를 고집하는 이유이다. 또한 조정래는 2010년 《오마이뉴스》와의 인터뷰에서 "대하소설을 쓸 때도 취재노트는 많지만 구성노트는 없었다고 하는데, 그 방대한 인물과 스토리를 머릿속에 두고 소설을 썼다는 것이 잘 믿기지 않는다"라는 궁금증에 다음과 같이 답했다.

> 그걸 체험을 안 해서 그러는데…. 컴퓨터가 아무리 성능이 좋아도 우리 뇌를 이길 수 없다고 하잖아요. 우리 뇌는 집중을 하면 상상할 수 없는 복합 효과가 일어납니다. 소설 쓰는 사람들의 두뇌 구조는 보통 사람과 다르지 않겠어요. 거기다가 집중을 하니까, 구성노트가 없어도 가능합니다. 세세한 장면까지, 벤허보다 긴 영화가 한순간에 쫙 펼쳐지는 느낌이 와요. 어떤 소설을 쓰겠다고 생각하면 자료를 읽으면서 벌써 머릿속에 구조가 그려져요. 그리고 현지를 찾아가면 그곳 지형지물을 보면서 저곳에다는 무슨 사건을 어떻게 엮어야겠구나 하는 게 떠올라요.
>
> —《오마이뉴스》, 〈작가를 만나다1—《허수아비춤》 펴낸 소설가 조정래〉, 2010.11.16.

대하소설 《태백산맥》의 경우 수많은 등장인물들의 생생함과 리얼리티가 살아 있다. 장편인데도 이야기에 밀도가 있어 지루하지 않다. 요컨대 머리로 구상하고, 발로 취재하고, 몸으로 쓰는 이른바 '조정래식 글쓰기' 덕분이다. 그래서 그의 글은 현장감이 있고, 많은 독자들에게 감동을 준다.

손으로 그린 도면과 컴퓨터로 그린 도면에는 어떤 차이가 있을까? 글쓰기와 건축설계는 공통점이 많다. 건축설계에도 수작업에 의한 아날로그와 캐드로 대표되는 디지털 방식이 있다. 1990년대 초에 디지털 도구인 캐드가 보급되어, 설계사무소에서 아날로그 도구인 연필과 제도판을 밀어냈다. 그만큼 디지털 도구의 장점이 많기 때문이다. 하지만 수작업으로 도면을 그렸던 경험이 있는 내 또래의 건축가들은 캐드의 전면적 보급 이래로 도면의 질이 많이 떨어졌다고 얘기한다.

그 이유는 첫째 빠름과 느림의 문제이다. 캐드는 수작업에 비해 수정과 편집이 용이하다. 그만큼 빠르고 효율적이다. 수작업으로는 모르면 그릴 수 없지만, 캐드는 몰라도 그릴 수 있다. 즉 캐드는 생각 없이 그릴 수 있지만, 수작업은 생각하면서 그리는 것이다. 이는 수학 문제를 푸는 것과 비슷하다. 눈으로는 볼 때는 잘 풀리지만, 막상 손으로 풀 때는 잘 안 풀린다. 수학 문제는 시간을 절약하기 위해서 손이 아닌 눈으로 풀 때 낭패를 보기 십상이다. 빠름이 꼭 좋은 것은 아니다. 빨리 하면 실수가 뒤따른다. 더 빨리라는 조급함이 생긴다. 조급함은 깊이와 독창성의 결핍을 낳는다.

두 번째 이유는 상상력과 관계가 있다. 소설가들은 글을 쓰기 전에 머릿속에 전체적인 구조를 그린다. 건축가들도 도면을 그리려면 먼저 머릿속에 집을 지어야 한다. 그리고자 하는 집을 상상해서 지을 수 있어야 한다. 수작업으로 할 때는 머릿속의 구상이 선행되어야 한다. 컴퓨터로는 구상 없이 작업이 가능하다. 요즘은 컴퓨터 없이는 입체적인 구상을 힘들어하는 학생들이 많다. 머릿속으로 집을 지을 수 있는 능력 즉, 상상력의 부족으로 이어진다. 고민하는 능력이 감소하는 것이다.

세 번째 이유는 대상과의 관계에 있다. 컴퓨터를 통한 작업은 가상의 화면에서 이루어진다. 화면이 눈앞에 가까이 있지만 대상과의 거리는 오히려 더 멀다. 그리고 가상과 실재를 연결해 주는 고리 역할을 하는 축척이 없어서 현실감의 부족으로 이어진다. 수작업은 대상과 가까이에 있다. 그리는 과정에서 시각뿐만 아니라 오감이 작동한다. 대상에 대한 애정이 더 크다. 컴퓨터로 그린 도면은 익명적이다. 손으로 그린 도면은 개성이 드러난다. 도면에 대한 책임이 커지는 것이다. 이는 도면의 깊이와 완성도로 이어진다.

수작업을 통해 작업한 도면이 캐드를 이용해 제작한 도면보다 더 많은 감동을 줄 수 있다. 생산과 아이디어 도출의 측면 모두에서 디지털 툴이 만연한 현재의 상황에서 곱씹어 볼 만하다. 현대의 건축가에게 디지털 도구는 필수적이다. 디지털 툴은 장점도 많고, 유용한 프로그램이 계속 개발되고 있다. 과거로 돌아가 연필을 다시 잡자

그림 4-4 나는 설계 스튜디오에서 스케치를 중요시한다. 매주 스케치 과제를 내주고 발표하게 한다. 처음에는 힘들어하지만, 기말쯤에는 즐겁게 스케치한다. 디지털의 현대사회에서 아날로그는 여전히 유효하다.

는 얘기는 아니다. 물렁물렁한 아날로그의 감성으로 디지털의 딱딱함을 보완하자는 것이다. 예컨대 나는 계획설계 단계에서는 아날로그 툴을 실시설계 단계에서는 디지털 툴을 사용한다. 컴퓨터 화면의 글도 출력해서 줄을 그어 가며 봐야 한다. 구세대와 신세대의 경계선에 서 있지만, 예나 지금이나 아날로그는 유효하다. 아날로그는 오랜 세월 진화해 온 인간의 유전자와 관계하기 때문이다.

에리히 프롬은《사랑의 기술》에서 사랑도 기술이라고 전제한다. 삶을 살면서 기술을 배워야 하듯이, 사랑도 배워야 한다는 것이다. 어떻게 사랑해야 하는가를 배우고 싶다면 음악, 그림, 건축, 의학이나 공학 등의 기술을 배우려고 할 때 거치는 과정을 따라야 한다는 것이다. 그는 기술 습득과정을 둘로 나눈다. 이론의 습득과 실천의 습득이다. 의학기술을 배우고자 한다면 먼저 인간의 신체와 여러 가지 질병에 대한 사실들을 알아야 하고, 이에 따라 상당한 실무를 거친 다음에야 비로소 의학기술이 숙달되고, 마침내 이론적 지식의 결과와 실천의 기술이 합치된다는 것이다. 이론과 실천의 습득 외에도 어떤 기술을 숙달하는 데 필수인 세 번째 요인이 있다. 곧 기술 숙달이 궁극적인 관심사가 되어야 한다는 것이다. 이 말은 음악에도 의학에도 건축에도 그리고 사랑에도 해당된다.

스케치와 컴퓨터 그래픽을 남들보다 잘 못한다, 감각과 소질이 부족하다고 설계를 포기하는 학생들이 있다. 대부분은 해 보지도 않고, 시작도 제대로 하기도 전에 못한다고 좌절한다. 표현기법의 습득에는 교육과 실천이 필요하다. 멋지게 잘 그리는 것이 중요한 것은 아니다. 자신의 머릿속 생각을 잘 표현할 수 있는 것이 더 중요하다. 기술 습득이 없으면 자신의 좋은 생각을 잘 표현할 수 없다. 이러한 기술은 건축을 잘하기 위한 기초가 된다. 대나무는 아랫마디가 짧고 윗마디가 길다. 이 마디가 속빈 대나무를 강하게 한다. 기초가 튼튼해야 잘 성장할 수 있다. 설계도 기술 습득을 위한 절대적인 시간과 끈기가 필요하다. 그래야만 숙달할 수 있다.

건축가의 손은 생각하는 손이다

'경험과 감의 손기술… 컴퓨터보다 정확', 2008년 일본의 헤라시보리를 가공하는 기업에 관한《동아일보》기사의 헤드라인이다. 종업원 20명 안팎의 전형적인 동네 기업이다. 헤라시보리는 과거 세숫대야나 냄비 등을 만들 때 주로 사용된 기술로, 금속원판을 가지고 소형 전등갓에서부터 대형 파라볼라 안테나까지 만든다. 프레스에 밀려 한때 사양길에 접어들었지만, 최근 들어 우주항공산업이나 전자산업에서 정밀도가 높은 다품종 소량 부품에 대한 수요가 늘어 다시 각광을 받게 됐다고 한다. 제품의 특성상 오차 0.01mm의 초정밀 가공을 해야 하는데 컴퓨터가 달린 수치제어(NC)선반을 사용한다고 해도 오차를 줄이는 데 한계가 있고, 오히려 NC선반보다 수작업의 정밀도가 월등히 높을 때가 많다고 한다. 금속의 빛깔과 소리를 확인하면서 손끝의 압력을 미세하게 조절하는 것만이 정밀도를 높일 수 있는 유일한 비결이라는 것이다. 경험과 감의 손기술이 컴퓨터보다 정확한 것이다.

건축모형을 만드는 작업도 이와 유사하다. 도면에 따라 절단한 부재를 도면에 맞게 잘 붙여야 한다. 한곳을 잘못 붙이면 나머지 부분도 잘못된다. 신경이 많이 쓰이는 작업이다. 또한 부재 간의 수평·수직의 간격을 잘 맞추어야 한다. 그래서 이쪽저쪽 눈으로 세심히 보면서 손으로 모형을 만든다. 자를 대보기도 한다. 때로는 눈으로 보지 않고, 손의 감각으로 더욱 정밀하게 만들 수 있다. 이는 오랜 숙련에서 오는 경험과 감의 손기술이다. 나이를 먹으니 노안이 와서 가까이 있는 것이 잘 보이지 않는다. 모형을 만들려면 돋보기 안경을 써야 한다. 그전에는 잘 되어 가는지 눈으로 확인해 가면서 만들었는데, 요즘은 손으로 확인한다. 눈에 의지하지 않고 손의 감각에 따른다. 이제야 경험과 감에 의한 손기술의 소중함을 몸으로 깨닫게 됐다.

1990년은 내가 설계사무소에 신입사원으로 입사한 해이다. 당시에는 트레이싱페이퍼에 연필로 도면을 그렸다. 이 도면으로 필요한 부수만큼 청사진을 구워서 발주처나 공사현장에 납품했다. 그래서 트레이싱페이퍼에 그린 도면을 원도라고 불렀다. 즉, 원본이다. 그리고 청사진은 복사본이다. 요즘은 컴퓨터 프로그램으로 그리기 때문에 원본이라는 개념이 없다. 캐드 파일로 필요한 매수만큼 출력하면 된다. 출력물은 동등한 품질로 생산된다. 원본과 복사본의 차이가 없다. 예전에는 원본이 중요했다. 원본이 좋아야 복사본도 좋을 수밖에 없다. 그래서 복사본인 청사진이 선명하게 잘 나오게 하려면, 연필 선이 트레이싱페이퍼에 잘 먹도록 힘주어 그려야 한다. 그리고 샤프펜슬과는 달리 선이 균일한 두께와 농도를 유지하기 위해서는 연필을 돌려서 그려야만 한다.

그래서 오랫동안 도면을 그리다 보면 중지 끝에 굳은살이 생기게 된다. 처음에는 손가락 끝이 아파 도면 작업이 힘들었다. 도면을 계속 그리다 보면 손에 굳은살이 생긴다. 굳은살이 붙으면서 작업이 수월해지고 자신감도 붙는다. 통기타를 배울 때와 유사하다. 지금은 연필로 도면을 그리지 않는데도 굳은살이 생긴다. 제거해도 계속해서 다시 생긴다. 내 손이 그 당시의 작업을 아직까지도 기억하고 있는 것이다. 몸에 밴 기억이 오래간다는 말이 맞는 것 같다. 손에 밴 굳은살은 감각을 무디게 할 것 같다. 하지만 굳은살은 감각을 더 예민하게 하고, 눈보다 더 깊이 보고 오래 기억한다. 굳은살의 두께만큼 경험과 책임감이 배어 있다.

건축가는 이런저런 생각을 하며, 손으로 도면도 그리고 모형도 만든다. 이러한 작업이 반복되면서 손의 근육과 피부에 건축가의 생각이 스며든다. 그래서 건축가의 손은 생각하는 손이다. 손으로 무언가 만들고 그리다 보면 대상을 사랑하게 된다. 사랑

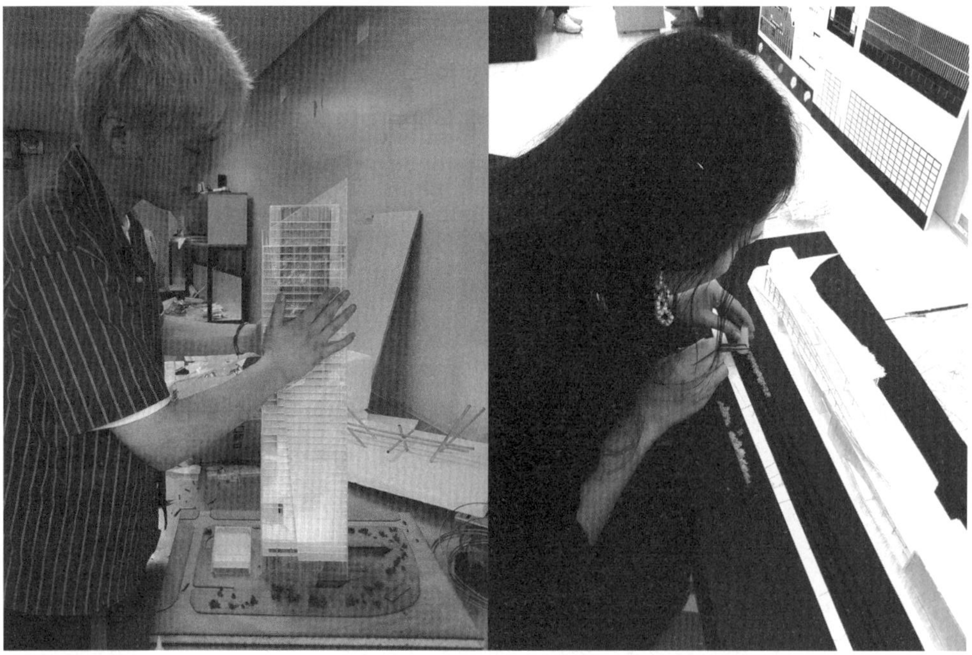

그림 4-5 모형을 만드는 건축가의 손. 이쪽저쪽 눈으로 세심히 보면서 손으로 모형을 만든다. 때로는 눈으로 보지 않고, 손의 감각으로 더 정밀하게 만들 수 있다. 이는 오랜 숙련에서 오는 경험과 감의 손기술이다.

하게 되면 대상이 마음속에 자리 잡게 된다. 누군가를 사랑하게 되는 과정이다. 사랑하면 그 대상에게 잘 하려고 노력하게 되고, 잘 할 수 있게 된다. 또한 일이 재미있고 오래 할 수 있다.

스케치는 고민과 생각의 흔적이다

설계과정에서 알바로 시자는 볼펜을 이용한 스케치로, 스티븐 홀은 수채화로 유명하다. 안도 다다오는 색연필을 사용하여 형태에 대한 개략적인 표현을 즐겨 하는데, 자신이 출판한 책에 일일이 사인과 함께 스케치를 그려 넣기도 한다. 스티븐 홀의 수채화는 하나의 예술작품 같다. 그 자체만으로도 매력적이고 훌륭하다. 알바로 시자의 볼펜 스케치는 그리 멋지지는 않다. 하지만 느리게 그은 선 하나하나에 고민의 흔적이 배어난다. 안도 다다오의 빠르게 핵심적인 개념을 표현한 색연필 스케치는 단순하지만 감각적이다.

이처럼 건축가마다 표현하는 매체와 방법이 다르다. 즐겨 사용하는 펜과 종이도 다르다. 하지만 모든 건축가에게 스케치는 고민과 생각의 흔적들이다. 이러한 스케치들이 쌓여 건축물이 완성된다. 스케치는 초기 계획과정에서부터 건물이 지어질 때까지 이어진다. 수많은 스케치를 통한 설계과정에서의 생각들이 지어지는 과정에서의 고민을 덜어 준다. 건축가가 프로젝트를 대하는 과정이 아름다울 때, 그 결과도 아름답다.

나는 선 긋기는 수성펜으로, 색칠은 마커펜이나 색연필로 한다. 주로 사용하는 플러스펜은 아주 가는 선에서부터 어느 정도 굵은 선까지 표현이 가능하다. 펜을 세워서 그으면 가늘게, 눕혀서 그으면 굵게 그을 수 있다. 칼라도 다양하고 가격 또한 저렴하다. 그리고 색은 전체적으로 칠하지 않고, 강조하고 싶은 부분만 옅은 색으로 칠한다. 계획 초기에는 선이 두껍고 표현도 추상적이다. 생각과 고민이 깊어질수록 선이 얇아지고, 표현 또한 구체적이고 세밀해진다. 사용하는 종이는 다양하다. 사무실에서 흔히 접할 수 있는 복사용지부터 스케치북, 옐로우 스케치 페이퍼, 트레이싱 페이퍼, 켄트지 등 스케치의 용도에 따라 다른 종이를 사용한다.

스케치는 빠르고 효율적인 커뮤니케이션의 수단이다. 다양한 대상들과 그 자리에서 빠르게 소통할 수 있다. 언제 어디서나 종이와 펜만 있으면 가능하다. 모형이나 컴퓨터 그래픽은 시간과 장소의 제약이 따른다. 모형을 만들려면 상당한 시간과 적당한 재료와 도구가 필요하다. 컴퓨터 그래픽은 이미 작업 된 것을 노트북 컴퓨터로 그 자리에서 다각도로 돌려볼 수 있지만, 새로 작업하려면 시간이 필요하다. 반면 스케치는 바로 그 자리에서 그리며 설명할 수 있는 장점과 매력이 있다. 또한 말로 표현하기 어려운 부분도 그림으로 표현하면 소통이 쉬워 상대방의 이해와 설득도 쉽다. 이렇게 즉석에서 스케치하는 건축가들이 멋진 모습으로 그려진다. 그래서 스케치를 잘하고 싶은 것은, 모든 건축가들의 로망이다.

스케치는 머릿속의 생각을 그림으로 풀어놓는 것이다. 설계과정에서 쌓여 가는 스케치들은 그만큼 생각을 많이 했다는 증거물이다. 스케치를 하다 보면 막연했던 생각이 명확해지기도 한다. 무심하게 끄적거리는 것 같지만 손과 머리의 상호작용이 생긴다. 생각하면서 그리고 그리면서 생각하게 된다. 스케치는 생각의 도구이다. 손과 마음을 연결해 주는 중요한 도구이다. 스케치에는 좋은 건축에 대한 생각과 고민의 흔적들이 배어 있다. 스케치는 보기 좋게 그리는 것보다 자기의 생각을 잘 드러낼 때 더 아름답다.

모형은 가장 솔직한 표현방법이다

설계사무소 신입사원이 가장 많이 하는 작업 중의 하나가 모형 제작이다. 졸업을 앞둔 학생들은 입사하면 자기에게 버거운 일이 주어질까 봐 막연한 두려움을 갖는다. 실무에서의 작업과 학교에서의 작업은 크게 다르지 않다. 하지만 실무에서는 일에 대한 책임이 따른다. 그래서 경력과 능력에 맞게 일이 배분된다. 신입사원이 상대적으로 책임이 덜한 모형을 많이 만들게 되는 이유이다.

모형은 가장 솔직한 매체이다. 실제 건물과 크기만 다를 뿐 비례는 같다. 컴퓨터 그래픽과 같이 현혹시킬 수도 없고, 좋은 면만 보여 줄 수도 없다. 요즘은 컴퓨터 모델링을 이용하는 경우가 많지만, 아직까지도 모형작업을 선호하는 건축가들이 많다.

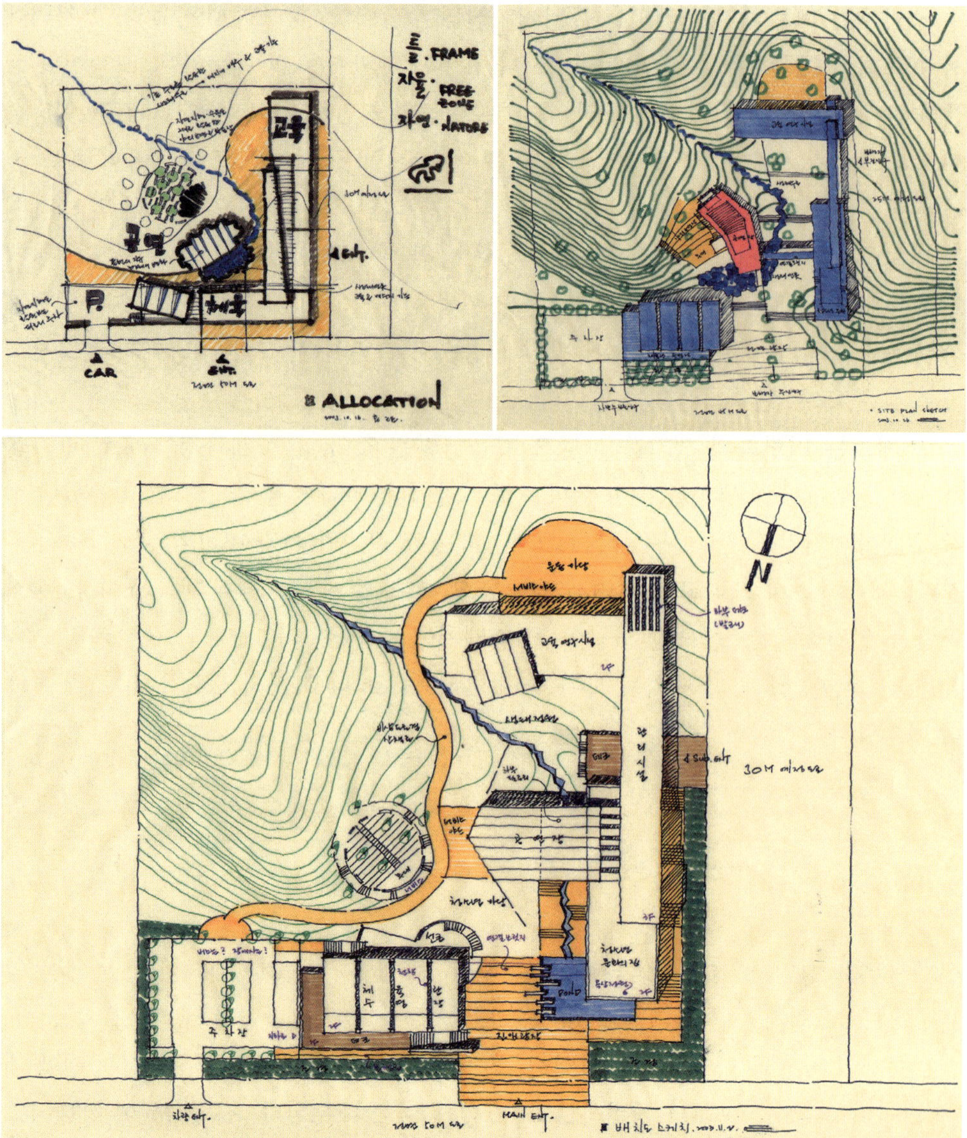

그림 4-6 성남시 중원 청소년수련관 계획안의 스케치이다. 배치계획의 발전과정을 비교하여 볼 수 있다. 계획 초기에는 선이 두껍고 표현도 추상적이다. 생각과 고민이 깊어질수록 선이 얇아지고, 표현 또한 구체적이고 세밀해진다.

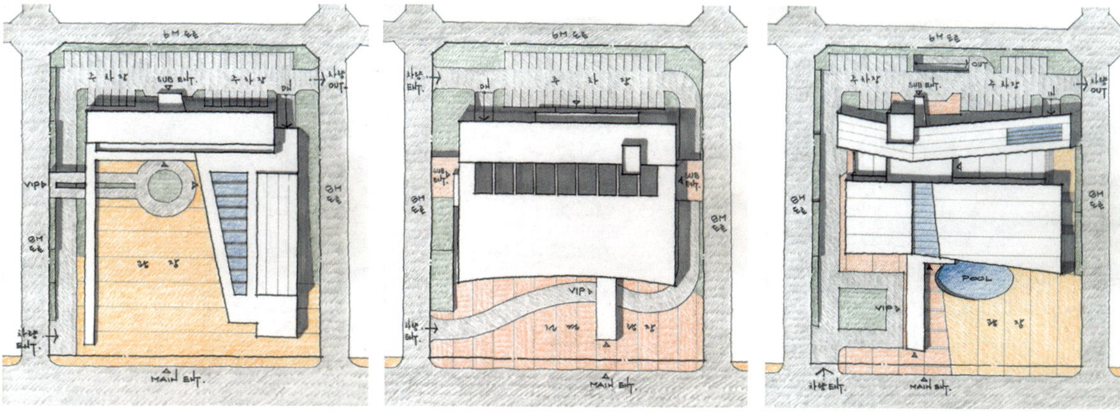

그림 4-7 공군회관의 배치 대안 스케치이다. 건축물의 윤곽선은 사인펜과 플러스펜으로 그었다. 외부 공간은 색연필로 칠했다. 그림자는 밝은 회색 마커펜으로 칠해, 건축물의 형태와 높이를 짐작할 수 있다. 세 번째 대안이 선정되어, 다음 단계의 설계를 진행했다.

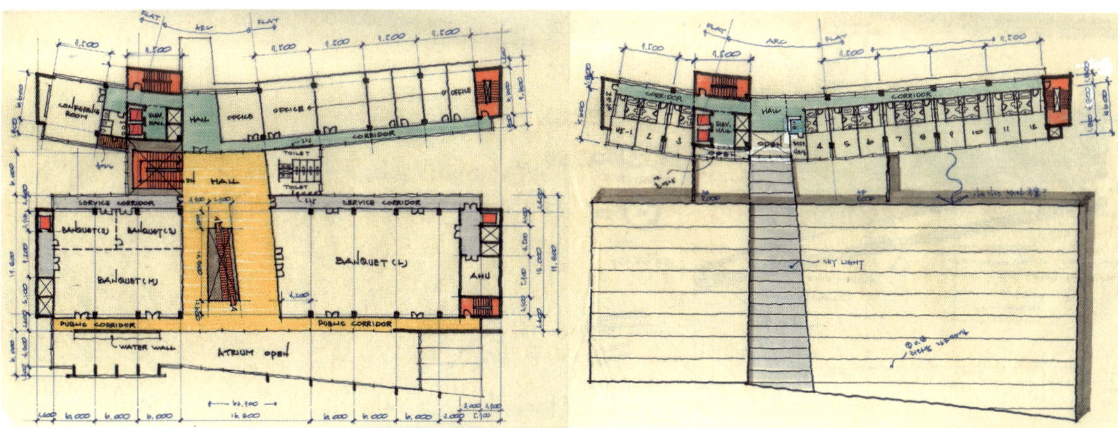

그림 4-8 공군회관의 디자인 발전단계의 평면스케치이다. 건축물의 형태, 중요한 치수와 내부 공간 구성이 표현된다. 코어와 홀, 복도 부분에 색을 칠하면 동선 관계가 명확히 드러난다.

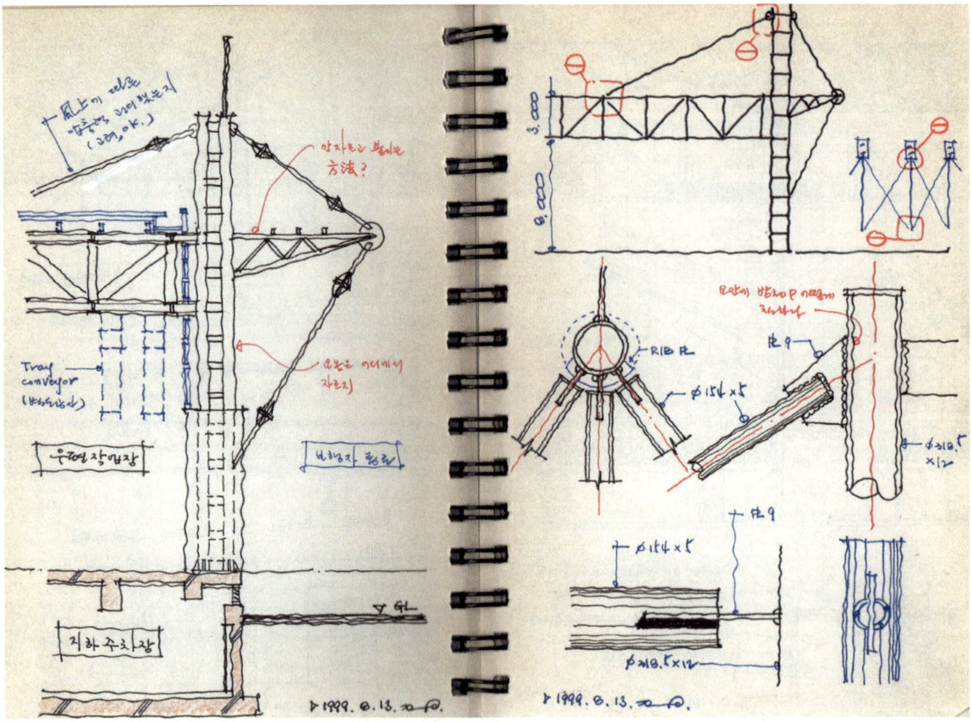

그림 4-9 안양우편집중국의 구조 디자인을 위한 디테일 스케치이다. 스케치북에 검정, 파랑, 빨강 색의 플러스펜으로 그렸다. 구조적 힘의 흐름에 따라 디자인했고, 구조부재를 그대로 노출하여 구조미를 부각시켰다. 철골 트러스의 구조적 부담을 줄이기 위하여, 스틸 파이프로 당겨주도록 설계했다.

창의적인 디자인 혹은 시뮬레이션을 위한 도구로서 많이 활용되고 있다. 건축물은 수명이 길고 비용 또한 많이 들기 때문에 여러 가지 사항들이 사전에 충분히 검토되어야 한다. 그래야 오류를 최소화할 수 있다.

모형은 초기에는 덩어리로 시작해서, 최종적으로는 디테일까지 표현된다. 모형작업을 하면서 애매한 부분과 문제점을 발견할 수 있다. 모형작업이 어느 정도 시공과정과 유사하기 때문이다. 그래서 건물을 일대일 모형이라고 한다. 또한 모형은 커뮤니케이션이 쉬운 장점이 있다. 누구나 쉽고 빠르게 전체적인 파악이 가능하다. 비전문가인 의뢰인이나 관계자들의 이해가 수월해 의사결정이 빠르게 진행된다.

모형을 잘 만들려면 어떻게 해야 할까? 우선 만들려고 하는 대상을 잘 파악하고, 숙지해야 한다. 모형을 만들기 전에 그 대상을 머릿속에 그려놓아야 한다. 스케치가

그림 4-10 삼환주택의 모형사진이다. 모형재료는 포맥스와 바스우드이다. 지붕을 열 수 있도록 만들어 필요 시 주택 내부의 구조를 볼 수 있다.

머릿속의 생각을 평면으로 표현하는 것이라면, 모형은 입체적으로 표현하는 것이다. 그리고 제작 방법 및 순서에 대한 구상을 반드시 먼저 해야 한다. 그렇지 않으면 실수가 생기게 되고 결국 더 늦어지게 된다. 우선 제작 의도에 맞는 모형재료를 선택해야 한다. 그리고 모형재료의 종류 및 특성을 잘 알아야 한다.

다음은 오강남이 풀이한 《장자》의 〈포정의 소 각뜨기〉편은 경지에 오른 요리사 이야기이다.

> 훌륭한 요리사는 해마다 칼을 바꿉니다. 살을 가르기 때문입니다. 보통의 요리사는 달마다 칼을 바꿉니다. 뼈를 자르기 때문입니다. 지금 저는 19년 동안 이 칼로 소를 수천 마리나 잡았습니다. 그러나 이 칼날은 이제 막 숫돌에 갈려 나온 것 같습니다. 소의 뼈마디에는 틈이 있고 이 칼날에는 두께가 없습니다. 두께 없는 칼날이 틈이 있는 뼈마디로 들어가니 텅 빈 것처럼 넓어, 칼이 마음대로 놀 수 있는 여지가 생기는 것입니다. 그러기에 19년이 지났는데도 칼날이 이제 막 숫돌에서 갈려 나온 것 같은 것입니다.
> —오강남 풀이, 《장자》, 〈포정의 소 각뜨기〉(현암사, 1999), 147쪽.

실로 대단한 경지다. 모형재료 중에 나무와 종이 등은 결이 있다. 결의 방향에 따라 칼질을 해야 한다. 그래야 잘 잘리고, 칼날도 덜 무디어진다. 아크릴은 단단하지만, 유리와 같이 칼금을 내어 구부리면 쉽게 자를 수 있다. 그리고 접착제는 최소한으로 써야 한다. 많이 바른다고 잘 붙는 것이 아니고, 오히려 자국이 남아 지저분해진다. 이처럼 재료의 특성을 잘 파악해야 효율적으로 모형을 잘 만들 수 있다.

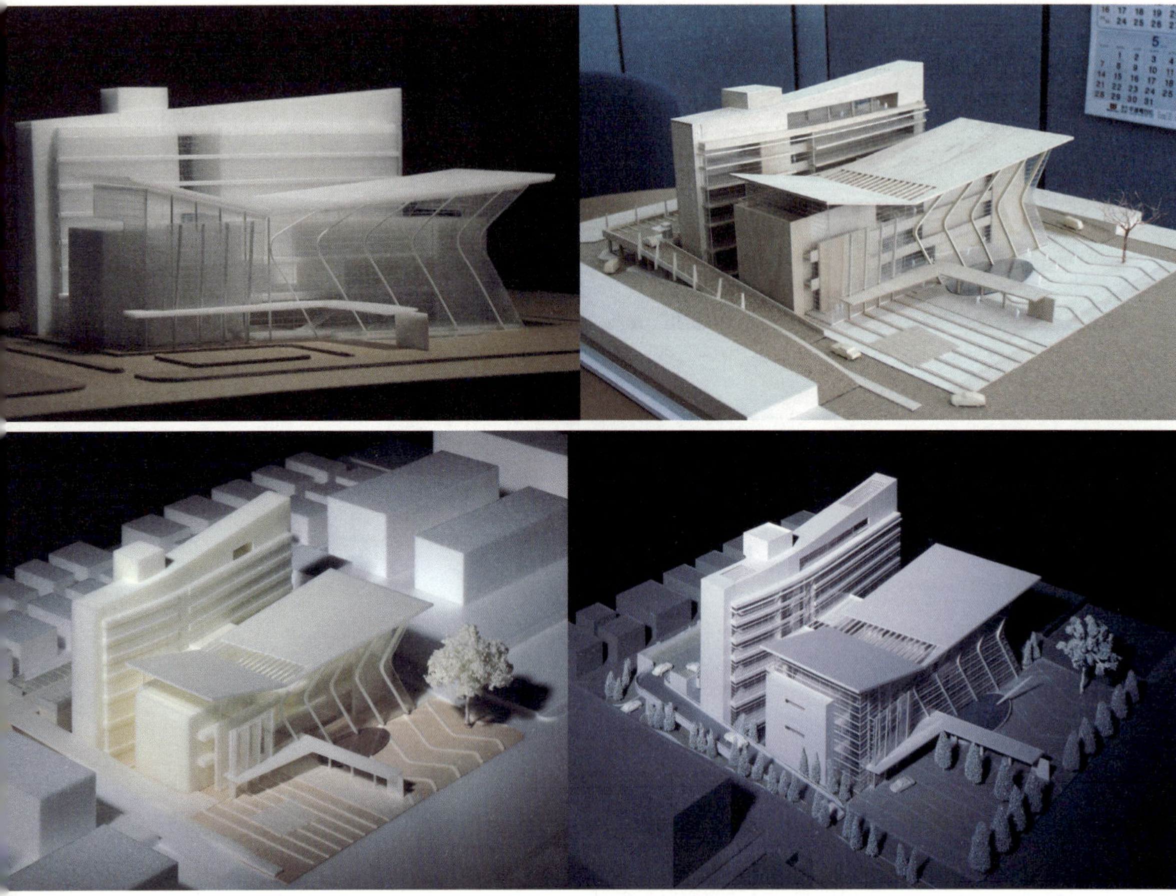

그림 4-11 공군회관의 모형 사진이다. 첫 번째 모형으로 계획안이 확정되었다. 이를 구체적으로 발전시켜 나무를 주재료로 사용하여 두 번째 모형을 만들었다. 세 번째는 턴키설계 당시 제출한 모형이다. 모형 재료로 압축 스티로폼만 써야 한다는 지침에 따랐다. 마지막은 발주처에 납품한 최종 모형이다.

그리고 사람의 시각은 수평·수직에 익숙해 있어, 최대한 각을 잘 맞추어 제작해야 한다. 모형재료는 폼보드, 라이싱지 등 흰색 재료들을 많이 사용한다. 손과 모형 도구들을 자주 닦아서 깔끔하게 만들어야 한다. 모형작업은 시간이 많이 들고, 단순반복 작업도 많다. 잘못되어 수정할 일도 빈번하다. 이처럼 모형 만들기는 실제 시공과 마찬가지로 절대적인 시간이 필요한 작업이다. 그래서 모형작업에서 다른 무엇보다 더 중요한 것은 평정심과 끈기이다.

그림 4-12 요즘의 모형 제작은 레이저 커터의 이용으로, 칼로 자르는 것보다 조립하고 붙이는 작업이 많다.

최근에는 디지털 기술이 발전하여 저렴한 3D 프린터가 많이 보급되었다. 아직은 제작할 모형의 크기와 재료의 한계 그리고 제작 시간이 오래 걸린다는 단점이 있다. 이러한 문제점들은 조만간 개선될 것이다. 지금도 작은 모형에서부터 실제 거주할 수 있는 집까지 3D 프린팅 기술로 가능하다. 이제 건축모형도 만드는 것에서 출력하는 것으로 패러다임이 바뀌고 있다. 역사적으로 새로운 기술과 재료의 발달은 새로운 건축의 기반이 됐다. 건축가가 첨단 과학기술의 발달에 관심을 둬야 하는 이유이다.

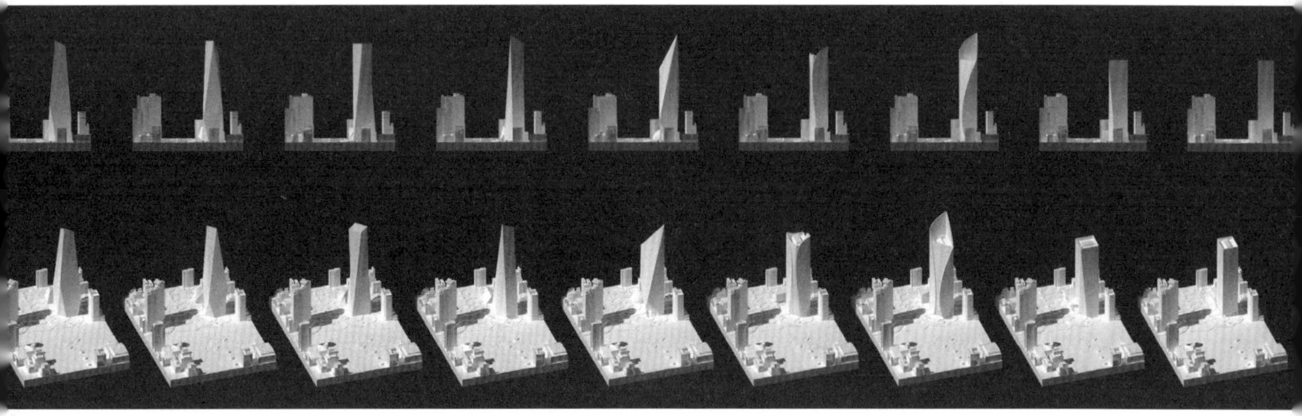

그림 4-15 '초고층 빌딩' 설계를 위한 대안 모형이다. 라이노라는 컴퓨터 프로그램으로 3D 모델링을 했고, 3D 프린터로 출력했다. 하나의 대안 모형 출력시간만 24시간 이상 걸렸다. (©권준형)

컴퓨터 그래픽은 매혹적인 표현방법이다

현대 영화는 컴퓨터 그래픽이 대세이다. 대부분의 스펙터클한 볼거리가 컴퓨터 프로그램으로 만들어진다. 과학기술의 발달로 놀라운 시각적 위력을 보여 준다. 실제보다 더 실제 같다. 이제 영화는 상상하는 모든 영상을 컴퓨터 그래픽으로 구현할 수 있는 단계에 와 있다. 배우들은 대상을 보고 연기하지 않는다. 푸른색 화면을 배경으로 장면을 상상하며 연기한다. 촬영이 끝나면 후반 작업인 편집으로 영화는 완성된다. 이는 다양한 편집기법이 발달과 그것을 받쳐주는 컴퓨터 그래픽의 발전 때문에 가능하다.

현대의 건축가들에게도 컴퓨터 그래픽은 대세다. 이제 컴퓨터 없이는 건축을 할 수 없는 상태가 되었다. 설계와 시공 모두에서 다양한 컴퓨터 프로그램들이 이용된다. 기술의 발달로 그래픽 이미지는 어설프지 않고, 각종 시뮬레이션 프로그램은 빠르고 정확하다. 이제 건축가들은 상상했던 공간을 자유롭게 표현할 수 있게 되었다. 비정형의 건축물도 어렵지 않다. 모든 상상할 수 있는 형태와 공간을 만들어 낼 수 있다. 발달한 기술 덕분이다.

건축물은 미리 지어 볼 수 없고, 지어지면 오래간다. 그래서 건축가들은 수없이 도면을 그리고 모형을 만든다. 지어졌을 때 아름다워야 하고, 오류를 최소화해야 한다. 미리 보기 차원에서 컴퓨터 그래픽은 의미가 있다. 좋은 건축은 안심할 수 있는 잘 그린 도면에서 탄생한다.

그림 4-16 삼환주택의 거실과 안뜰 부분의 투시도이다. 머릿속으로 상상했던 공간의 이미지를 보여 준다. 벽의 높이, 개구부의 크기, 마감 재료 등을 바꿔 가며 볼 수 있다. 좋은 건축을 위한 과정으로 혹시 모를 실수를 미리 점검할 수 있다.

컴퓨터 그래픽은 매력적인 표현방법이다. 스케치와 모형의 한계를 넘어선다. 한 번 건축물을 컴퓨터로 3D 모델링 작업을 해 놓으면 변경과 수정이 용이하다. 내·외부 공간을 다양한 거리와 각도에서 볼 수 있고 가상체험도 가능하다. 건축 재료의 재질 및 빛을 조절하여 그에 따른 공간의 변화를 실시간으로 볼 수 있다. 컴퓨터 프로그램의 발달로 결과물은 사실적이고 디테일하다.

게다가 모니터 화면 속의 이미지는 왠지 더 멋지게 보인다. 게임에 중독되듯이 가상의 이미지에 빠져들 수 있다. 그래서 컴퓨터 그래픽은 현혹적인 표현방법이기도 하다. 매력적인 표현을 하되 현혹되지 않으려면 컴퓨터 그래픽과 적당한 거리를 두어야 한다. 가상의 이미지보다는 구축된 실재가 더 중요하기 때문이다.

볼거리는 풍부하나 내용이 빈약한 영화는 킬링타임 용이다. 이런 영화는 마음속에 저장되지 않는다. 시간은 스펙터클한 화면 속으로 바로 사라진다. 기억에 남지 않는다. 건축도 마찬가지이다. 겉만 화려한 건축은 오래가지 못한다. 좋은 건축은 시간을 붙잡고 몸과 마음속에 기억이란 폴더로 저장된다. 좋은 영화가 감독의 상상력에서 비롯되듯 건축가의 상상력이 건축을 만든다. 컴퓨터 그래픽에 기댈 뿐 빠지지는 말아야 한다. 좋은 건축을 하겠다는 마음가짐이 먼저다. 새로운 표현기법을 익히는 것도 중요하지만, 좋은 건축에 대한 안목과 상상력을 키워야 한다.

수업과제 1. 자기표현

현대사회를 흔히 자기 PR시대라고 한다. PR이란 Public Relations의 약자로 글자 그대로 풀이하면 대외관계라 할 수 있는데, 요즘에는 주로 홍보활동이란 의미로 사용되고 있다. 즉, 자기 PR이란 남들에게 자기를 소개하고 홍보하는 활동이다. 과거는 겸손과 겸양이 미덕이었던 시대였다. 이와 달리 현대사회는 자기 자신을 적극적으로 표현하고, 자신의 능력을 표출하는 것이 가치 있는 시대로 패러다임이 바뀌었다.

자기 PR 혹은 자기소개를 부탁하면 대부분의 사람들은 이름, 나이, 가족관계 그리고 출신 지역 및 학교 등 자신의 내적인 면과는 상관없는 외적인 면을 주로 말한다. 이는 사람들이 처음으로 대면하는 회의나 맞선 등의 자리에서 흔히 볼 수 있는 풍경으로, 우스갯말로 호구조사다. 우리는 초등학교 때부터 선생님에게 수줍게 자기를 소개하거나 반장이나 회장 선거에 출마하여 거창하게 자기를 소개하는 경험을 하기도

그림 4-15 공군회관의 컴퓨터 그래픽 투시도이다. 한번 건축물을 컴퓨터로 3D 모델링 작업을 해 놓으면 변경과 수정이 쉽다. 또한 내·외부 공간을 다양한 거리와 각도에서 볼 수 있다.

그림 4-16 '애니메이션 사옥' 과제를 위한 컴퓨터 그래픽 이미지이다. 내·외부 공간의 표현이 효과적이고 매력적이다. 모형으로 표현하기 어려운 부분이 컴퓨터 그래픽으로는 가능하다. 이제 컴퓨터 3D 모델링과 렌더링 프로그램의 발달로 좀 더 빠르게 이러한 이미지를 만들 수 있다. (ⓒ황채빈)

그림 4-17 국립남도국악원의 공연장이다. 좌측은 실제 사진이고, 우측은 컴퓨터 그래픽이다. 요즘은 과학기술의 발달로 가상과 실제를 구별하기 어렵다.

한다.

최근에는 면접을 중요시 여기는, 입학사정관제도에 의한 대입에서부터 대학 졸업 후의 취업에 이르기까지 여태껏 자신이 해 온 활동과 앞으로의 잠재적 능력을 보여주는 자기소개의 비중이 점점 더 커지고 있다. 이는 성적이나 학점 등 점수에 의한 잣대로 사람들을 평가하기보다는, 학과전공이나 업무 분야에 대한 개개인의 열정이나 적합성을 새로운 잣대로 제시하려는 의도로 풀이된다.

앞서 얘기한 대로 대부분의 설계 스튜디오를 지도하는 교수들은 수업 첫 시간에 학생들에게 간단하게 자기를 소개하는 시간을 갖는다. 나 또한 마찬가지인데 이러한 자기소개의 시간은, 교수와 학생 그리고 학생과 학생들 상호 간의 정보가 친밀감을 만들어 준다. 또한 교수의 입장에서 볼 때, 이러한 자기소개는 학생 개개인의 기본적인 정보 및 특성이나 가치관 등을 파악할 수 있어 향후 학생들을 지도하기 위한 밑거름이 되기도 한다.

표현기법이란 수업 첫 시간에 학생들에게 본인이 가장 자신 있는 표현 매체, 예를 들어 수작업에 의한 스케치, 컴퓨터를 이용한 포토샵 혹은 파워포인트 등을 사용하여 자기를 표현해 보라는 과제를 내주고 다음 주에 발표하게 한다. 발표를 위해 준비한 자료들과 발표 내용을 보면, 대부분의 학생들이 자신의 삶에 대한 가치관 같은 내면보다는 앞서 말한 신상 위주의 외적인 면에 치우친 모습을 보여 준다. 이는 자기 자신을 가장 잘 알고 있는 본인이 자신을 소개할 때 어려움을 겪는 것은 여태껏 살아오면서 그만큼 자기 자신 혹은 자기 인생에 대해서 깊게 고민해 보지 않아서일지도 모른다. 자신이 좋아하는 인기 연예인의 모든 이력 사항, 활동 내용을 낱낱이 꿰고 있으면서도 정작 자기 자신이나 가족에 관한 관심은 상대적으로 소홀한 것이다. 물론 자신의 내면적인 모습, 예를 들면 성격상의 단점이나 장점을 말한다는 것이 쑥스럽거나 어색해서일지도 모르겠지만 근본적으로 자기 자신에 대해서 깊게 고민해 보지 않아서일 경우가 많다.

건축설계는 주체인 나 자신에 대한 사랑을 시작으로, 타자로서 다른 사람들 그리고 건축에 대한 관심과 사랑으로부터 비롯된다.

건축을 주체-객체의 관계로 얘기할 수 있는데, 주체는 건축가로서의 '나' 자신이라고 할 때, 객체는 나와 관계 맺는 대상, 즉 '타자'이다. 주체로서 나는 이 타자와의 관계를 통하여 성립되고 변화한다. 건축적으로 볼 때, 이 타자에는 건축물과 이와 관계된 모든 사물들 그리고 이것을 사용하거나 경험하는 사람들이라는 두 가지의 대상이 있다. 그래서 훌륭한 건축가가 되기 위해서는 건축과 인간이라는 이 두 가지의 타자에 대해서 깊은 관심을 갖고 사랑해야 한다. 타자를 사랑하기 위해서는 먼저 자기 자신을 사랑해야만 한다. 나 자신의 소중함을 느껴야만 남의 소중함도 진정으로 느낄 수 있다. 이런 관심과 사랑을 통해 나와 타자 간의 진정한 울림을 만들어 낼 수 있다. 다시 말해 건축은 자기 자신과 남을 사랑하는 데서 비롯된다고 할 수 있다.

문학·예술·건축 등 창조적인 작업을 하는 사람들은 우스갯소리로 어느 정도 자뻑

그림 4-18 '신나랠라'라는 제목의 작품으로, 신나래 학생 본인의 이름과 '신데렐라'를 조합하여 별칭을 만들었다. '신데렐라'를 모티프로 하여 자기 표현을 세련된 일러스트와 이모티콘 등으로 그려내고 있다. 자세히 살펴보면, 발이 너무 작아서 유리구두가 맞지 않아 신데렐라가 되지 못하는 슬픔을 울고 있는 얼굴로 표현했고, 무도회장의 계단을 지하철역의 계단으로, 신데렐라의 호박 열차를 오이도행 전동차로 각각 대비하여 표현했다. 그리고 그림 전체의 바탕에 깨알같이 작은 글자와 이모티콘으로 가득 채워 넣은 것으로 볼 때, 많은 시간과 정성을 들였음을 알 수 있다. 이를 통해 이 학생의 건축에 대한 아마추어적인 열정과 끈기를 엿볼 수 있다. (©신나래)

기질이 있어야 한다.'자뻑(自뻑)'은 한자 스스로 '자'와 강렬한 자극으로 정신을 못 차린다는 의미의 속어인 '뻑'이 합성된 신조어로, 자기 자신에게 도취되어 정신을 못 차린다는 부정적인 의미로 주로 사용된다. 자기가 만든 작품에 자기 스스로 감동하고 무한한 자부심을 느끼는 자아도취이다. 창조적인 작업을 하는 사람들에게 이러한 자뻑 기질이 왜 필요할까? 자신이 만든 결과물에 스스로 만족한다는 것은 그만큼 그 일에 몰입하여 최선을 다했기 때문일 것이다. 이러한 자뻑 기질이 잘하고 싶다는 욕망과 결합되어, 창작에 대한 책임감과 자부심으로 발전되면 사회에 기여하는 좋은 건축가가 될 수 있다.

사회에 대한 책임감 없는 자뻑은 위험하다. 잠시 주목만 받을 뿐 사회와의 거리는 더욱 멀어진다. 진정성과 책임감이 없는 주목은 요란한 빈 수레가 된다. 인기 연예인들이 사회적 공인으로서 행동거지에 제약을 받는 것과 마찬가지로, 주목받는다는 것은 책임이 따르는 것이다. 자뻑은 건강한 자존감으로 승화될 때 의미가 있다. 건축가는 매일매일 고강도의 스트레스에 노출되는 직업이다. 건강한 자존감은 일상에서 받는 스트레스에도 잘 대처할 수 있다.

이와 같은 자기표현이라는 과제 수행을 통하여 설계 스튜디오 내에서 학생들과의 소통을 이끌어 낼 수 있다. 또한 학생들이 어느 매체를 어느 정도 다룰 수 있는지에 대한 판단의 기초자료가 되기도 한다. 건축에서는 아무래도 시각적인 표현이 중요시된다. 시각적인 결과물을 가지고 여러 사람들과의 협의 및 설득 작업이 이루어지기 때문이다. 학생들에게 그림, 포토샵, 파워포인트 등 다양한 시각적인 매체를 이용하여 자기소개를 하라는 이유이다. 〈그림 4-18〉부터 〈그림 4-25〉는 학생들의 다양한 자기표현의 결과물들이다.

그림 4-19 파워포인트(power point)라는 컴퓨터 편집 프로그램을 이용하여 발표한 사례이다. 본인의 성격을 익살스러운 표정이 담긴 여러 장의 사진을 이용하여 재미있게 표현했다. 다소 웃음을 자아내려는 의도가 깔려 있지만, 편집의 세련된 구성과 파워포인트의 애니메이션 효과를 활용하여 자신이 의도한 바를 효과적으로 전달한다. 건축가라는 직업은 자기 자신과 작품을 남에게 내보일 수밖에 없기 때문에 때로는 사람들 앞에서 말도 잘 하고, 남들과 잘 어울릴 수 있는 외향적인 성향이 요구되기도 한다. (©이우주)

수업과제 2. 자화상 그리기

설계 스튜디오에서 자화상을 그리는 경우를 흔히 볼 수 있다. 자신의 얼굴의 특징을 살려서 캐리커처 식으로 그리거나 정밀묘사 식으로 자세하게 그리기도 한다. 나도 학생들에게 자화상 그리기를 즐겨 시키는데, 이를 통하여 자기 자신의 얼굴을 관찰하는 기회도 갖고, 자신의 얼굴에서 핵심적인 특징을 찾아내는 훈련을 할 수 있기 때문이다.(〈그림 4-28〉부터 〈그림 4-30〉 참조)

나는 통상 첫 수업시간에 간단한 설문조사와 함께 간략하게 자화상을 그리게 하는데, 이 또한 학생들과의 원활한 소통을 위한 한 방법입니다. 혹은 수업시간에 시간

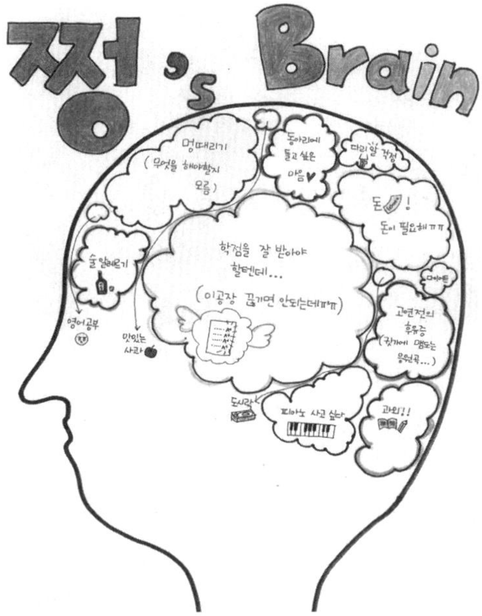

그림 4-20 자신의 머릿속 상태를 그림으로 표현하였다. 구름 모양의 크기가 생각하고 있는 것의 비중을 나타낸다. 학점을 잘 받아 장학금을 놓치지 않겠다는 생각이 가장 큰 반면, 영어공부에 대한 비중은 가장 적다. 이처럼 뇌 구조 그림을 통해 자신의 현재 상태를 큰 것부터 소소한 것까지 솔직하게 표현하고 있다. (©김현정)

그림 4-21 일종의 신문 만들기로 자신에 대한 소개와 새 학기를 맞아 설계에 임하는 자세를 표현. 신문의 구성방법을 효과적으로 활용하였다.'Good 설계사무소 신입사원 대모집'이라는 기사를 통해, 경제 불황의 여파에 따른 청년 실업 문제의 단면과 취업에 대한 희망을 담아내고 있다. (©홍윤경)

그림 4-22 자신의 외양과 정신의 상태를 글과 그림으로 재미있게 표현했다. 그림의 표현과 색깔에서 수줍고 부끄러워하면서도 자신감과 도도함이 넘쳐나는 초등학생 같은 천진난만한 아이다움이 묻어난다. 더불어 예비건축가의 진솔하고 따뜻한 마음이 느껴진다. 이러한 진솔함과 따뜻함은 좋은 건축을 위한 바탕이 된다. (©유소라)

그림 4-23 글자만 이용하여 자기표현을 깔끔하고 세련되게 처리했다. 한글, 한자, 영어, 숫자를 함께 사용했다. 글꼴, 크기, 색깔의 변화 그리고 배열의 조정을 통해 단조로움을 피했다. (©최송희)

그림 4-24 자신이 좋아하는 것들과 즐겨하는 것들을 일러스트로 표현했다. 만화 캐릭터를 이용해 재미를 더했다. 뜨겁게 뛰는 심장으로 건축에 대한 열정을, 한 손에 힘주어 움켜쥔 연필로 앞으로 건축을 열심히 하겠다는 의지를 드러냈다. (ⓒ신은진)

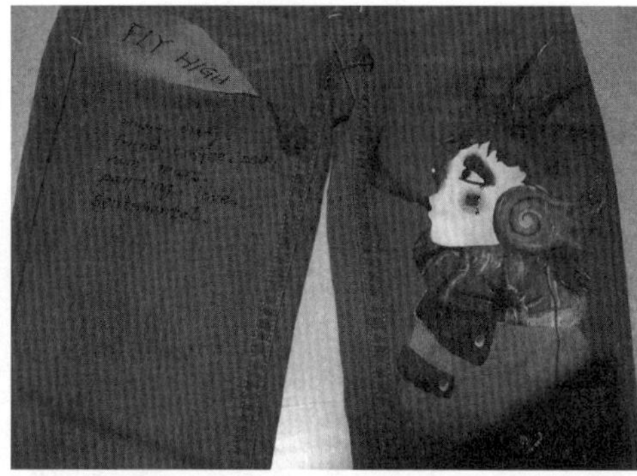

그림 4-25 자신의 취미인 옷에 그림 그리기를 자기표현 과제에 활용했다. 청바지에 자신의 특징을 살린 외모와 좋아하는 것들을 글자로 그려 넣었다. 이 학생은 과제 제출 시 이 옷을 직접 입고 발표하는 치밀함이 돋보였다. (ⓒ주가영)

을 내어 거울을 보거나 미리 준비한 사진을 보면서 자신의 얼굴을 그리게 한다. 요즘 대부분의 학생들이 카메라 기능이 있는 스마트폰을 가지고 있기 때문에 셀카로 찍어서 그 화면을 보고 그리기도 한다. 이러한 모습은 이제 시대가 달라졌음을 실감케 하는 풍경이기도 하다.

그리고 학생이 그린 자화상을 본인의 얼굴과 나란히 들고 있게 한 다음 사진을 찍기도 한다. 자신의 그림과 자신의 얼굴을 직접 비교할 수 있기 때문에, 본인의 얼굴 특징을 잘 살려서 그렸는지 바로 확인할 수 있다. 다소 어색한 분위기를 만들기도 하지만, 활기찬 웃음을 자아내게도 한다. 대부분의 건축학과에서는 학기말에 학생들이 한 학기 동안 작업한 결과물들을 전시하는데, 〈그림 4-28〉과 같이 이런 자화상이 함께 전시되어 자신의 작품임을 효과적으로 알려주고, 관람객의 호기심 어린 눈길을 끌기도 한다.

그림 4-26 자화상을 그리고 본인의 얼굴과 비교해 본다.

그림 4-27 학생들이 그린 자화상으로, 학생들의 수만큼 그 표현 또한 다양하다. 많은 학생들이 이러한 자화상 그리기에 어려움을 토로하지만, 나름대로 잘 그려낸다. 이 그림 속의 얼굴들을 보고 있자니 실제 학생들의 얼굴과 이름이 대부분 떠오르는 것은, 이 학생들이 자신들의 자화상을 잘 그려서 그런 것 아닐까?

그림 4-28 학기말 과제 전시에서 자화상은 관람객의 눈길을 끈다.

5

다이어그램과 건축

건축 또한 과정과 결과가 모두 중요한 일이다.

설계하는 과정 그 자체도 의미가 있지만,

건축은 지어짐을 전제로 하기 때문에 지어진 결과가 좋아야 한다.

다이어그램에서도 과정과 결과의 관계는 이와 유사하다.

과정을 중요시 여기느냐, 결과를 중요시 여기느냐이다.

통상 과정이 결과로 드러나는 건축을

'다이어그램 건축'이라 칭한다. 생성적 다이어그램이다.

이와는 다르게 결과물 중심인 설명적 다이어그램이 있다.

설계과정이 건축 형태로 발전해 가는 단계를 보여 주는 다이어그램,

설계 의도에 맞게 결과를 잘 설명하는 다이어그램 모두 중요하다.

최근 학교에서건 실무에서건 다이어그램(diagram)이 건축설계를 위한 중요한 과정이자 결과물이 되고 있다. 대지 및 프로그램의 분석에서부터 계획안의 진행, 실시설계에 이르기까지 다이어그램의 비중은 커졌고 그만큼 작업량도 많다. 실무에서는 낮은 연차의 스텝들이 다이어그램 작업을 많이 한다. 실제 시공을 위한 도면이 아니고, 설계안을 설명하기 위한 도해이다. 구색을 갖추기 위한 불필요한 다이어그램도 많다. 다이어그램을 위한 다이어그램. 불필요한 작업량이 많은 만큼 작업자들의 불만도 크다. 생산적인 일이 아니라 생각되고, 동어반복적인 일을 반복적으로 할 경우가 많기

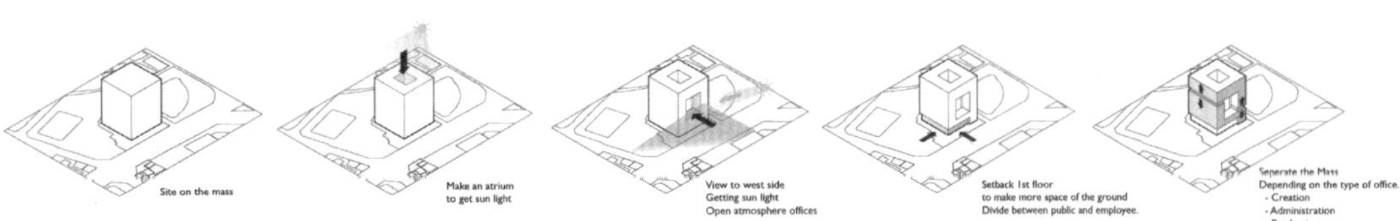

그림 5-1 '애니메이션 사옥'의 설계 과정을 보여 주는 다이어그램이다. 채움보다는 비움에 중점을 두었다. 이 비워진 곳으로 햇살이 비추고, 비와 바람이 넘나든다. 내부에서도 자연의 변화를 느낄 수 있다. 이러한 커다란 비움이 이용하는 사람들과 도시에 활력을 불어넣는다. (ⓒ황채빈)

때문이다. 학교에서도 크게 다르지 않다. 건축적 아이디어의 표현에 있어, 말이나 스케치보다는 다이어그램이 선호된다. 아직 표현방법에 서툰 저학년들은 다이어그램 작업에 애를 먹는다. 특히 실무에서나 학교에서나 초기의 디자인 과정에서 다이어그램이 더욱 강조된다. 현대의 건축가들에게는 피할 수 없는 일이다. 이러한 다이어그램은 건축에서 어떤 의미가 있을까?

〈위키백과〉에 의하면, 다이어그램을 '정보를 조율·묘사·상징화하여 2차원 기하학 모델로 시각화하는 기술이고, 때때로 2차원 표면에 그래픽적인 투사 과정을 거쳐 3차원 공간에 시각화되기도 한다'라고 정의하고 있다. 또한 다이어그램은 추상적이고 정보를 대표할 수 있는 그림으로, 사진과 영상을 제외한 지도·선·그래프·바 차트·건축 스케치 등을 그 예로 들고 있다. 그리고 다이어그램의 사전적 정의는 '재현보다는 설명을 위한 시각적 디자인 또는 배열과 관계를 보여 주는 그림'이다. 요컨대 데이터를 시각적으로 정렬하는 것이 다이어그램이다. 이처럼 다이어그램은 시각과 관계가 깊다. 예로부터 오감 중에서 시각이 가장 신뢰받는 감각이다. 백 마디 말보다 한 장의 사진이 더 강한 힘을 발휘하기도 한다.

몇 년 전에 다리가 아파 병원을 찾았다. 넘어지지도 않았고, 특별히 무리한 적도 없었다. 오른쪽 다리의 무릎 뒤쪽이 뭔가 당기는 듯 통증이 왔고, 걸을 때 더욱 심했다. 웬만하면 참아 보려고 했는데 갈수록 통증이 심해서 병원에 갔다. 특정 신체 부위의 온도분포를 컬러로 보여 주는 적외선 체열 사진을 촬영했다. 담당 의사는 다리 통증의 원인을 체열 사진을 보고 좌우의 불균형에서 찾았다. 자세의 문제로 몸의 한쪽 부분을 더 사용한 것이다. 그래서 한쪽 다리에 무리가 온 것이다. 게다가 운동 부족으로 몸이 불균형을 견디지 못해 통증이 생긴 것이다. 대개 병원에 가면 증상은 있으나 그 원인을 못 찾아내면 스트레스 탓으로 돌리기 십상이다. 담당 의사에게 체열 사진과 함께 진단 내용을 들으니 믿음이 갔다. 몇 차례 물리치료와 몸 자세를 바르게 하니 바로 회복됐다. 이처럼 시각화된 정보는 판단과 신뢰의 바탕이 된다.

2011년 한석규는 〈뿌리 깊은 나무〉라는 드라마의 주연으로 SBS 연기대상을 받았다. 세종대왕의 한글 창제에 얽힌 이야기를 역사적 사실과 픽션을 섞어, 훈민정음 반포 전 7일 동안 경복궁에서 벌어지는 집현전 학사 연쇄살인 사건을 다룬 드라마이다. 극 중에서 세종대왕은 다음과 같이 말한다.

> 과정이 중요한 일이 있고, 결과가 중요한 일이 있다. 글자를 만드는 일은 만들기까지의 과정이 중요하지만, 반포를 하는 것은 결과가 중요하다. 반드시 이겨야 한다. 하여 반포를 해야 해. 이겨야만 일이 시작되니까. 이겨야만 백성을 위해 일을 시작할 수 있으니까.

백성들이 읽고 쓰기 쉽게 한글을 만드는 과정도 중요하지만, 백성들이 두루 사용할 수 있도록 반포하는 결과도 중요하다는 말이다. 세종대왕의 백성에 대한 사랑과 한글 창제와 반포에 따른 고난이 배어난다. 이처럼 과정이 아름다우면, 결과도 아름답다.

건축 또한 과정과 결과가 모두 중요한 일이다. 설계하는 과정 그 자체도 의미가 있지만, 건축은 지어짐을 전제로 하기 때문에 지어진 결과가 좋아야 한다. 다이어그램에서도 과정과 결과의 관계는 이와 유사하다. 과정을 중요시 여기느냐 결과를 중요시 여기느냐이다. 과정 중심의, 과정이 결과로 드러나는 건축을 '다이어그램 건축(Diagram Architecture)'이라 칭한다. 생성적 다이어그램으로, 생각을 유발하는 도구이다. 이에 반하여 결과물을 중심으로 하는 설명적 다이어그램이 있다. 설계과정이 건축형태로 발전해 가는 과정을 보여 주는 다이어그램도, 설계 의도에 맞게 결과를 잘 설명하는 다이어그램도 모두 중요하다.

첫째로 설명적 다이어그램이다. 설계와 관련된 여러 가지의 정보를 종합·분석하여 이를 시각적인 표현수단을 이용하여 명확하고 효율적으로 보여 주는 그림이다. 예컨대 〈그림 5-2〉와 같이 프로그램이 공간에 주어진 내용물들이라면, 다이어그램은

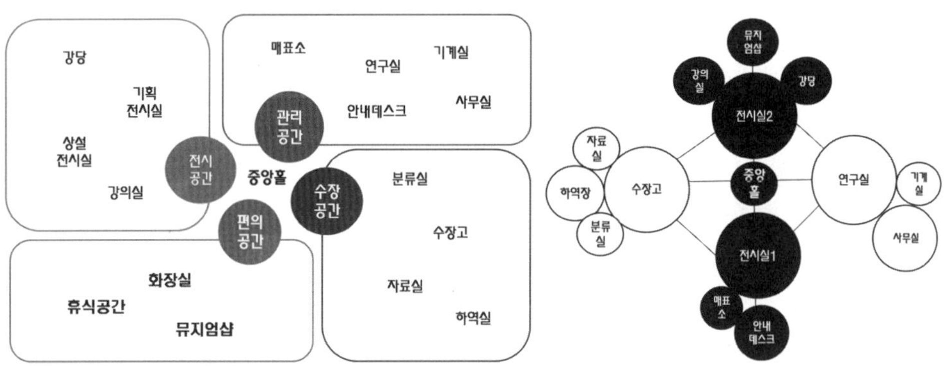

그림 5-2 전시시설 프로그램의 관계를 시각적으로 보여 주는 다이어그램. 우측의 버블다이어그램에서 버블의 크기는 실들의 면적과 비례하고, 선은 주어진 공간들의 동선 연결을 나타낸다.

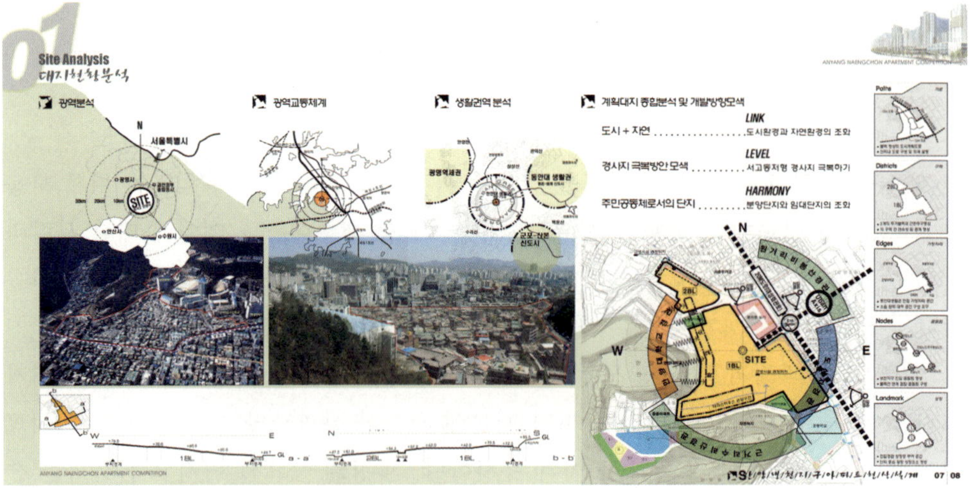

그림 5-3 아파트 프로젝트 설계를 위한 대지 현황 분석도이다. 주어진 대지의 현황 및 경사도, 광역교통체계, 생활권역, 경관 및 소음 등의 요소를 사진과 다이어그램을 이용하여 표현했다.

그것들을 담아내는 과정과 그것들 간의 관계를 시각적으로 설명하기 위한 도구이다.

이러한 다이어그램은 건축설계의 초기 단계에서 주어진 프로그램을 분석하고 종합하는 과정에서 많이 이용된다. 대부분 제한된 공간 내에서 서로 다른 기능의 프로그램들을 합리적이고 효율적으로 담아내야 하기 때문에, 다이어그램을 통한 상호 간의 연계성을 시각적으로 표현하는 것은 필수적인 단계이다. 색상과 선 등을 이용하여 프로그램 간의 연결과 분리 등을 명확히 표현한다.

대표적인 설명적 다이어그램으로 〈그림 5-3〉과 같은 대지 현황 분석도가 있다. 설계 초기에 꼭 선행하는 작업이다. 주어진 대지의 현황에는 변하는 것과 변하지 않는 것이 있다. 대지의 위치 및 향, 형태와 면적 등은 변하지 않는다. 주변 건축물의 상황, 도시기반시설 및 관련 법규 등은 변할 수 있다. 그리고 대지의 정보에는 정량적인 것과 정성적인 것이 있다. 대지 주변의 교통 현황 및 상권, 소음 영향 등은 정량적이다. 프라이버시와 조망 등은 정성적이다. 상황에 따라 장점이 될 수도 있고, 단점이 될 수도 있다. 대지의 다양한 정보들에 대한 종합과 분석이 중요한 이유이다.

주어진 대지와 프로그램에 대한 조사 및 분석은 설계의 전 단계이다. 프로그래밍으로 프로젝트의 요구조건과 문제점들은 찾아내는 단계이다. 다음 단계로 설계는 찾아낸 문제점들을 해결하는 것이다. 좋은 질문이 좋은 답을 만들어 내듯이, 문제점들은 잘 파악해야 해결책을 마련하기 수월하다. 좋은 질문을 만드는 단계가 프로그래밍이다. 구름같이 떠다니는 정보들을 체계적으로 종합·분석해야 한다. 이때 단순하면서도 명확하게 표현할 수 있는 시각적인 다이어그램이 효과적이다. 이렇게 다이어그램에 의해 포획된 뜬구름은 비나 눈이 될 가능성을 갖게 된다.

〈그림 5-4〉는 아파트 단지계획의 주요 개념을 설명하는 다이어그램이다. 경사진 대지임을 고려하여 인공지반(Deck)으로 계획한다. 데크의 하부는 차량을 위한, 상부는 사람을 위한 공간이다. 최소한의 지상 주차와 보차 분리로, 안전하고 여유롭게 단지 내를 거닐 수 있다. 아파트 건물들은 바람길과 통경축을 고려하여 배치하고, 경사가 심한 부분에는 주변 지형과 어울리게 테라스하우스를 놓는다. 외부 공간은 자연생활가로, 커뮤니티 생활가로, 도심 생활가로라 명명된 길이 중심이다. 이 길들이 자연과 자연, 자연과 사람, 사람과 사람, 사람과 도시를 연결한다.

둘째로 생성적 다이어그램이다. 과정 중심의 다이어그램으로 설계의 개념 및 진행 과정이 가시적으로 드러난다. 다이어그램을 통한 문제 해결 과정이 건축물의 형태로 발전 혹은 진화한다. 다이어그램 작업이 디자인 생성 방법이 된다. 현대건축에서 하나의 큰 흐름인 '다이어그램 건축'이다. 전 세계적이고 지속적인 흐름이다. 많은 건축가들은 자신들의 작업이 직관보다는 논리와 객관에 의한 결과물이길 희망한다. 특이한 건축물보다는 보편타당한 건축을 추구한다. 결과물보다 과정의 새로움을 앞세운다. 대표적인 건축가로 BIG 그룹의 비야케 잉겔스가 있다. 그의 다이어그램은 재미있으면서도 강하고, 단순하면서도 설득력이 있다.

건축에서 설득은 필요조건이다. 학생들은 자신의 설계안을 이끌어 가기 위해 교수를 설득해야 한다. 설득에 실패하면 다른 대안을 또 만들어야 하고 의욕도 떨어진다. 경험상 준비가 덜 된 학생일수록 말이 앞선다. 말이 많다는 것은 설계안이 부실함을 반증한다. 우선 자기 맘에 드는 안을 만들어야 한다. 자기 자신이 만족해야 남을 설득할 수 있다. 이때 유창한 말보다 단순한 다이어그램이 더 설득력이 있다. 말만으로는 자기 머릿속에 있는 이미지가 남에게 제대로 전달되지 않는다. 또한 준비 부족으로 오해받아 감점의 대상이 되기도 한다. 대학의 설계 수업에서 다이어그램은 필수불가결한 소통의 도구이다.

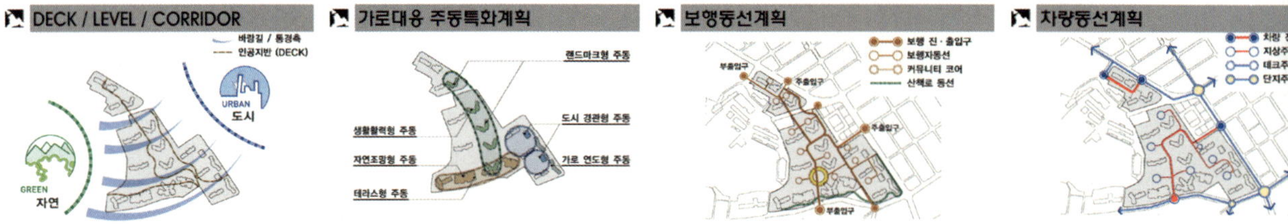

그림 5-4(1) 대지 현황 분석을 바탕으로 아파트 단지계획의 주요 개념을 설명하는 다이어그램이다.

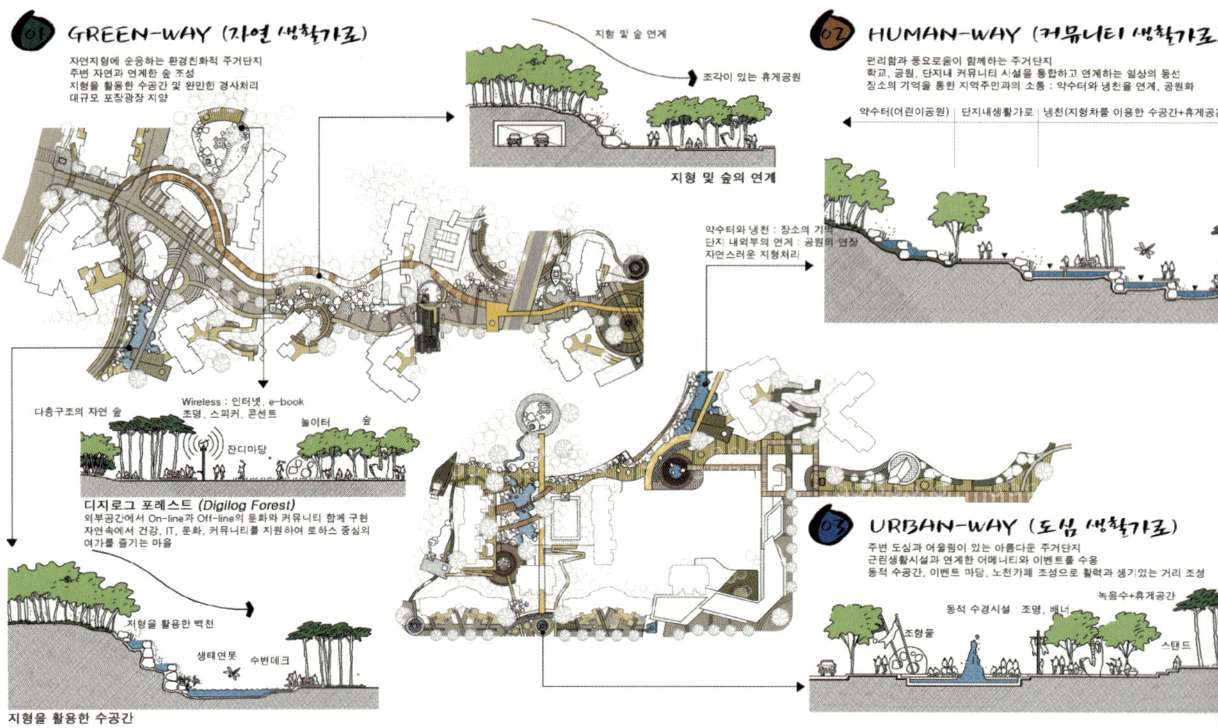

그림 5-4(2) 아파트 외부 공간 및 조경 계획으로 길이 중심이 되는 공간이다. 이 길들이 자연과 자연, 자연과 사람, 사람과 도시를 이어 준다.

실무에서는 설득해야 할 대상도 단계도 다양하고 많다. 설계사무소 내에서는 팀원에서부터, 팀장, 소장이 있다. 대형 설계사무소는 더 늘어난다. 더불어 프로젝트 의뢰인에서부터 발주처 담당자, 심의위원, 지자체 공무원, 사용자 등 불특정 다수라고 해도 무방할 정도다. 이 대상들을 설득해야 자기 뜻대로 의제들이 결정되고, 다음 단

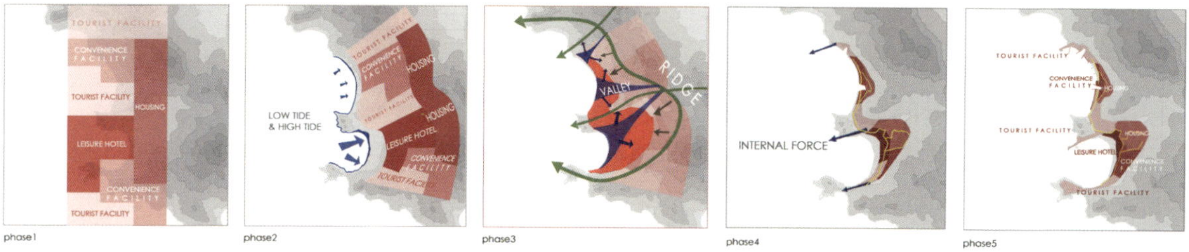

그림 5-5 2010년 부산 가덕도 개발개념 국제 현상 공모전에 제출한 패널의 일부이다. 가덕지구라는 주어진 대상지의 외적인 힘과 프로그램이라는 내적인 힘이 충돌 혹은 조화를 이루며, 건축적 형태로 발전해 가는 과정을 다이어그램으로 단계별로 표현했다.

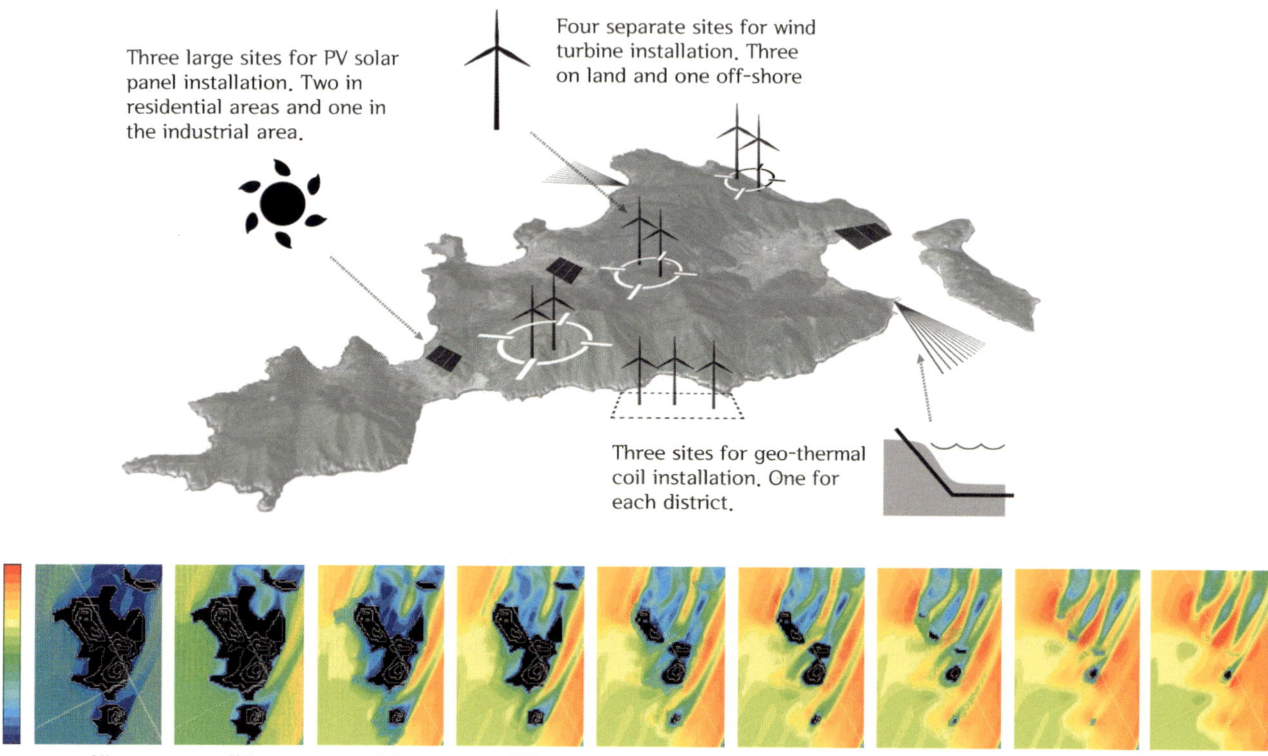

그림 5-6 부산 가덕도 개발개념 공모전의 다이어그램이다. 컴퓨터 프로그램을 이용한 풍속 시뮬레이션을 통해, 실질적으로 풍력발전의 효율적인 위치에 풍력발전기를 계획했다. 이와 같은 과학적 데이터를 이용한 다이어그램은 설득에 효과적이다. 또한 눈으로 볼 수 없는 것을 보이게 하여, 객관성에 힘을 실어 준다.

계로 나아갈 수 있다. 설명할 대상과 단계에 맞추어 보고서나 발표 자료를 만든다. 이때 다이어그램은 필수적이다.

실무에서는 많은 프로젝트들이 공모전을 통해 이루어진다. 정부나 지자체의 프로젝트는 공정한 경쟁을 위해 법적으로 의무화되어 있다. 예나 지금이나 경쟁이 치열하다. 1등만 살아남는 소모적인 게임이다. 대개 계획안을 담은 패널 및 모형 등을 익명으로 제출한다. 참가자의 설명 없이 제출물만 보고 당선작을 선정하는 경우가 많다. 가상의 대상을 설득해야 한다. 심사자가 사전에 공개되기도 하지만 눈앞에서 말로 설명할 수 없다. 게다가 한 사람이 아니고 여러 명이다. 상호 주관적인 다수의 대상을 설득해야 한다. 독창적인 설계안과 더불어 다이어그램이 더욱 중요한 이유이다. 다이어그램이 계획안의 의도를 잘 파악할 수 있도록 도움을 주어야 한다. 주관적인 호오를 넘어설 수 있는 객관성을 담아낸 설계안임을 어필해야 한다. 그래야 뽑아 주는 사람도 부담이 없다. 과반수 이상이 뽑아 줘야 당선이 된다. 다수결의 원칙이다. 설득력 있는 다이어그램이 중요한 이유이다.

좋은 다이어그램의 조건

좋은 다이어그램이란 어떤 것인가? 좋은 다이어그램은 어떻게 만들어야 하는가? 다이어그램은 생각을 정리하고, 또 다른 생각을 유발케 하는 생성적인 디자인 툴이다. 나는 설계 스튜디오 학생들과 사무소 스텝들에게 좋은 다이어그램이 갖추어야 할 조건으로 아래와 같은 사항을 강조한다.

첫째, 다이어그램은 표현에 있어 간단명료해야 한다. 다이어그램은 사진과 같이 있는 그대로를 재현하는 것은 아니다. 현상과 사실에 대한 정보를 수집·분석하고 종합하여, 간단하면서도 명료하게 시각적으로 표현해야 한다. 잊지 말아야 할 것은 표현하고자 하는 내용의 핵심을 담아내야 한다는 것이다. 간단하기만 하고 핵심적인 내용이 없으면 좋은 다이어그램이 아니다.

둘째, 다이어그램은 내용에 있어 구체적이어야 한다. 다이어그램은 디자인의 진행 과정을 구체적이고 객관적으로 보여 주어야 한다. 구체적이고 세부적일수록 호소력이 크다. 너무 많은 것을 담아내려는 포괄적인 시도는 아무에게도 감동을 주지 않는다. 또한 너무 당연하고 일반적인 것은 굳이 다이어그램으로 만들 필요가 없다.

셋째, 다이어그램에도 글이 필요하다. 시각적 표현에 글을 넣어 의미를 명확히 표현한다. 가능한 짧은 문구를 사용하여, 의미에 대한 오해의 여지를 없앤다. 시멘트에 철근과 골재가 들어가 튼튼한 콘크리트 구조물을 만든다. 이처럼 글은 다이어그램을 강하게 만드는 보강재이다.

넷째, 다이어그램은 보기에 예뻐야 한다. 뭔가 있어 보여야 한다. 다이어그램은 보여 주는 것을 전제로 하기 때문에, 남들이 보고 싶게 만들어야 한다. 열심히 만들었는데 아무도 봐 주지 않는다면 의미가 없다. 하지만 보기는 좋은데 내용이 없거나, 뭔가 있어 보이는데 의미를 파악하기 힘들다면 이 또한 외면당한다. 좋은 다이어그램은 겉과 속이 모두 예뻐야 한다.

수업과제 1. 자기 집을 다이어그램으로 표현하기

건축설계를 처음 접하는 초년생들에게 설계라는 것은 막연하고 두렵기도 한 대상이다. 어디서부터 손을 대야 할지 엄두가 나질 않는다. 어떻게 해야 할지 도통 감이 잡히질 않는다. 하지만 설계라는 것이 그리 어려운 것은 아니다. 설계할 대상인 건축물을 매일매일 접하고 있기 때문이다. 이미 친숙한 대상이다. 아직 방법을 모를 뿐이다. 미리 겁부터 집어먹을 필요는 없다. 차근차근 배워 나가면 된다.

〈그림 5-7〉, 〈그림 5-8〉은 건축학과 초년생들에게 부여한 '자기 집을 다이어그

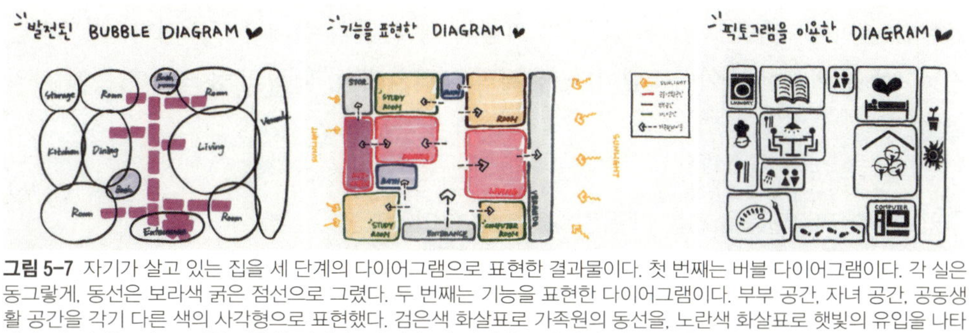

그림 5-7 자기가 살고 있는 집을 세 단계의 다이어그램으로 표현한 결과물이다. 첫 번째는 버블 다이어그램이다. 각 실은 동그랗게, 동선은 보라색 굵은 점선으로 그렸다. 두 번째는 기능을 표현한 다이어그램이다. 부부 공간, 자녀 공간, 공동생활 공간을 각기 다른 색의 사각형으로 표현했다. 검은색 화살표로 가족원의 동선을, 노란색 화살표로 햇빛의 유입을 나타냈다. 세 번째는 픽토그램을 이용한 다이어그램이다. 각 실의 용도에 맞게 픽토그램을 잘 만들었다. 전체적인 집의 구성과 기능이 한눈에 들어온다. (ⓒ주가영)

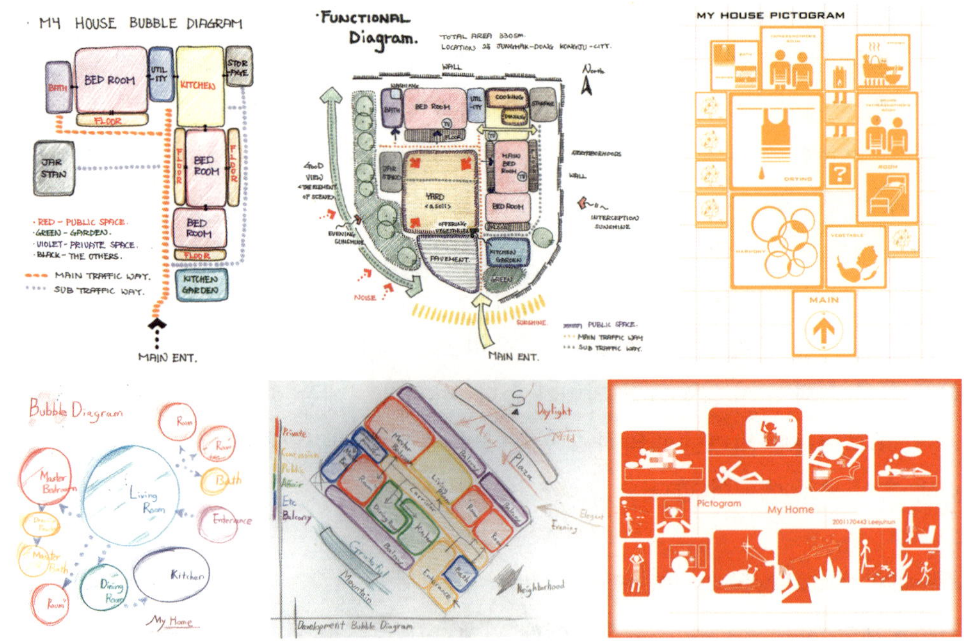

그림 5-8(1) 자신의 집을 다이어그램으로 표현한 과제물 1. (©이우주, 이주헌)

램으로 표현하기'의 과제물이다. 처음 하는 설계라 자기가 사는 집에서부터 출발한다. 과제에 쉽게 접근할 수 있다. 가장 잘 알고, 익숙한 공간이기 때문이다. 이 과제는 세 단계로 이루어진다. 우선 각 실을 버블 다이어그램으로 표현한다. 동그랗게 각 실을 그리고, 점선으로 개략적인 동선을 그린다. 감을 잡는 단계이다. 다음으로 기능을 표현한 다이어그램을 그린다. 각 실의 기능과 상호 간의 관계가 드러난다. 마지막은 픽토그램을 이용한 다이어그램이다. 전체적인 집의 구성과 실의 용도를 한눈에 파악할 수 있다.

수업과제 2. 리모델링을 위한 기존 건축물 분석 다이어그램

4학년 2학기 리모델링 설계 스튜디오의 과제이다. 대상지는 서울시 홍은동에 위치한 '유진상가'이다. 과제는 두 단계로 이루어진다. 첫 단계로 리모델링 프로젝트이기 때문에 기존 건축물의 문제점 및 개선점들을 다이어그램으로 파악한다. 다음 단계는 이

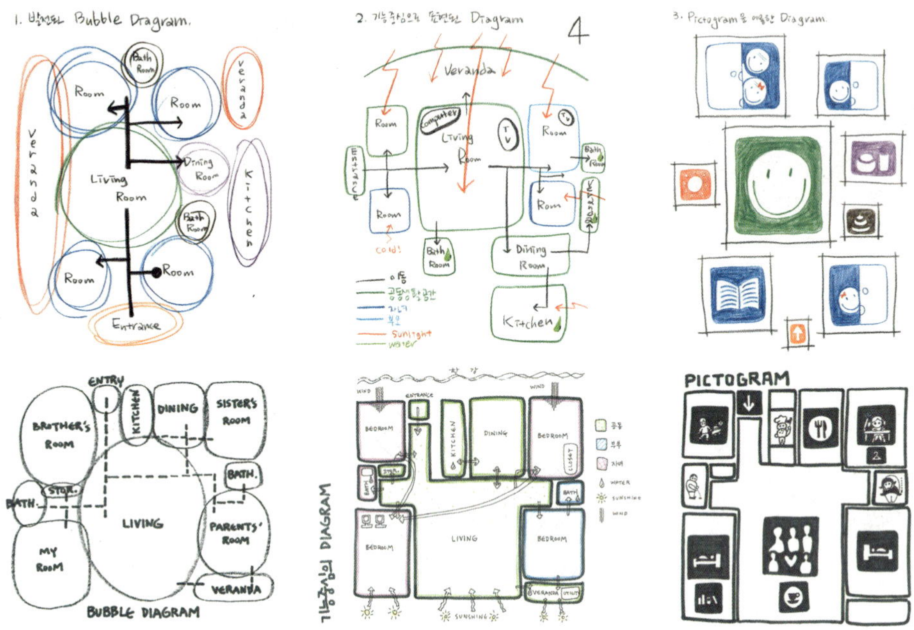

그림 5-8(2) 자신의 집을 다이어그램으로 표현한 과제물 2. (ⓒ신혜인, 박초혜)

를 바탕으로 디자인 방향을 다이어그램으로 표현한다.

세 명이 함께 하는 팀 과제이다. 팀원들 간의 케미가 잘 맞아야 한다. 팀워크는 아이돌 그룹의 칼군무와 같이 시너지 효과를 만들어 낸다. 권준형, 이현철, 권세준 학생들이 그런 경우이다. 이 팀은 기존 건축물의 문제점들을 입체적인 다이어그램으로 효과적으로 분석했다. 단조롭고 노후화된 외관, 인지성이 낮고 불편한 코어, 사용하지 않는 중앙정원, 인접 시장과의 연계 부족, 복개천의 생태계 복원 문제, 고가도로로 인한 소음과 분진 문제 등 6가지이다. 다음으로 앞서 분석한 내용을 바탕으로 4가지의 개선안을 생각했다. 주변과 교류하는 열린 녹지공간, 복개천의 일부 복원, 고가도로와 연계, 새로운 랜드마크 등이다. 이러한 생각들은 디자인의 출발점이 된다(〈그림 5-10〉 참조).

그림 5-9 리모델링 설계 과제를 위해 기존 건축물의 현황 및 문제점을 정리한 다이어그램. (©권준형)

수업과제 3. 전시관 설계 관련 다이어그램

건축프로그래밍이란 과목의 과제이다. 전시관 설계 시 고려해야 할 사항을 다이어그램으로 표현하는 것이다. 전시 시설의 주제와 프로그램에서부터 전시방법 등 구체적인 사항까지 다룬다. 팀 과제로서 브레인스토밍으로 대상 아이템을 정하고, 최대한 그림으로 표현하고 글자는 최소한으로 한다. 이를 통해 다양한 전시관의 프로그램 및

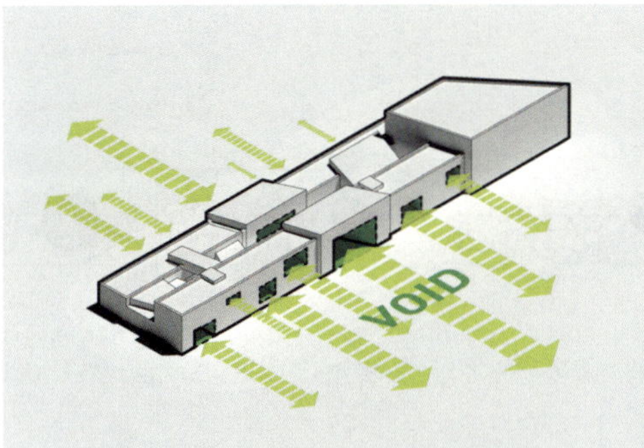

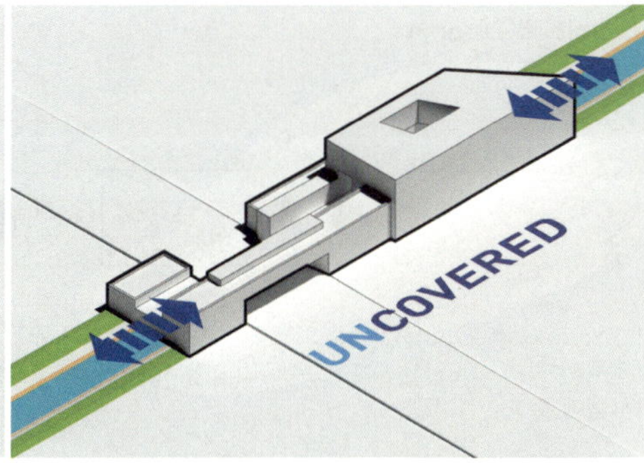

생각 1 – 주변과 교류하는 GREEN VOID

남측전면은 유진상가의 얼굴이라고 할 수 있다. 이것의 단조롭고 노후화된 모습을 새롭게 변경하고자 한다. David Chipperfiel의 VOID를 적용하여 열린 입면을 계획하고자 하였다.

생각 2 – 복개천 부분 오픈 + 게이트형 광장

도로의 축과 복개천의 생태계를 고려하여 대지의 서측에 집중적으로 하천을 오픈시키면서 그 주변을 게이트 형태의 광장으로 계획해 보았다. 증축을 통해 대규모 프로그램을 수용한다.

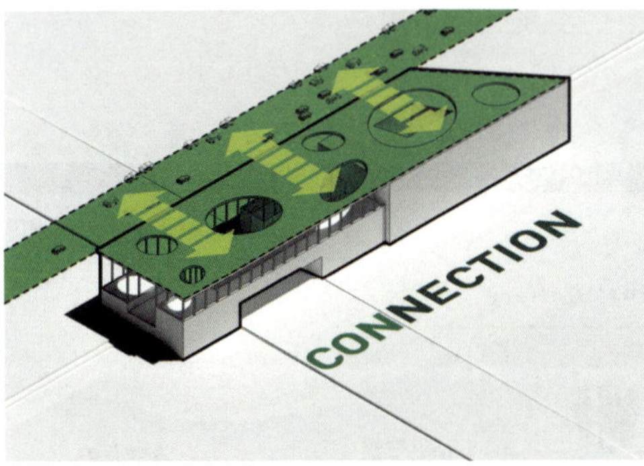

생각 3 – 저층부 공간 변경 + 고가도로 연계

저층부 공간의 생태계를 온전히 복원하여 이용하게 계획하고자 하였다. 기존 구조를 토대로 증축하여 고속도로와 연계 가능성을 열어 두었고 외부의 유입을 극대화 시키고자 한다.

생각 4 – 다시 한번 더, 랜드마크

유진상가는 1970년대 그 규모와 용도 자체만으로도 서대문구의 중심 랜드마크였다. 이 맥락을 이어갈 오늘날의 랜드마크적 요소와 함께 대규모 매스를 얹어 새로운 공간을 제시한다.

그림 5-10 기존 건축물의 리모델링 방향에 대한 초기 아이디어를 표현한 다이어그램. (©권준형)

기능을 파악하고, 설계 시 고려 사항을 명확하게 정리하게 된다.

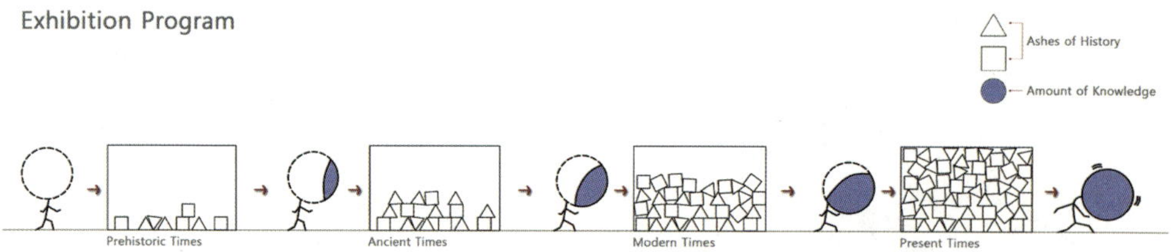

선사시대에서 현재에 이르기까지 유물의 종류와 양은 계속해서 증가하고 있다. 인간이 습득해야 할 지식의 양 또한 이에 비례하여 증가한다. 잘 기획된 전시프로그램은 머리를 채우는 것이 아니라 마음을 채운다. 일상을 벗어난 전시관 나들이는 버거운 뇌와 지친 몸에 활력을 불어넣는다.

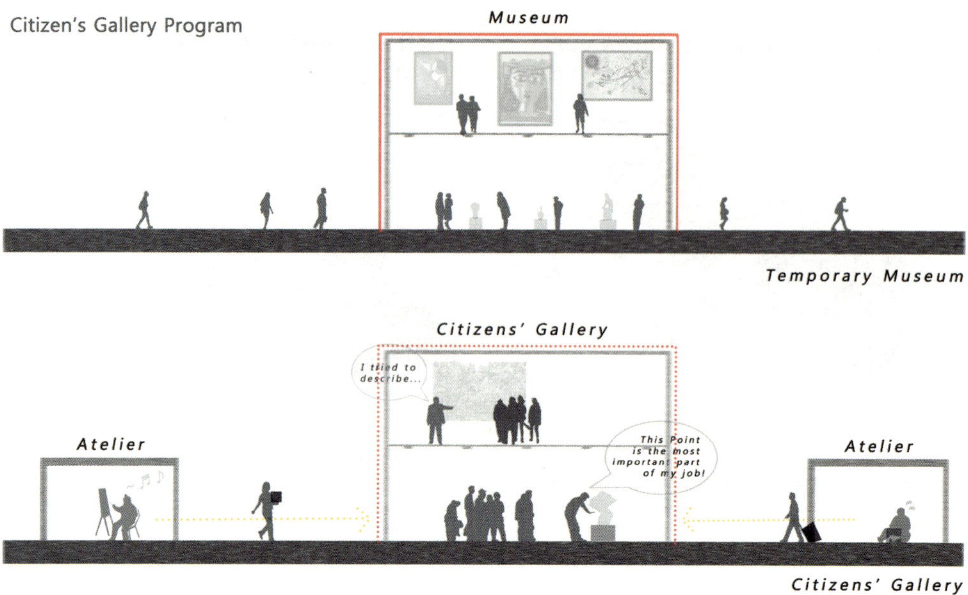

시민이 함께 만들어 가는 전시관 프로그램이다. 일반 시민들이 손수 만든 작품들을 전시한다. 삶이 담긴 작품으로 이웃과 소통하는 활기차고 지속 가능한 전시관이다.

그림 5-11(1) 전시관의 프로그램에 대한 다이어그램. (ⓒ백은주, 이영환, 박주신)

전시관은 여성들이 많이 찾는 대표적인 시설이다. 아이를 동반하는 경우도 많다. 이용객의 수와 이용 행태를 고려하여, 남녀 화장실의 규모를 적정하게 산정해야 한다.

화장실 계획시 소요시간을 고려하여 여성용 화장실을 더 많이 확보한다.

전시된 작품들뿐만 아니라 아틀리에에서 작업하는 예술가들의 모습 또한 감상의 대상이 된다. 예술작품의 탄생과정은 관람자들에게 또 다른 감동을 선사한다.

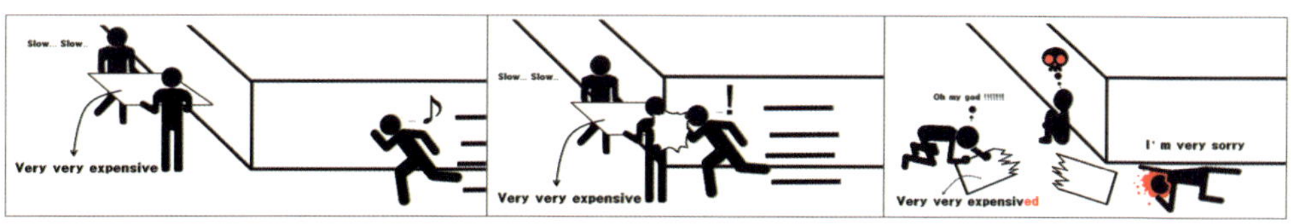

전시시설은 관람자 동선과 관리자 동선은 분리해야 한다. 예기치 않은 충돌로 귀중한 전시품이 파손될 수도 있다. 마지막 그림에는 빨간색을 가미해서, 이미 깨어진 값비싼 전시품의 상황을 강조했다.

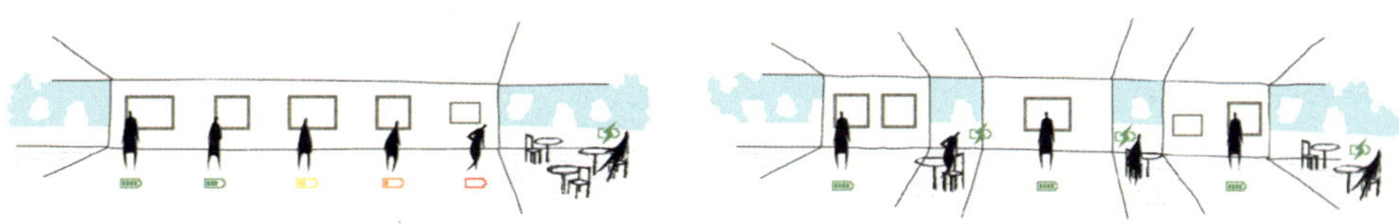

아름다운 작품들도 오랜 시간 관람하면, 다리도 아프고 머리도 아프다. 한 연구결과에 의하면 관람에 따른 피로회복에 자연과 함께하는 휴식이 많은 도움이 된다고 한다. 전시장에는 접근하기 쉽고 편안하게 쉴 수 있는 다수의 휴게 공간이 필요하다. 몸과 마음이 충전되어야 제대로 작품을 감상할 수 있다.

그림 5-11(2) 전시관 설계 시 고려해야 할 사항들을 보여 주는 다이어그램. (©김지영, 이상윤, 한진원, 윤현철)

보로노이 다이어그램(Voronoi Diagram)

컴퓨터 응용프로그램을 이용하여, 공간의 구성 및 형태 그리고 외관 패턴을 자동적으로 생성해 내는 보로노이 다이어그램이 있다. 최근 국내외의 아방가르드적인 건축가들의 작업에서 그 원리를 이용하든 형태적 이미지만 따오든 과잉이라고 말할 수 있을 정도로 유행하고 있다. 그 이유로는 컴퓨터 프로그램의 알고리즘을 이용하기 때문에 다양한 형태와 패턴을 짧은 시간에 생성해 낼 수 있다는 점과 어찌 보면 우연성에 의해 만들어진 그러한 형태와 패턴들이 그들에게 호감을 주기 때문이다.

우크라이나의 수학자 보로노이(Georgy Voronoi)에 의해 정의된 보로노이 다이어그램은 지리·의학·반도체 등의 여러 분야에서 사용되는 기술이다. 자연계의 현상과 공간의 구조를 설명해 줄 수 있는 매우 유용한 다이어그램이다. 프랙탈 이론, 카오스 이론보다 훨씬 먼저 나왔으나 최근 들어 각광받고 있다. 요즘 이러한 보로노이 다이어그램의 이론이 컴퓨터 프로그래밍과 결합하여, 발생적이고 진화적인 공간과 형태를 구현하고 있다.

보로노이 다이어그램의 원리는 매우 간단하다. 〈그림 5-12〉와 같이 임의의 점을 포함하는 영역 내의 점들이 다른 영역의 기준점에서의 거리보다 자신이 속한 영역의 기준까지의 거리가 제일 가깝도록 최단 영역을 찾아내는 것이다. 즉 영역 내의 점들이 서로 최대한 가까워지려는 보이지 않는 힘들이 각 영역의 선을 만들어 내고, 그렇게 만들어진 선들이 모여 2차원의 면을 생성해 내는 것이다. 그렇기 때문에 영역 내의 한 점의 위치를 바꾸면, 전체의 패턴이 그에 따라 바뀌게 된다.

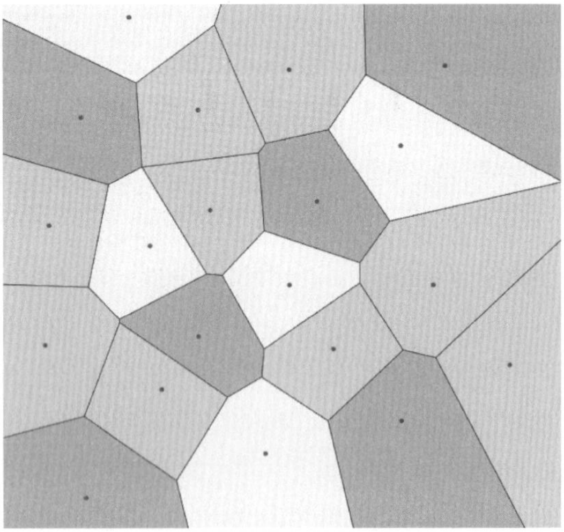

그림 5-12 보로노이 다이어그램의 알고리즘이 만들어 내는 자연스러운 패턴으로, 건조한 땅바닥이 갈라지는 모양과 유사하다.

이를 바탕으로 건축가들에게 새

그림 5-13 좌측의 사진은 봄이 되면서 건조한 땅바닥이 갈라지는 패턴이고, 우측의 사진은 오래된 옛집의 흙벽이 세월에 노출되어 갈라지는 모습이다. 이처럼 바닥이나 벽이 유사한 모양으로 갈라지는 것은 흙이 물·바람 등과 만나 세월의 흐름과 반응하는 자연의 섭리를 따름일 것이다. 이렇게 생성된 패턴은 그 원리나 모양에 있어서 보로노이 다이어그램과 같다.

로운 디자인 방법론이 탄생한다. 이 알고리즘 자체에 의한 다이어그램 패턴 자체도 매력적인데, 임의의 영역에서 점 하나의 위치만 살짝 바꾸어도 그에 따라 전체적인 이미지가 자기 발생적으로 생성된다. 여기에서 임의의 점을 매개변수라 할 때, 이 변수를 조절하여 결과물을 만든다. 그래서 이러한 방법을 매개변수 디자인 즉, 파라메트릭 디자인(parametric design)이라 한다. 이제 건축가의 감각에 의존해 디자인하던 방식에서 컴퓨터 응용프로그램을 컨트롤하는 방식으로 전환된다.

보로노이 다이어그램은 자연현상에서도 많이 발견되는데, 세포의 조직·벌집의 구조·거북의 등껍질과 나비나 잠자리 날개의 면 분할 등이 그 대표적인 사례이다. 이는 우리의 일상에서도 흔히 발견할 수 있는데, 예를 들면 〈그림 5-13〉과 같이 흙이나 흙벽이 말라 갈라지면서 생성해 내는 패턴이다. 봄이 되어 씨앗을 심기 위해 밭갈이를 한 흙바닥이나 오래된 옛집의 흙벽이 갈라지는 모양이 유사하다. 이는 보이지 않는 자연의 섭리를 보여 준다. 이처럼 바닥이나 벽이 유사한 모양으로 갈라지는 것은, 흙이 물·바람 등과 만나 세월의 흐름과 반응하는 자연의 섭리를 따름일 것이다.

내적 요소인 흙의 구성과 밀도 그리고 외적 요소인 강우와 햇빛이 상호작용하면서 갈라지는 선을 만들어 내고, 이러한 선들이 면들을 만들어 가면서 자연스럽게 이러한 패턴을 만들어 낸다. 눈에 보이지 않는 자연적인 힘이 이러한 패턴으로 보이게 된다.

이러한 자연이 만들어 내는 패턴은 반복적이고 일정해 보인다. 하지만 같은 패턴이 하나도 없다. 자연은 동일하지 않은 차이를 담아내는 패턴을 자연스럽게 만들어 낸다.

다른 사례로 화산탄을 보자. 〈그림 5-14〉는 제주돌문화공원 내에 있는 제주돌박물관에 전시되어 있는 화산탄을 촬영한 것이다. 화산탄은 화산 분출 시 마그마의 파편들이 공중으로 날아오르다 굳어져 지표에 떨어진 것이다. 직경은 대략 10-30㎝ 정도이나, 매우 큰 것도 간혹 나타난다고 한다. 그리고 현무암질 용암의 경우는 고구마를 연상시키는 형태의 것이 많이 나타나고, 안산암질 용암에서는 균열이 많은 빵 껍질 모양을 볼 수 있다고 한다.

그림 5-14 제주돌박물관에 전시되어 있는 화산탄의 모습으로, 보로노이 다이어그램과 깜짝 놀랄 만큼 일치한다는 것을 확인할 수 있다.

화산탄의 모양은 용암의 점성도·성분·폭발력 등에 따라 달라지는데, 공중에서 비행하는 그 짧은 시간 동안에 특유의 외형·표면의 모양·내부 구조를 갖게 된다. 특히 화산탄의 표면에 형성된 패턴은 앞서 살펴본 건조한 흙이 갈라지면서 만들어 내는 패턴과 상당히 유사하다. 이를 통해 보로노이 다이어그램이 자연계의 현상과 구조를 효과적으로 설명해 준다는 것을 알 수 있다.

제주돌박물관에서 화산탄을 처음 접했을 때, 깜짝 놀랐던 기억이 지금도 생생하다. 그 외형과 표면의 패턴이 그 당시 관심을 가지고 있던 보로노이 다이어그램과 똑같을 정도로 유사했기 때문이다. 게다가 최근 건축가들의 파라메트릭 디자인의 결과물과도 유사했다. 그들이 컴퓨터로 만들어 낸 디자인의 건축모형이라 해도 믿을 수 있을 정도이다. 화산탄 표면의 패턴을 그대로 건축적으로 활용해도 손색이 없을 것

그림 5-15 아이들의 비눗방울 놀이에서 3차원의 보로노이 다이어그램을 발견할 수 있다.

그림 5-16 선암사의 기단부로 자연석 쌓기로 만들어진 석축 기단이다. 패턴이나 구축의 원리가 보로노이 다이어그램과 유사하다.

같다. 인간이 자연의 섭리를 따라 컴퓨터로 만들어 낸 결과물과 자연이 자연스럽게 만들어 낸 결과물이 놀랍도록 유사했다.

〈그림 5-15〉는 비눗방울 놀이를 하고 있는 아이의 모습이다. 컵에 비눗물을 넣고 빨대로 공기를 불어 넣으면, 비눗물이 방울이 되어 부풀어 오른다. 계속 불면 비눗방울은 컵에서 넘쳐 흘러나온다. 불어넣는 바람과 비눗물의 상태에 따라 서로 다른 크기의 비눗방울이 생성된다. 이때 비눗방울들이 서로 만나 결합하면서 파도의 포말과 같이 3차원의 보로노이 다이어그램을 생성한다. 흙이 갈라지는 패턴·화산탄의 표면·벌집의 구조가 2차원적이라면, 이것은 내부까지 같은 구조를 갖는 3차원적인 보로노이 다이어그램의 형태이다.

앞에서 살펴본 자연의 섭리에 의해 자연적으로 생성된 패턴과 더불어 우리의 옛 건축물에서 흔히 볼 수 있는 석축 기단 또한 보로노이 다이어그램과 연관된다. 〈그림 5-16〉과 같은 자연석을 이용해 석축 기단을 쌓는 과정을 보자. 우선 흙바닥을 단단하게 다지고 고르게 한다. 그 다음에 평평한 바닥에 놓기 좋은 돌을 골라 자리를 잡는다. 그 다음으로 아랫돌의 모양에 맞추어 틈이 최소화되도록 윗돌을 차근차근 쌓아

간다. 마지막으로 맨 위에 평평한 두겁석을 얹는다.

결과적으로 맨 처음에 놓는 돌의 크기와 형태에 따라 전체 석축의 패턴이 달라진다. 물론 두 번째의 돌도 마찬가지로 전체 모양에 영향을 준다. 그래서 자연석으로 쌓은 석축 기단은 같은 것이 하나도 없다. 다시 말해 과정이 결과를 만드는 것이다. 이는 보로노이 다이어그램의 원리와 똑같이 하나의 돌이 전체적인 패턴에 영향을 준다.

벌집의 사례와 같이 자연은 가장 효율적이고 경제적인 시스템으로 작동한다. 전통 건축의 석축기단은 두 가지 측면에서 자연의 섭리를 따른다. 우선 재료의 절약이다. 최대한 자연석을 자르지 않고 사용했기 때문에 재료를 아낄 뿐만 아니라 버려지는 쓰레기도 만들지 않는다. 다음으로 노동의 효율성이다. 큰 돌은 아래에 작은 돌은 위에 쌓기 때문에 힘이 덜 든다. 또한 돌을 자르거나 다듬는 일을 최소화하여 일의 양을 줄일 수 있다. 우리의 선조들은 이미 오래전에 이러한 원리를 몸으로 체득했고, 이렇게 만들어진 자연스럽게 결과물이 현재에서도 의미와 가치를 갖는 것이다.

수업과제 1. 보로노이 하우스(Voronoi House)

2학년 주택설계 스튜디오의 소과제이다. 큐브의 매스에 주어진 프로그램을 담아내면서 독창적인 아이디어를 제시해야 한다. 설계를 진행하는 과정에서 한준희 학생이 박스 형태에서 벗어나 뭔가 새로운 것을 하고 싶은데, 아이디어가 떠오르지 않는다는 고민을 토로하였다. 그래서 보로노이 다이어그램을 적용해 볼 것을 제안했다. 그때부터 그 학생은 사례 이미지도 찾아보고, 컴퓨터 프로그램도 배우기 시작했다. 열흘 남짓한 시간이 흘렀을 때, 놀랄 만한 결과물을 가져왔다. 보로노이 다이어그램을 적용해 과제를 풀어 가는 과정과 그 결과물이 훌륭했다.

그림 5-17 보로노이 하우스의 모형사진. (©한준희)

보로노이 하우스의 디자인 프로세

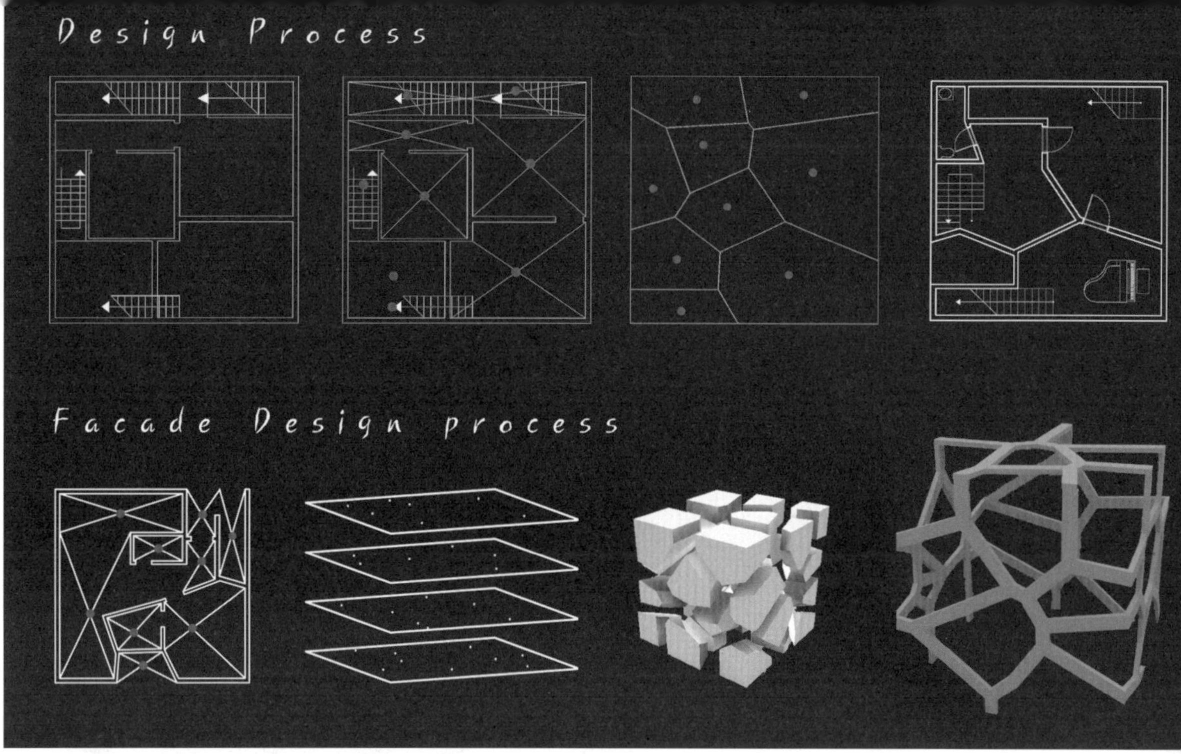

그림 5-18 보로노이 하우스의 평면과 형태에 대한 디자인 과정을 보여 주는 다이어그램이다. (©한준희)

스를 살펴보자. 우선 박스 형태로 계획된 각 실의 중심에 점을 그려 넣는다. 그 다음에 라이노라는 컴퓨터 프로그램을 이용하여 보로노이 다이어그램의 변형된 패턴을 만들어 낸다. 변형된 패턴을 각 실의 기능을 고려하여 다듬는다. 예각이 많아 쓸 수 없는 공간을 최소화한다. 이렇게 해서 외곽은 박스 형태이지만 내부 공간은 독특하고 새로운 평면을 창출하였다. 그리고 입면 계획 또한 같은 프로세스를 통해 계획하였다.

다만 아쉬운 점이 있다면 평면과 입면은 보로노이 다이어그램을 적용하여 독특한 디자인을 해냈지만, 단면구성을 보면 〈그림 5-17〉과 같이 3개 층의 평평한 바닥으로 구성되어 있다. 다시 말해 평면·입면·단면이 따로 노는 것이다. 내부 공간의 단면구성이 그대로 외부 입면에 드러나는 것과 같이 내·외부 공간이 통합적으로 디자인됐으면 훨씬 좋았을 것이다.

수업과제 2 . 보로노이 하우징(Voronoi Housing)

공동주택 설계과제에 보로노이 다이어그램을 적용한 이준오, 주현진 학생의 사례이다. 이 프로젝트는 경기도 하남 미사지구의 한 블록을 공동주택으로 계획하는 것이

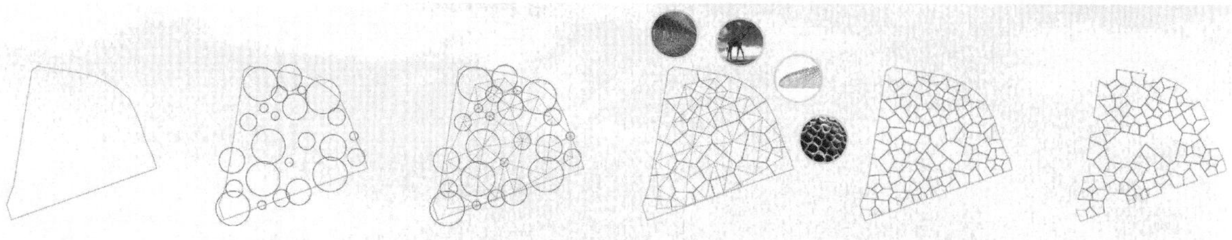

그림 5-19 보로노이 하우징의 설계 프로세스를 보여 주는 다이어그램. (©이준오, 주현진)

5-20 전체 모형은 눈 내린 후의 새하얀 마을 풍경으로 연출했고, 일부분을 확대 모형으로 만들었다. (©이준오, 주현진)

다. 1층에 주차장 및 상가, 2-4층은 주택인 전형적인 상가주택의 문제점들을 해결하는 것이 주 과제이다. 주차장의 부족과 보행 안전문제, 조화롭지 못한 외관, 인접 건물과의 좁고 버려진 틈새 공간 등을 건축적으로 해결해야 한다(〈그림 5-20〉, 〈그림 5-21〉 참조).

기존의 획일적인 상가주택의 문제들을 해결하기 위해 보로노이 다이어그램을 적용했다. 보로노이 하우징의 디자인 과정은 앞서 본 보로노이 하우스와 유사하다. 우선 주어진 대지와 조건들의 분석을 통해 중요한 공간의 위치와 크기를 잡는다. 이러한 공간의 중심점을 선으로 연결한다. 다음으로 라이노라는 컴퓨터 프로그램으로 보로노이 다이어그램을 적용한다. 이 과정에서 자연스럽게 연결된 패턴이 발생한다. 이를 바탕으로 변형된 패턴을 만들어 낸다. 이 패턴의 조각들이 집이 되고, 마당이 되고, 길이 된다. 집이 들어설 부분과 마당 등으로 비어질 부분을 선택한다. 비어진 부분들이 이 마을의 중심 공간이 된다. 전체적인 패턴에 어울리도록 집의 형태와 지붕 등을 계획한다.

많은 학생들이 사선 형태를 좋아한다. 통상적인 사각형의 형태에서 벗어나고 싶어 한다. 하지만 사선으로 설계하려면 공이 많이 들어간다. 우리가 이용하는 대부분의 실들이 사각형이어서, 예각이 있으면 데드 스페이스(dead space)가 생기기 마련이다. 그래서 사선의 형태인 경우에 내부 공간 계획을 꼼꼼히 살펴보아야 한다. 그 세심함에 진가가 있다. 이 보노로이 하우징의 경우 전체적으로 사선의 형태이지만, 내부 공간을 기능적으로 잘 풀었고 데드 스페이스도 거의 없다. 그 결과 학기말 전체 품평회에서 호평을 받았다(〈그림 5-19〉-〈그림 5-21〉 참조).

프로젝트 1. 성남 판교 어린이도서관

벌집은 보로노이 다이어그램으로 가장 잘 설명되는 자연현상의 대표적인 사례이다. 잘 알다시피 벌집의 육각형은 최소한의 재료로 최대한의 공간을 확보하는 가장 경제적인 구조이다. 또한 기본 단위로서 육각형 셀은 무한히 연결되어 확장할 수 있다. 가장 균형 있게 힘을 배분하는 안정적인 구조이기도 하다. 새들은 바람이 강하게 불 때 둥지를 튼다고 한다. 그래야만 둥지가 외부로부터 안전한 안식처로의 역할을 할 수 있기 때문이다. 이처럼 자연의 섭리는 효율적이고 경제적인 시스템으로 구축된다.

그림 5-21 보로노이 다이어그램의 원리를 배치계획에 잘 적용했다. 패널의 구성도 강조하고 싶은 부분을 부각해서 효과적으로 표현했다. 전체적으로 사선의 형태이지만 내부 공간을 기능적으로 잘 풀었고, 데드 스페이스(dead space)도 최소화했다. (ⓒ이준오, 주현진)

그림 5-22 서울 강남에 있는 어반하이브(Urban Hive)는 벌집의 구조적인 장점을 설계에 적용한 사례이다.

육각형 벌집 구조의 장점을 살려서 건축에 적용하고자 하는 시도는 예나 지금이나 계속되고 있다. 최근의 사례로 서울 강남에 있는 어반하이브(Urban Hive)를 들 수 있다. 〈그림 5-22〉와 같이 약 3,300여 개의 구멍은 멀리서 보면 건물의 이름처럼 벌집을 연상케 한다. 가까이 가서 보면 동그란 원형임을 알 수 있다. 이 건물은 외관보다는 외벽의 구조에 벌집의 비밀이 숨어 있다. 외벽의 노출콘크리트에 철근을 육각형의 벌집 모양으로 엮어 만들고 동그란 구멍을 뚫었다. 이를 통해 구조적으로 튼튼하면서도 콘크리트의 양을 줄이는 효과를 얻어 냈다. 즉 벌집의 육각형 모양이 아니라 벌집의 구조적인 장점을 응용했다.

다음의 사례는 '성남 판교 어린이도서관'이다. 설계 공모에서 당선된 프로젝트로서 사무소를 어린이도서관으로 리모델링하는 것이다. 주어진 면적에 여유가 있었기 때문에, 기존의 박스 형태에서 일정 부분을 덜어 내는 것으로 시작했다. 1층의 주 출입구 부분, 최상층 매스의 일부분을 우선적으로 덜어 냈다. 이 덜어 낸 부분을 오픈스페이스로 남겨두었다. 이 잉여의 공간들이 건물과 사람, 자연과 인간, 사람과 사람, 아이들과 책들을 연결하는 큰 쓰임을 하게 된다.

입면은 아이들에게 친숙한 육각형의 벌집을 모티프로 계획했다. 보로노이 다이어그램을 활용하여 다양한 크기와 색상의 육각형 패턴을 만들어 냈다. 기본단위인 육

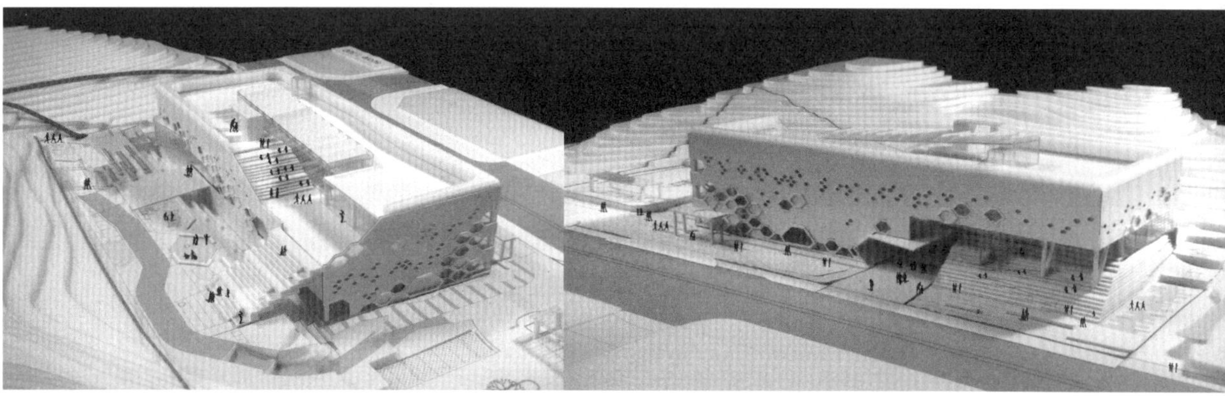

그림 5-23(1) 성남 판교 어린이도서관의 모형 사진이다. 주어진 면적에 여유가 있어서 기존의 박스 형태에서 1층 주 출입구 부분과 최상층 매스의 일부분을 덜어 냈다. 이 덜어 낸 열린 공간이 건물과 사람, 자연과 인간, 사람과 사람, 아이들과 책들을 연결한다.

그림 5-23(2) 내부 공간의 이미지이다. 외부의 육각형의 벌집 모양이 내부에 그대로 연결되어, 아이들의 놀면서 공부하는 독서활동 공간이다.

각형 셀은 무한히 연결되고 확장되어, 자연스러우면서도 변화 있는 패턴을 만들어 낸다. 벌집 모양의 패턴은 출입문이 되기도 하고 창이 되기도 한다. 일부의 벌집 모양은 내부 공간까지 그대로 연결된다.

아이들은 본능적으로 동굴과 같은 공간을 좋아한다. 자궁과 같은 편안하고 아늑한 공간이다. 외부의 벌집 모양을 그대로 내부로 연장했다. 앉을 수도 있고, 기댈 수도 있고, 누울 수도 있다. 춤출 수도 있고, 숨을 수도 있다. 놀이기구와 같은 공간이다. 아이들의 스케일에 맞는 집 속의 집이다. 조용함 속에서 활기참이 드러난다. 이렇게 이 사무소 건물은 아이들이 즐기면서 책을 접할 수 있는 어린이도서관으로 다시 태어난다.

6

포트폴리오

좋은 포트폴리오를 접하면 기분이 좋아진다.

맛있는 음식을 한상 제대로 대접받는 것 같다.

요리에서 가장 중요한 것은 재료 본연의 맛을 살리는 것이다.

그래서 신선한 재료의 준비가 기본이 된다.

포트폴리오도 마찬가지이다. 표현 기교보다는 좋은 내용이 우선이다.

콘셉트나 아이디어가 좋으면 설계가 술술 풀리듯,

내용이 좋으면 포트폴리오 만들기도 수월하다.

원재료가 되는 설계를 충실히 해야 하고,

그 결과물들을 잘 보관해야 한다.

나중에 보면 보잘것없을 수도 있지만,

그 당시에는 가장 최선의 결과물이다.

관리하면 소중한 자산이 되고, 그렇지 않으면 버려진다.

포트폴리오는 건축가와 디자이너들에게 매우 중요하다. 자신의 작품세계를 정리하고 남들에게 보여 준다는 자체도 의미 있지만, 상급학교 진학이나 구직 활동에 지대한 영향을 끼치기 때문이다. 유학이나 설계사무소의 취업에서 포트폴리오만큼 중요한 구비서류는 없다. 포트폴리오의 내용뿐만 아니라 편집도 평가 대상이 된다. 그만큼 포토폴리오의 비중이 크다.

최근 경기 침체의 여파로 설계사무소의 취업문 또한 점점 좁아지고 있다. 학생들이 선호하는 대부분의 설계사무소는 공채로 신입사원을 모집하는데, 그만큼 경쟁이 치열한 것이 현실이다. 그래서 많은 학생들이 스펙을 쌓기 위해 국내외 공모전 참여, 설계사무소 실습, 어학연수 등에 매달린다. 그러다 보니 대부분의 건축학과가 5년제인데, 6년 만에 졸업하는 학생들도 많다. 게다가 국내외 대학원에 진학하게 되면 7, 8년 후에 사회에 진출하게 된다.

그래서 우스갯말로 건축학과를 공대의 의예과라고 한다. 과잉 교육이지만 그만큼 경쟁이 치열함을 반증하는 것이다. 스펙과 학력에 대한 지향은 좀더 좋은 회사에 좋은 조건으로 취업하길 바라는 기대심리를 반영한다. 하지만 어학 등 다양한 스펙과 공모전 실적도 중요하지만, 가방끈 늘리기와 스펙을 위해 여기저기 기웃거리는 것은 문제다. 스펙은 본질이 아니라 포장이다. 건축가에게는 외적인 포장보다 내적인 자세와 실력이 더 중요하다.

포트폴리오는 비주얼 이력서이다

《포트폴리오 이렇게 만든다》라는 책을 보면, 포트폴리오(Portfolio)를 다음과 같이 정의한다. 우선 디자이너·사진가·미술가의 강력하고 유일한 홍보 매체 그리고 취업·진학·비즈니스의 성패를 좌우하는 비주얼 이력서, 마지막으로 창의성과 가능성을 담아내는 자기소개서이다. 요약하면 포트폴리오는 디자이너의 홍보수단으로서의 시각적인 이력서이자 자기소개서이다. 요즘은 인터넷 홈페이지, SNS, 전자책 등의 디지털 매체를 많이 활용한다. 그만큼 홍보 효과도 크고 비용이 저렴한 장점이 있다.

공개채용을 하는 대형 설계사무소에는 약 2-3백 명의 지원자가 몰린다. 신입사원 채용 시 많은 회사들이 포트폴리오에 비중을 많이 둔다. 지원자의 입장에서는 최대한 많은 것을 보여 주려고 한다. 하지만 평가자의 입장은 다르다. 제한된 시간 내에 우수한 포트폴리오를 골라야 한다. 수백 개의 포트폴리오를 심사한다는 게 쉬운 일이 아니다. 그래서 분량과 내용, 크기를 제한하는 회사가 많다. 평가의 공정성과 효율성을 위해서이다. 지원자들은 각 회사의 제한된 양식과 분량에 맞추어 포트폴리오를 준비해야 한다.

학교수업이나 직원채용 때문에 포트폴리오를 접할 기회가 많다. 특히 신입사원 채용 시에는 백여 개의 포트폴리오를 단시간에 봐야 하기 때문에 애로가 많다. 나는 포트폴리오를 평가할 때, 우선 전체를 무심하게 쭉 훑어본다. 그 다음에 다시 한 번 차근차근 보면서 세 등급으로 나누어 분류한다. 마지막으로 꼼꼼히 한장 한장 살펴보면서 채점을 한다. 포트폴리오 심사는 대여섯 명이 함께 보고 점수를 합산하는데, 대부분의 경우 심사결과가 거의 비슷하다. 이는 보는 사람들의 눈이 유사함을 말해 준다. 이때 후한 점수를 받은 포트폴리오는 세련된 편집, 충실한 내용, 프로젝트의 완성도 등을 두루 갖추고 있다.

우선 세련된 편집은 첫인상으로서 포트폴리오를 보고 싶게 하는 끌림을 준다. 편집이 허술하거나 내용이 빈약하게 보이면 외면당하기 십상이다. 그리고 편집 센스 그 자체로도 의미가 있다. 설계사무소의 업무 중에 발표자료, 보고서, 패널 작업 등 편집 업무가 상당히 많기 때문이다. 그래서 편집이 세련된 포트폴리오는 호평을 받는다. 다음으로 포트폴리오의 충실한 내용이다. 일단 내용이 많고 충실하면 포트폴리오 만들기가 한결 용이하다. 목적에 맞게 자료들을 취사선택하여 편집할 수 있기 때문이다. 세련된 편집이 끌림을 준다면 충실한 내용은 신뢰감을 준다. 설계에 대한 성실성과 작업에 대한 성향과 이력이 드러난다. 마지막으로 프로젝트의 완성도이다. 하나의 프로젝트에 대한 고민과 열정이 드러난다. 또한 배움의 깊이, 진지함과 끈기를 엿볼 수 있다.

포트폴리오는 자기를 소개하는 홍보 매체로서 비주얼 이력서이다. 그렇기 때문에 타인에게 보여 주는 것을 전제로 한다. 이는 보는 사람의 시선을 의식해야 함을 뜻한다. 포트폴리오는 자기가 간직하기 위해서 만드는 게 아니다. 남에게 보여 주어야 하고, 좋은 인상과 평가를 이끌어 내야 한다. 그래야만 상급학교에 진학하거나 취업에 도움이 될 수 있다. 좋은 포트폴리오는 다음과 같이 만들어야 한다.

끌리는 포트폴리오 만들기

첫째, 몇 개의 주력 작품을 부각시켜라. 포트폴리오를 만들다 보면 분량은 얼마나 할지, 어떤 프로젝트를 담을지, 어떤 순서로 배치할지 많은 고민이 된다. 이 프로젝트는 넣을까 말까, 목차는 연도순으로 할까 비중이 큰 프로젝트 순서로 할까 결정이 쉽지 않다. 선택과 집중이 필요한 순간이다. 분량과 내용에 있어 강약 조절이 필요하다. 물론 많이 보여 주고 싶은 마음이 굴뚝같겠지만 적더라고 주력 작품에 초점을 맞추는 것이 효과적이다. 동등한 위계로 많은 것을 보여 주기보다는 몇 개의 작품을 심도 있게 다루는 게 좋다. 깊이 있는 포트폴리오가 된다.

둘째, 세련미와 충실함을 조화시켜라. 좋은 포트폴리오를 보면 세심함과 진정성이 느껴진다. 호감이 간다. 표지에서부터, 목차, 간지, 내용에 이르기까지 일관성과 완성도가 있다. 책 제본도 마지막까지 신경 쓴다. 편집과 제본의 세련미도 중요하지만 내용의 충실함이 더 중요하다. 편집은 훌륭한데 내용이 충실하지 않으면 신뢰를 주지 못한다. 편집은 치장이 아니라 대상의 본질을 드러내는 것이다. 편집의 세련미에 내용의 충실함이 뒷받침되어야만 첫 호감이 끝까지 이어진다. 이런 포트폴리오는 소장하고 싶어진다.

셋째, 디지털과 아날로그의 조화를 꾀하라. 요즘은 컴퓨터 그래픽에 의한 디지털 이미지가 대세이다. 포트폴리오의 대부분이 컴퓨터에 의한 결과물로 채워진다. 아직까지 포트폴리오를 심사하는 사람들은 손으로 도면을 그렸던 세대들이 많다. 옛 기억을 떠올리게 하는 수작업에 의한 도면이나 스케치에 정이 간다. 컴퓨터 그래픽은 익명적이라 누가 했는지 알 수가 없다. 손으로 그린 스케치는 자기만의 오리지널리티가 있다. 디지털 이미지를 주로 하면서 아날로그 이미지를 첨가한다면, 음식에서 조미료와 같은 역할을 하게 된다. 맛깔스러운 포트폴리오가 된다.

넷째, 설계 이외의 과외활동을 보여줘라. 건축가는 타인과 함께 일해야 하기 때문에 친화력과 리더십, 책임감이 요구된다. 그래서 대학 시절 동아리나 봉사 활동, 공모전 참여, 해외여행, 국내외 설계사무소에서의 실습 등은 가치 있는 경험이다. 사회에 나가기 전에 드는 막연한 불안감 해소에도 많은 도움이 된다. 포트폴리오에 이런 활동들을 보여 주고, 자신이 그린 그림이나 사진 등을 넣어도 좋다. 하지만 주객이 전도되면 안 된다. 자기 본연의 일을 잘하면서 다른 일도 잘 해내야 멋진 사람이다. 이처럼 학창 생활에서는 학업이 주가 되고, 과외활동이 부가되어야 하듯이 포트폴리오에서도 마찬가지이다. 포트폴리오에 이런 내용을 요구하지 않는 회사나 학교가 많지만, 면접 볼 때 가지고 가서 보여 주면 최소한 손해는 안 본다.

좋은 포트폴리오를 접하면 기분이 좋아진다

나는 학생들의 정성어린 포트폴리오를 보면 기분이 좋아진다. 맛있는 음식을 한 상 제대로 대접받는 것 같다. 요리에서 가장 중요한 것은 재료 본연의 맛을 살리는 것이다. 그래서 신선한 재료의 준비가 기본이 된다. 포트폴리오도 마찬가지이다. 표현기교보다는 좋은 내용이 우선이다. 콘셉트나 아이디어가 좋으면 설계가 술술 풀리듯, 내용이 좋으면 포트폴리오 만들기도 수월하다. 그래서 원재료가 되는 설계를 충실히 해야 하고, 그 결과물들을 잘 보관해야 한다. 나중에 보면 보잘것없을 수도 있지만, 그 당시에는 가장 최선의 결과물이다. 잘 관리하면 소중한 자산이 되고, 그렇지 않으면 버려진다. 더불어 각종 공모전에 참가해 보는 것이 좋다. 공모전의 결과물은 포트폴리오를 요리하기에 좋은 풍성한 재료가 된다. 또한 남들과 자신의 상태를 견줄 수 있어 실력 향상에 도움이 된다. 당락을 떠나서 공모전에 참여해야 할 이유이다.

수업과제 1. 포트폴리오 만들기

이 장은 흐름상 앞서와는 다소 동떨어진 부록 같은 내용이다. 별도로 이 장을 마련한 이유는 수업과정의 결과물을 포트폴리오 형식으로 만든 학생들의 정성을 잊지 않기 위해서이다. 2학년 2학기 '건축표현기법'이란 과목의 과제물이다. 한 학기 동안 작업한 결과물을 포트폴리오로 만드는 것이다. 편집에서 제작까지 모두 수작업이다. 완성도나 세련됨은 부족하지만 아이디어나 정성만큼은 어디 내놓아도 손색이 없다. 포트폴리오의 다양한 형식과 표현들을 볼 수 있어, 감상의 재미 또한 쏠쏠하다.

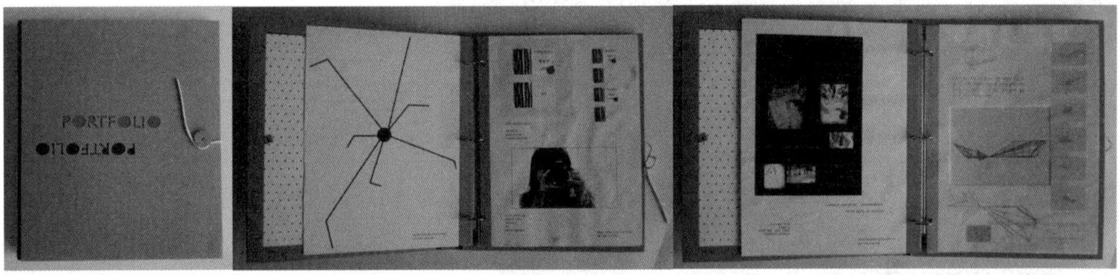

그림 6-1 시중에서 쉽게 구입할 수 있는 3공 바인더에 재생지를 덧붙여, 친환경성과 차분함을 느끼게 하는 포트폴리오이다. 빨강과 검정색의 'PORTFOLIO'를 칼로 새겨 넣어 글자에 깊이를 주었다. 그리고 재생지와 종이 끈을 이용하여 만든 단추 모양의 잠금장치에 정성이 배어 있다. 이와 같은 3공 바인더식의 포트폴리오 제본방식은 설계사무소에서도 많이 이용된다. 내용물의 추가와 삭제가 용이하기 때문이다. (©김남주)

그림 6-2 포트폴리오를 보는 사람이 필요한 부분을 쉽고 빠르게 접근할 수 있도록 색인 기능이 강화된 사례이다. 얇은 사각 박스 안에 내용물을 종류별로 분류하여 넣었다. 다양한 용도의 프로젝트를 수행하는 대형 설계사무소의 브로슈어에서 그 예를 찾아볼 수 있다. 용도별 수행 실적을 한눈에 알아볼 수 있고, 의뢰인이 요구하는 시설의 실적만 별도로 제출할 수 있는 장점이 있다. (©박혜인)

그림 6-3 '쇼핑'이라는 주제로 일관성 있게 포트폴리오를 만들었다. 쇼핑백을 재활용하여 케이스를 디자인했고, 마치 백화점의 상품들과 같이 내용물을 담았다. 또한, 각각의 내용물에 태그를 붙여 본인의 의도를 끝까지 밀어붙이는 치밀함이 돋보인다. 더불어 포트폴리오를 받는 상대방에게 귀중한 선물을 받았다는 감사의 마음까지 느끼게 한다. (©김민정)

그림 6-4 사각 박스로 만든 입체적인 포트폴리오이다. 박스 자체가 내용물이자 보관함이다. 아이디어는 독특하나 부피가 필요 이상으로 크다. 포트폴리오를 펼쳐 보려면 넓은 공간이 필요하고 번거롭다. 또한 어디서부터 개봉하여야 할지, 어떻게 다시 원래대로 돌려놓을지 난감하다. 제대로 감상하려면 사용설명서가 필요하다. 입체적인 특성을 좀 더 효율적으로 살렸으면 하는 아쉬움이 남는다. (©정호주)

그림 6-5 선물상자 같은 형식과 내용의 포트폴리오이다. 포장 상자를 검은색 골판지로 제작하여 고급스러움과 깔끔한 느낌을 준다. 뚜껑을 열면 종합선물세트 같은 내용물이 담겨 있다. 어릴 적 선물 받은 과자 종합선물세트의 기억이 떠올라 마음이 푸근해진다. 내용물의 형식도 다양하고 완성도도 좋다. 만든 이의 정성과 결과물에 담긴 애정이 절로 느껴진다. 과제 제출 시기가 성탄절이라 수업 과제를 입체적으로 활용한 크리스마스 카드를 만들어 함께 동봉했다. 이러한 선물을 받을 때 가르치는 보람을 느끼게 되는 것은 아닐까? (ⓒ김도연)

그림 6-6 재생지와 종이 끈을 이용하여 포장 박스를 만들었다. 조심스레 종이 끈을 풀어 박스를 개봉하여, 포트폴리오를 볼 수 있는 방식이다. 정성껏 만들어 포트폴리오의 소중함과 품격을 더해준다. 더불어 포장 박스를 열어보는 과정에서 내용물에 대한 기대감을 불러일으키는 효과도 있다. (ⓒ박소현)

그림 6-7 접이식 제본방식으로 제작된 사례이다. 전부 다 펼치면 전체 내용을 한눈에 볼 수 있다. 필요한 부분만을 따로 보여줄 수 있는 장점이 있다. 실무에서는 인허가 과정에서 지자체장 등의 결재용으로 제작된다. 일일이 수작업으로 만들어야 하기 때문에 정밀함과 깔끔함이 요구된다. (©이호찬)

그림 6-8 정사각형의 판형에 세 방향으로 펼치는 방식의 포트폴리오이다. 세 가지의 주제별로 내용물을 분류하여 정리했다. 전시실과 같은 입체적인 구성으로 내용물을 효과적으로 보여 줄 수 있다. (©김소영)

그림 6-9 나의 포트폴리오이다. 책 제본과 링 제본의 두 가지 방식으로 제작했다. 내용물은 같고 표지의 재질과 제본방식만 다르다. 책 제본의 경우는 일명 떡 제본으로 만들어진 책의 앞뒤 표지에 두꺼운 재생지를 덧붙여 제작했다. 제목 부분은 칼로 절단하여 마무리했다. 책 제본은 직접 제작이 곤란하여 제본소에 의뢰해야 한다. 접착제가 마르는 시간이 있기 때문이 다소 시간이 걸린다. 제본소에서 재단까지 할 수 있기 때문에 깔끔하게 만들 수 있다. 책등에 정보를 기록할 수 있는 장점이 있고, 링 제본보다 책이 튼튼하여 책을 꽂아두었을 때 변형이 덜 된다. 링 제본은 쉽고 빠르고 간편하여 많이 사용된다. 수동 제본기를 이용하여 수 분 내에 제작할 수 있다. 책을 볼 때 안쪽까지 잘 펼쳐져 내용물을 보기에 편하다. 반면 책등이 링으로 이루어져 있기 때문에 정보를 기록할 수 없어, 책을 꽂아 놓았을 때 어느 책인지 구별하기 힘든 단점이 있다.

상급학교 진학이나 설계사무소 취업을 희망하는 학생들이 참고할 수 있도록 포트폴리오의 내용과 구성이 우수하고, 서로 다른 개성이 잘 드러나는 이광훈, 권준형의 포트폴리오 사례를 따로 부록을 두어 수록하였다.

7

일상, 그리고 건축

일상은 소소한 삶의 누적이다.

매일매일은 나이테처럼 주름으로 접혀 기록된다.

주름에는 많은 이야기가 숨어든다.

애정을 가지고 가까이하면 접혀 있던 주름이 펼쳐진다.

숨어 있던 이야기들이 고개를 내민다.

가슴 벅찬 감동의 순간이다.

그동안 듣지 못했던 것을 듣게 되고, 보지 못했던 것을 보게 된다.

통찰을 선사하는 관찰의 힘이다.

요컨대 보이지 않던 것이 보이게 되는 것이 관찰이고,

볼 수 없는 것을 보게 되는 것이 통찰이다.

1956년 덴마크의 건축가 요른 웃손은 시드니 오페라하우스 국제설계공모에 참여한다. 호주의 시드니 해변에 위치한 전망 좋은 대지이다. 꼭 따라야만 하는 구체적인 프로그램이 없다. 아름다운 대지에 아이디어를 구속하는 세부 프로그램도 없다. 이는 건축가들에게 매우 참여하고 싶은 이상적인 프로젝트이다. 요른 웃손의 작업과정을 추측해 본다.

시드니 오페라하우스는 일상의 아이디어에서 탄생했다

요른 웃손은 작업실에 틀어박혀 아이디어 스케치를 하고 모형을 만든다. 딱히 맘에 드는 결과물이 나오질 않는다. 머릿속으로 건축물의 형상을 떠올려 본다. 뭔가 어렴풋이 떠오르지만 구체적이지 않다. 항구에 위치하니까 요트의 돛이나 조개껍데기 모양은 어떨까? 하지만 너무 직설적인 것은 싫다. 고민의 흔적인 스케치와 모형들은 쌓여 가지만 프로젝트의 진전은 없다. 제출일은 다가오고 마음은 점점 더 조급해진다. 몸과 마음이 지쳐 간다. 포기하고 싶은 생각도 든다.

이를 지켜보는 건축가의 아내 또한 힘들다. 남편이 안쓰럽고 건강을 해칠까 걱정도 된다. 밥 먹듯이 밤샘하고 끼니를 거르기 일쑤다. 마감이 다가오면서 남편 얼굴 보기도 힘들다. 여느 날과 마찬가지로 간식을 준비한다. 작은 접시에 오렌지 몇 개를 정성껏 담는다. 항상 그래왔듯이 껍질을 벗기기 쉽도록 오렌지 윗부분에 살짝 칼금을 낸다. 아내는 조심스레 작업실의 문을 연다. 남편은 책상에 머리를 박고 뭔가 골똘히 생각하고 있다. 인기척을 냈는데도 뒤돌아보지 않는다. 아내는 일에 방해될까봐 테이블에 오렌지 접시를 살그머니 내려놓고 작업실에서 나온다.

얼마나 지났을까 요른 웃손은 테이블에 놓여 있는 접시에 담긴 오렌지를 발견한다. 어느샌가 아내가 다녀간 것이다. 신경 써 주는 아내에게 미안한 마음도 들고, 갑자기 허기가 돌아 오렌지 하나를 집어 든다. 늘 그렇듯이 껍질을 벗기기 좋게 오렌지에 여러 갈래로 칼금이 그어져 있다. 아내의 세심한 배려에 새삼 감사한 마음이 든다. 껍질을 벗기기 위해 조각 하나를 떼어 낸다. 다음 조각 하나를 더 떼어 낸다. 그동안 손에 밴 일상적인 행동이다. 오렌지의 속살이 조금씩 드러난다. 계속해서 나머지 조각들을 떼어 낸다. 떼어 낸 조각들이 테이블 위에 무심하게 놓여 있다.

이때 늦은 오후의 햇살이 테이블에 드리운다. 오렌지 조각들이 빛을 받자 그림자도 뒤따른다. 건축가의 시선이 오렌지 조각들에 머문다. 오렌지 껍질의 알알이 서로 다르게 빛을 반사한다. 그림자도 조각들의 크기와 모양에 따라 서로 다르다. 오렌지 조각들을 이리저리 옮겨 본다. 무심히 모아 보기도 하고 흩트리기를 반복한다. 무료함을 달래기 위한 어린애의 장난처럼 보인다. 이런 반복되는 과정에서 조각들은 계속해서 차이를 만들어 낸다. 빛과 그림자에 의해 조각들의 형태가 더욱 부각된다. 이러한 무의식적인 행동 속에 문득 건축가에게 강한 울림이 감지된다. 무언가 영감이 떠오른다.

오렌지 조각들에서 받은 영감에 따라 스케치를 한다. 고민했던 것이 한꺼번에 해결되는 느낌이다. 그동안 수많은 대안들을 만들었지만 맘에 들지 않았다. 잠시 후 요른 웃손은 기쁨에 넘쳐 소리친다. “됐어! 바로 이거야!” 이렇게 시드니 오페라하우스가 탄생했다.

그 후 시드니 오페라하우스는 우여곡절을 겪으며 지어져, 호주의 상장이자 오페라하우스의 대명사가 되었다. 일상에서 그냥 스쳐 가는 오렌지 조각들이 건축가에게 영감을 준 것이다. 이것은 열정과 혼신의 힘을 다해 일하는 건축가에게 아내가 준 선물이 아닐까?

요른 웃손은 1992년 한 인터뷰에서 다음과 같이 말했다.

> 내 설계가 항구에서 항해하는 요트나 조개껍데기에서 영감을 받은 것이라고 말하는 사람들이 많다. 이것은 사실이 아니다. 그것은 오렌지를 닮았다. 오렌지 껍질을 벗기면 이런 조각들을 얻게 된다. 오페라하우스와 비슷한 모양이다. 나의 모형에서도 그랬다. 나는 그것이 항구의 돛과 비슷해야 한다고 생각하지 않았다. 흰 돛과 모양이 비슷해진 것은 우연이다.

《한 끗 차이 디자인 법칙》의 저자 칩 키드는 그래픽 디자이너이다. 그는 일상 속 디자인을 강조한다. 자신의 디자인에 대한 생각을 매일매일 일상에서 만나는 대상들로 풀어낸다. 면도기, 당근케이크, 시력검사표, 구겨진 담뱃갑 등의 일상 속에서 접하는 것들이 창작 과정에 어떤 영향을 미치는지 보여 준다. 디자인은 일상 구석구석에서 새롭게 발견한 아이디어에서 시작된다. 매일 곁에 있던 것들이기에 친근감을 주고 끌리게 된다. 칩 키드에게 일상이 곧 영감의 토양이다. 디자이너들은 우리 주위에 있는 대상을 민감하게 관찰해야 한다. 민감해야 그냥 스쳐 지나가던 것이 보이게 된다.

《언어의 온도》의 작가 이기주는 일상에서 발견한 의미 있는 말과 글, 단어의 어원

그림 7-1 시드니 오페라하우스는 호주의 상징이자 오페라하우스의 대명사이다. 필자가 유람선에 올라 직접 찍은 사진이다. 바다에 떠 있는 기단 위에 은빛 타일이 반짝이는 쉘 구조의 매스들이 가볍게 놓여 있다. 건물 입구에 오렌지 조각에서 영감을 받아 계획했다는 설명과 모형이 있는 안내대가 있다.

과 유래, 그런 언어가 지닌 소중함과 절실함을 책에 담았다고 밝혔다. 길을 가다 우연히 들었던 얘기가 그의 이야기로 다시 태어난다. 세상 사람들의 사소한 장면, 소소한 일상들이 소재이다. 하지만 작가의 따스한 시선이 더해지면서 이야기는 새로워진다. 글에서 따스함이 배어 난다. 천천히 다가온 감동은 쉽게 식지 않는다. 이기주의 글을 읽다보면 하루하루의 일상이 소중함을 다시금 깨닫게 된다. 그는 좌우봉원(左右逢源)이란 말을 강조하다. 좌우 그러니까 주변에서 맞닥뜨리는 사물과 현상을 잘 헤아리면 근원과 만나게 된다는 뜻이다. 일상의 모든 것이 공부의 원천이 될 수 있다는 의미이다.

이처럼 아이디어는 일상에서 나온다. 특히 건축은 살고 있는 집에서부터 거리의 풍경, 건물들, 사람들 모두가 배움의 대상이다. 아이디어의 보고이다. 우리 가까이에 좋은 건축물이 많이 있다. 살아있는 교과서가 거리에 넘쳐난다. 일상생활에서 건축을 느끼고 감상하는 것이 중요하다. 하루하루가 쌓여 삶을 이루듯이 좋은 건축에 대한 안목이 무의식적으로 쌓이게 된다. 이처럼 평범한 일상은 영감의 원천이 될 수 있고, 미의식을 키우는 온상이다.

현대인들은 너무 바쁜 나날을 보내고 있다. 시간에 쫓겨 여유롭게 일상을 즐기지 못한다. 사람들은 주변의 풍경은 외면한 채, 스마트폰의 화면에 빠져든다. 거북 목으로 부유하는 대상을 탐색한다. 이제 일상의 풍경은 스마트폰 화면으로 대체된다. 디지털화된 풍경은 망막에 새겨지지 않는다. 현대인의 문제이다. 게다가 과잉된 정보는 생각할 틈을 주지 않는다. 넓은 세상은 작은 화면에 갇힌다. 역설적으로 현대인은 글로벌한 세상에서 우물 안의 개구리가 된다.

일상의 가치를 새롭게 바라볼 때 놀라운 통찰이 찾아온다

바쁘게 돌아가는 세상에서 여유를 찾기란 쉽지 않다. 날마다 반복되는 일상에서 벗어나는 일탈을 꿈꾸기도 하지만 이 또한 쉽지 않다. 하지만 잠시라도 일상에서 벗어나봐야 일상의 소중함을 알 수 있다. "젊었을 적 한가로움이라야 한가로움이다(未老得閑方是閑)"라는 옛말이 있다고 한다. 애써 한가로움을 찾으라는 옛사람의 조언이다. 작은 여유 속에 삶의 기쁨과 즐거움이 숨어있다. 한걸음 물러나서 보면 안 보이던 것이 보일 때가 있다. 일상의 가치를 다시 관찰할 때 놀라운 통찰이 찾아온다. 일상 속에서의 깨달음이다. 이제 숙인 고개를 들고 풍경을 바라보고 주변의 소리에 귀 기울여야 한다. 무의미한 검색을 멈추고 사색해야 한다.

이처럼 앞서 소개한 책들에서 공통으로 강조하는 것은 세심한 관찰이다. 관찰은 나와 대상과의 대화이다. 부끄럼 많은 대상에게는 내가 먼저 말을 걸어 주어야 한다. 젠체하는 대상에게는 한걸음 물러나 주어야 한다. 김춘수의 〈꽃〉이라는 시에 "내가 그의 이름을 불러 주었을 때/그는 나에게로 와서/꽃이 되었다"라는 구절이 있다. 이처럼 내가 남을 불러주었을 때 서로 간에 의미 있는 존재가 된다. 이는 서로를 가깝게 함이고, 소중히 함이다. 대상에 대한 사랑이다. 사랑하면 대상을 아끼게 된다. 그때 다시 보게 되고, 보이지 않던 것이 보이게 된다.

일상은 소소한 삶의 누적이다. 매일매일은 나이테처럼 주름으로 접혀 기록된다. 주름에는 많은 이야기들이 숨어 든다. 애정을 가지고 가까이하면 접혀 있던 주름이 펼쳐진다. 숨어 있던 이야기들이 고개를 내민다. 가슴 벅찬 감동의 순간이다. 그동안 듣지 못했던 것을 듣게 되고, 보지 못했던 것을 보게 된다. 통찰을 선사하는 관찰의 힘이다. 요컨대 보이지 않던 것이 보이게 되는 것이 관찰이고, 볼 수 없는 것을 보게 되는 것이 통찰이다.

수업과제 1. 현상의 발견 및 표현

건축표현기법 과목의 '현상의 발견 및 표현'이란 과제이다. 일상에서 쉽게 접하는 현상과 사물을 다시 관찰케 하는 과제이다. 《생각의 탄생》이란 책에서 아이디어를 얻었다. 이 책은 창조성을 빛낸 사람들의 구체적인 사례를 통해 우리 안의 창의성을 이끌어내는 13가지 생각 도구를 제시한다. 관찰, 형상화, 추상화, 패턴 인식, 패턴 형성, 유추, 몸으로 생각하기, 감정이입, 차원적 사고, 모형 만들기, 놀이, 변형, 통합 등의 생각 도구들이다. 여기에서 첫 번째 생각 도구로 꼽는 것이 바로 관찰이다. 관찰은 그만큼 중요하고, 창의성의 출발점이 된다.

우선 관찰의 대상을 학생들이 매일 생활하는 캠퍼스 내로 한정했다. 관찰 범위를 줄여주고, 학생들의 결과물 발표 시 이해와 공감을 돕고자 함이다. 이 과제는 관찰에

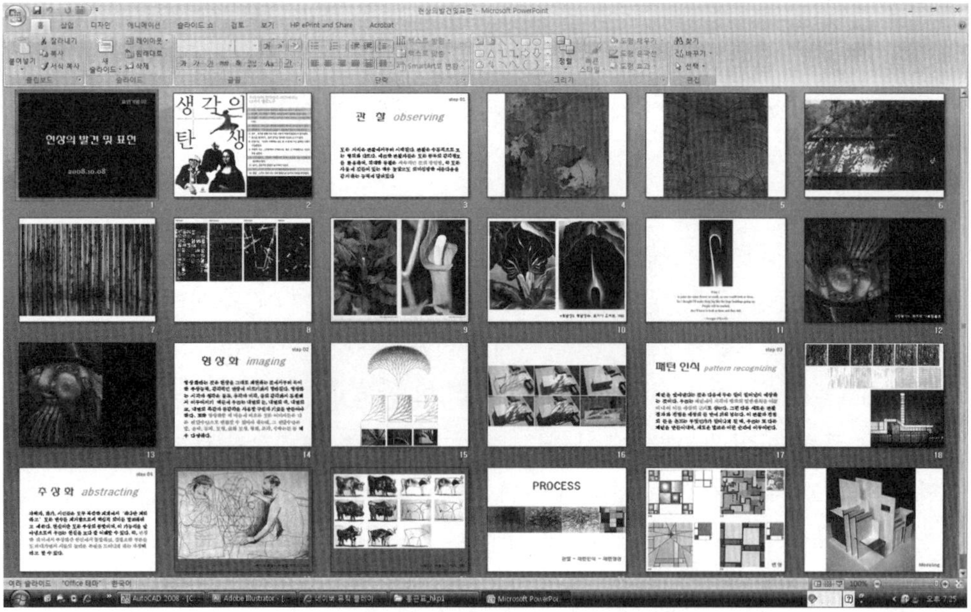

그림 7-2 건축표현기법 수업의 '현상의 발견 및 표현'이란 과제를 위한 강의 자료이다. 일상에서 쉽게 접하는 현상과 사물을 관찰하고, 그 특징을 단순화 및 추상화하여 3차원의 입체모형을 만드는 과제이다.

서부터 시작된다. 모든 감각정보를 활용하는 능동적인 관찰이다. 주변의 사물에 깃들어 있는 아름다움을 감지하는 것이다. 학생들에게는 일주일간의 시간이 주어진다. 그동안의 관찰을 통해 새롭게 발견한 사물이나 현상을 선택하여 형상화해야 한다. 과제의 결과물은 선정한 대상을 추상화하여, 3차원의 입체모형으로 만드는 것이다.

몬드리안처럼 건축가들에게 영향을 준 화가는 드물다. 그의 그림은 지금도 많은 디자이너와 건축가들의 작업에 모티프가 된다. 이는 사물의 본질을 드러내는 그의 추상화가 갖는 힘에 기인한다. 더불어 직선과 직각에 의한 삼원색 구성작품은 상당히 건축적이다. 그래서 그런지 건축물에서부터 입면 디자인, 가구에 이르기까지 적용한 사례가 많다. 위의 그림은 몬드리안이 나무를 추상화 과정을 보여 준다. 그는 나무를 여러 차례 그리면서 불필요한 것을 하나하나 없애 나갔다. 결국 나무는 형태를 알 수 없는 선들만 남은 추상화가 되었다.

추상화는 해독 불가능한 작품이라는 오해가 있다. 하지만 추상은 사물의 본질을

그림 7-3 몬드리안이 나무를 추상화하는 과정으로, 나무를 여러 차례 그리면서 불필요한 것을 하나하나 없애나갔다. 결국, 나무는 형태를 알 수 없는 선들만 남은 추상화가 되었다.

드러내는 것이다. 몬드리안의 작업과 같이 불필요한 것을 하나씩 하나씩 제거하다 보면 본질에 다다를 수 있다. 이처럼 추상은 사물의 핵심적인 의미와 본질을 찾아가는 과정이다. 추상을 통해 우리는 현실을 보다 더 잘 이해할 수 있다. 진정한 의미에서 추상화란 현실의 대상에서 출발하되, 불필요한 부분을 도려내 가면서 사물의 놀라운 본질을 드러나게 하는 과정이라 할 수 있다.

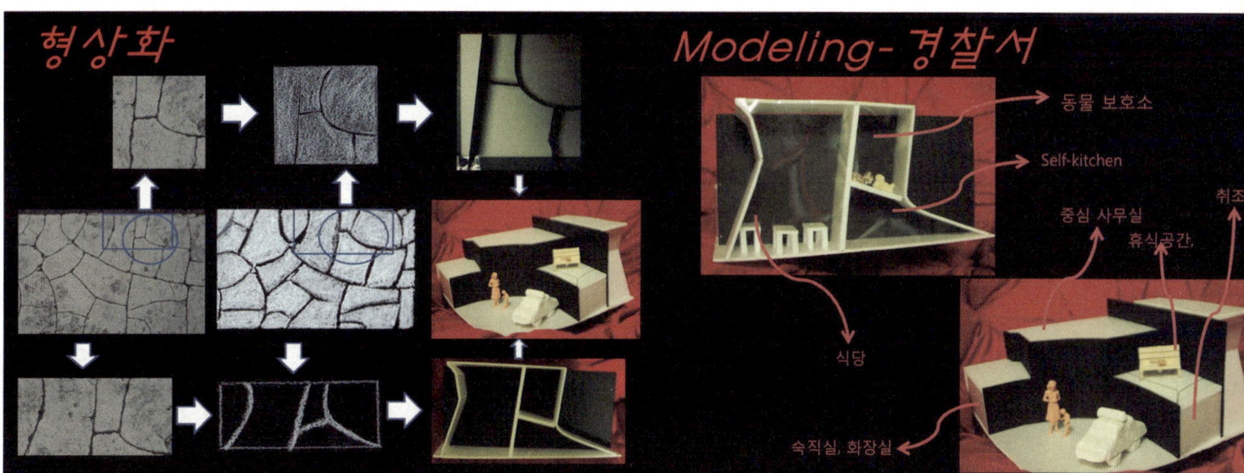

그림 7-4 매일같이 수없이 건너다니는 횡단보도의 흰색 차선. 강수연 학생은 차선의 갈라진 패턴에 주목했다. 아스팔트 위 흰색 차선의 갈라짐은 거의 동일한 패턴을 보인다. 오래된 차선일수록 갈라진 무늬가 선명하다. 땅이 갈라질 때 보이는 모양과 유사하다. 이 패턴 중의 일부를 임의로 선택하여 형상화했다. 한 부분은 건축의 평면으로, 다른 부분은 단면으로 적용했다. 차선이라는 것은 교통법규를 지켜야 한다는 것을 의미하기 때문에 경찰서를 떠올렸다. 그래서 차선의 갈라진 패턴을 변형하여 소규모 경찰서를 계획했다. (©강수연)

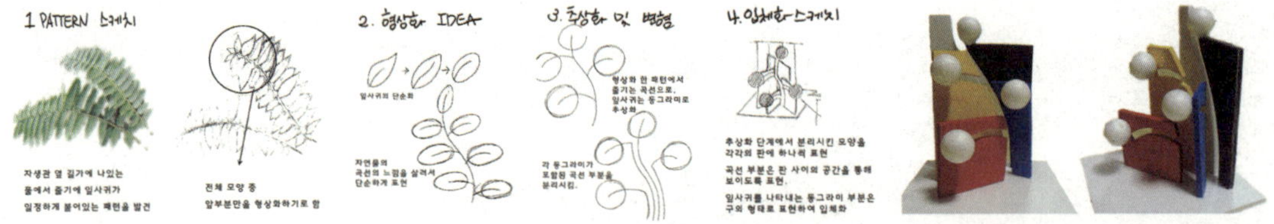

그림 7-6 김민주 학생은 주변에서 흔히 볼 수 있는 나뭇잎에 눈길을 주었다. 나무는 반복되는 패턴이 발견되는 대표적인 사례이다. 나뭇잎 중의 일부인 줄기 끝부분을 선택했다. 타원형의 잎사귀는 원형으로 줄기는 곡선으로 단순화했다. 입체화하는 과정에서 잎사귀의 원형은 구의 형태로 줄기 부분의 곡선은 원색의 판재에 음각으로 처리하여 부각시켰다. 흔한 나뭇잎이 새로운 입체로 변형되었다. 이 그림들은 대상의 발견에서부터 형상화, 추상화 및 변형, 입체화, 모형제작까지의 과정을 차례대로 보여 준다. (ⓒ김민주)

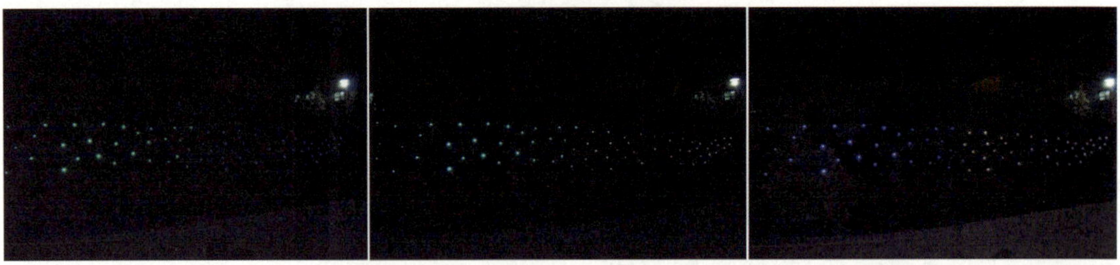

그림 7-6 같은 대상을 관찰했으나, 서로 다른 현상을 발견한 두 학생의 결과물이다. 이들이 주목한 것은 경관 조명이 설치된 벽면이다. 이 벽은 밤이 되면 빛을 발한다. 낮에는 볼 수 없는 풍경이다. 빛의 색깔도 시간에 따라 달라진다. 야간에만 볼 수 있는 흥미로운 대상이다. 밤늦게까지 설계하는 건축학과 학생들의 일상이 드러난다(〈그림 7-7〉, 〈그림 7-8〉 참조).

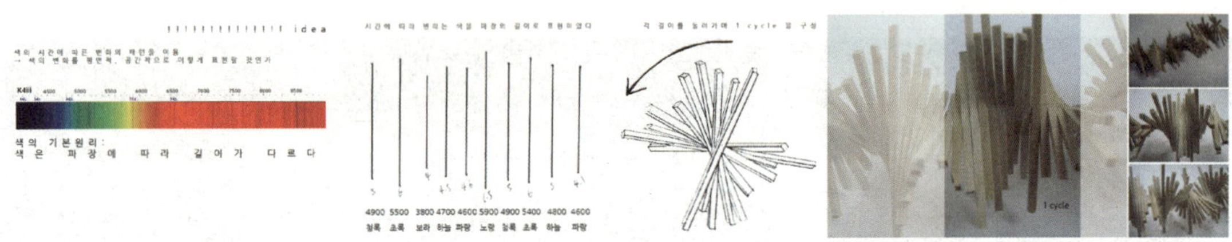

7-7 신유희 학생의 관심은 빛의 색깔이다. 색은 파장에 따라 길이가 다르다는 색의 기본 원리에 착안했다. 시간에 따라 변하는 각각의 색을 파장의 길이로 대응시켰다. 길이로 변환된 색 막대가 한 바퀴 회전하면 하나의 주기가 된다. 이 주기를 나무막대 모형으로 이어서 만들어 시간의 흐름에 따라 반복되는 빛의 변화를 표현했다. (ⓒ신유희)

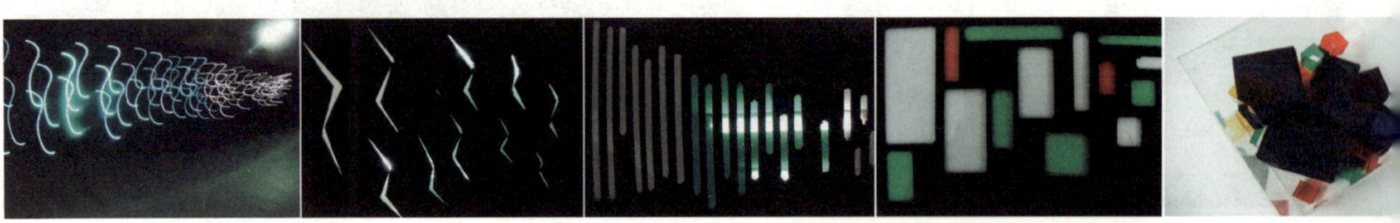

그림 7-8 김민선 학생은 사람의 눈으로 볼 수 없는 빛의 궤적을 표현했다. 사진 촬영의 기법에 의해 발견되는 현상이다. 이를 선으로 단순화시키고, 검은색의 바탕에 흰색, 녹색, 빨간색의 사각형으로 변형했다. 다음으로 투명 박스 안에 빛의 덩어리를 담았다. 비물질적인 빛이 선에서 면으로, 면에서 입체로 물질적인 형상으로 바뀌었다. (ⓒ김민선)

수업과제 2. 자신의 신체를 고려한 공간계획

자신의 신체를 기준 척도로 사용하여, 자기만의 공간을 계획하는 과제이다. 일상적인 인체의 활동과 공간과의 연관성을 살펴보는 것이 목적이다. 먼저 자신의 주요 신체 치수와 동작범위를 측정하고, 사진으로 촬영하여 치수를 표기한다. 그다음에 자신의 신체 일부 혹은 전체의 움직임을 통하여 얻어지는 연속적인 궤적을 추출한다. 이를 바탕으로 신체와 관련된 공간의 아이디어를 도출하고, 자신의 신체 치수에 적합한 공간을 계획한다.

계획의 전제조건은 신체의 동작 범위에 맞추어, 불필요한 공간을 최대한 없애는 것이다. 그러면 필요한 공간의 성격에 따라 형태가 자동적으로 드러나게 된다. 즉, 자신의 신체 치수와 동작 범위에 적합한 최소한의 공간이 생성된다. 이렇게 만들어진 자기만의 공간을 모형으로 만들고 도면을 그리는 과제이다. 〈그림 7-9〉와 같은 단계

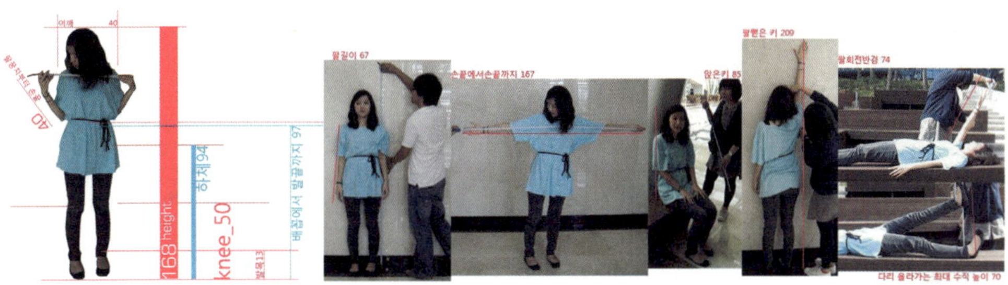

단계1_신체 치수 및 동작 범위를 측정하고 표기한다.

단계2_신체와 연관된 공간의 아이디어를 도출한다.

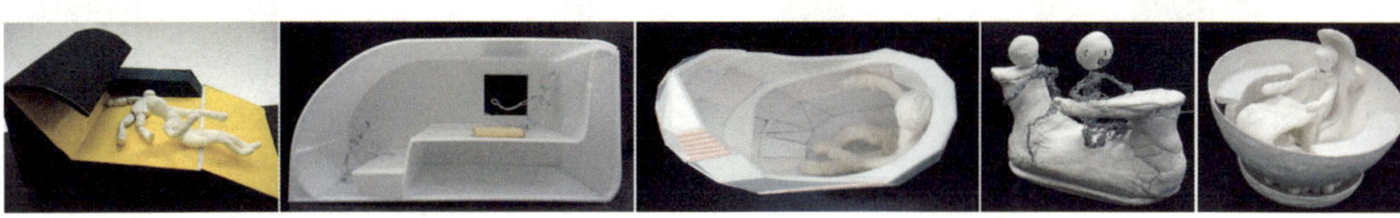

단계3_최종적으로 도면 및 모형으로 표현한다.

그림 7-9 자신의 신체를 고려한 공간계획의 단계별 작업 내용

그림 7-10 반신욕을 하면서 피로를 풀거나 휴식을 즐길 수 있는 공간이다. 바닥에 앉아 전신을 물에 담글 수도 있고, 의자처럼 걸터앉아 독서나 인터넷을 즐길 수도 있다. 기성품인 대부분의 욕조들이 뭔가 불편한 반면, 이것은 자신의 신체 치수에 맞아 편안하다. (ⓒ신유희)

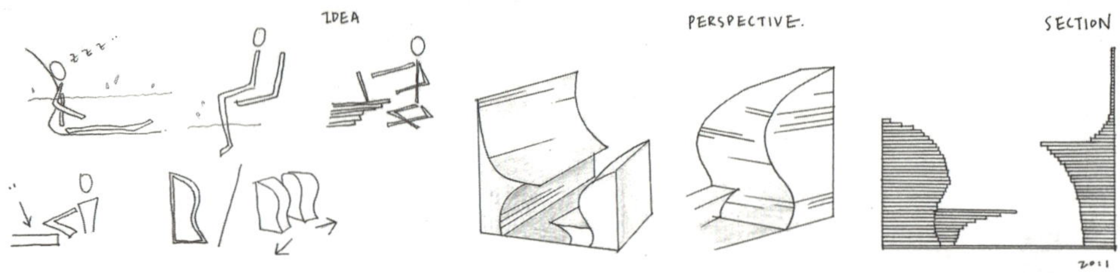

그림 7-11 신유희 학생의 아이디어 스케치와 도면, 그리고 이 공간에 대한 설명이다. "3학년에 접어들면서, 술도 약해지고, 1학년 때는 밤새 노는 것이 일상이었던 내가 이제는 밤새고 나면 정신 못 차리는 모습을 보면서, 체력이 약해졌음을 느꼈다. 이렇게 힘들고 지칠 때, 반신욕을 하면서 피로를 풀고 잠깐이나마 여유를 느낄 수 있는 공간을 만들고자 했다. 욕조에서 보다 편하게 반신욕을 즐기기 위해, 편안한 등받이와 팔걸이를 만들고, 눕지 못하게 하기 위해 다리 길이만큼의 공간을 주었다. 또, 워낙 개인적으로 물을 좋아하고 물놀이를 좋아하기 때문에, 앉아서 물장구를 치며 놀 수 있는 공간도 마련하였다. 의자는 팔 뻗은 길이인 167cm이기 때문에, 친구와 같이 앉아서 물장구를 치며 놀 수도 있다. 또 반으로 분리했을 때 팔걸이를 간이책상으로 사용 가능하다." (ⓒ신유희)

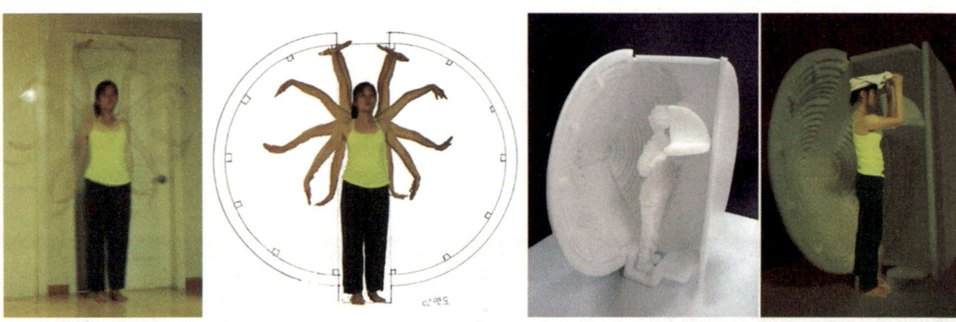

그림 7-12(1) 신체 일부인 팔의 살을 빼기 위한 캡슐 같은 공간이다. 일상에서 매일 쓰는 수건을 이용하여, 간편하게 팔운동을 할 수 있다. 우선 팔운동을 하는 대표적인 세 가지 동작에 맞추어 치수를 측정했다. 강수연 학생은 팔의 동작에 따른 움직임의 궤적이 보이도록 사진을 편집했다. 세 가지의 동작이 하나의 흐름으로 연결된다. 사진을 효과적으로 다루는 감각이 돋보인다. 다음으로 팔의 궤적에 맞추어 원반형의 운동 공간을 만들었고, 모형에도 실제 운동하는 사진을 붙여 넣어 사실감을 더했다. (ⓒ강수연)

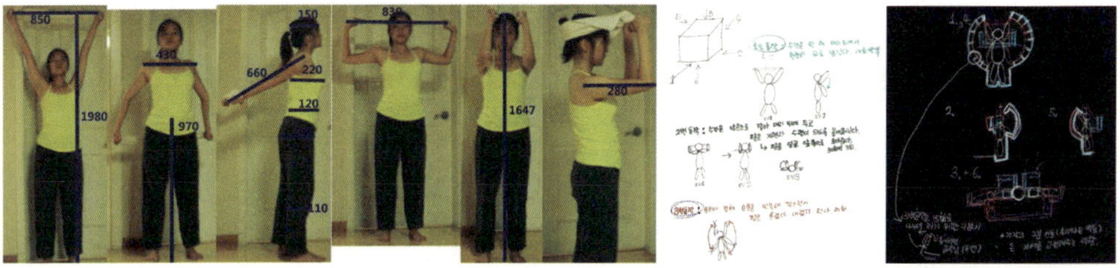

그림 7-12(2) . (©강수연)

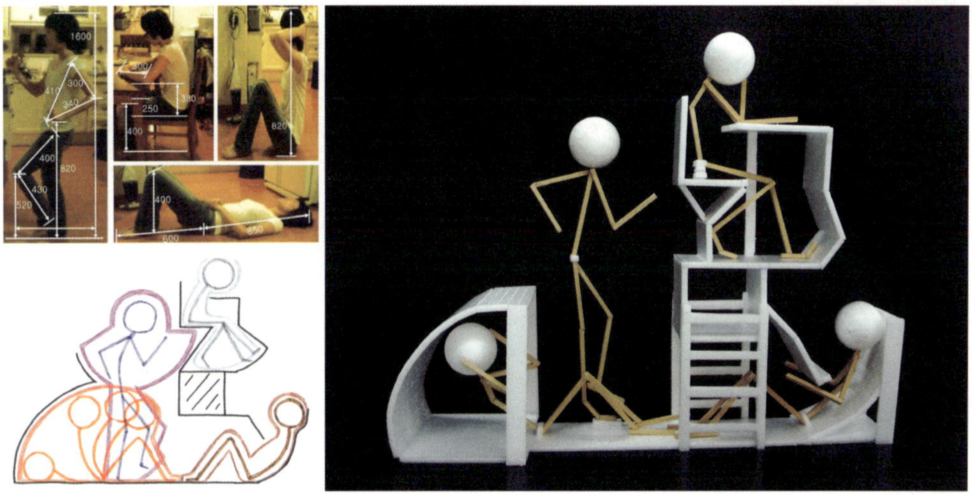

그림 7-13 한 공간에서 운동이나 독서 등 여러 가지의 활동을 할 수 있다. 공간 활용도를 최대로 고려한 김도연 학생의 계획안이다. 제자리 달리기와 윗몸일으키기 등의 운동을 할 수 있고, 곡선으로 경사진 면에 기대어 독서나 휴식을 취할 수 있다. 상부에는 책상과 의자를 두어 앉아서 뭐든 할 수 있다. 각 활동의 동작 범위에 맞추어 벽면이 구성된다. 사람의 머리는 구형으로 몸체는 가는 나무막대로 만든 모형은 귀여우면서도 인체의 동작 표현에 효과적이다. (©김도연)

별 과정을 통해 과제를 수행한다.

수업과제 3. 옥외 휴게의자 디자인

의자는 일상생활에서 가장 많이 사용하는 가구이다. 의자는 인간의 신체와 정신에 직접적으로 대응한다. 아이들이 쓰는 의자와 어른들이 쓰는 의자는 크기와 구조가 다르다. 의자는 몸에 맞지 않으면 불편하다. 푹신한 의자는 마음의 긴장을 풀어주고, 딱딱한 의자는 정신이 각성되어 공부하기에 좋다. 그래서 사람의 몸과 마음을 잘 알아야 좋은 가구를 만들 수 있다. 또한 가구는 공간의 분위기를 좌우하기도 한다. 예전의 건축가들은 그 집에 맞는 가구를 정성 들여 만들어 놓았다. 요즘의 건축가들도 가구에 관심이 많다. 그 공간에 어울리는 가구를 직접 디자인하기도 하고, 기성품을 선정하기도 한다.

이 과제는 서울과학기술대학교 건축학과에서 2003년 2학년 2학기에 진행한 의자 만들기 프로젝트이다. 옥외 휴게의자 디자인에서부터 실제로 제작하여, 지정된 장소에 설치까지 하는 것이다. 이 프로젝트는 다음과 같은 절차로 진행된다. 우선 설계 스튜디오의 학생들을 2인 1조의 팀으로 구성한다. 팀별로 옥외 휴게의자에 대한 아이디어를 내고, 디자인하여 패널과 모형을 제출한다. 전체 팀들의 작품을 종합 평가하여 한 개의 최우수작을 선정한다. 그리고 선정된 작품을 실제로 사용할 수 있도록 공동으로 제작하여 계획된 장소에 설치한다.

이 과제의 주요 지침은 인체 치수를 고려한 의자 디자인, 인체공학적으로 편안하며 창의성 있는 의자 디자인, 캠퍼스 내의 장소성과 부합하는 디자인이다. 또한 실제 사용을 목표로 하므로 내구성이 있을 것, 제작이 용이하고 저렴한 비용으로 제작 가능할 것, 설치 장소 선정 시 사용자들의 이용 행태를 고려할 것 등이다. 이는 결국 최우수작 선정의 평가 기준이 된다. 그리고 제출물은 디자인 의도 및 제작도 등을 표현한 A1 크기의 패널과 축척 1:10의 모형이다(〈그림 7-14〉 참조).

그림 7-14 최우수작으로 선정된 팀의 옥외 휴게의자 모형이다. 등받이가 없는 의자와 등받이가 있는 의자를 하나의 세트로 구성했다. 세 개의 등받이 중 하나는 자유롭게 메모나 낙서를 할 수 있다. 이 의자는 휴게를 넘어 만남과 소통의 역할이 기대된다. (©서정수, 김현수)

그림 7-15 건축관 앞에 설치된 휴게의자로 붉은 벽돌의 건물과 흙바닥 그리고 나무로 만들어진 의자가 자연스럽게 어우러진다.

그림 7-16 손원진 학생은 고려대학교의 교색인 진홍색과 몬드리안의 작품을 모티프로 디자인했다. 설치 위치도 출입구에 적색 기둥이 있는 건물의 진입 부분을 선정하여, 그 장소와의 조화로움을 꾀했다. (©손원진)

11개 작품이 제출되었다. 아이디어가 튀는 것도 있고, 무난한 것도 있다. 팀별로 제출된 패널과 모형을 함께 전시하고, 발표와 품평을 진행했다. 다음으로 제시된 평가 기준에 따라 채점을 했다. 평가결과 몬드리안의 그림을 모티프로 하여 디자인한 팀이 선정되었다. 이 안은 등받이가 있는 의자와 등받이가 없는 의자가 하나의 세트로 이루어져 있다. 세 개의 등받이 중 하나는 자유롭게 메모나 낙서를 할 수 있다. 이 의자는 휴게를 넘어 만남과 소통의 역할도 기대된다.

이 과제는 옥외 휴게의자를 디자인만 하는 것이 아니고, 실제 사용을 목표로 한다. 그래서 튼튼함과 내구성, 제작비용 등을 고려해야 한다. 선정된 디자인이 실제 실

그림 7-17 학생들의 의자에 대한 다양한 아이디어. (©이유진, 이병래, 이동원, 정해준, 윤현택, 김경수, 김태경, 이문섭, 유준상)

현 가능토록 보완 작업이 필요했다. 전체 학생들이 참여하여 구체적인 디자인 및 제작에 관한 아이디어를 냈다. 원래는 2개의 의자가 한 세트로 구성되었으나, 제작비가 한정되어 있어서 부득이 1개의 의자만을 선택했다. 설계 스튜디오의 모든 학생들이 협업하여 의자를 직접 만들고 설치했다. 철재 다리는 외부에 주문 제작하고, 목재는 직접 톱으로 자르고 친환경 도료를 칠하여 마감했다.

이 휴게의자는 건축관 앞에 설치됐다. 의자 등받이 한쪽에 '여기는 건축학부 여러분의 희망찬 미래를 생각하는 자리입니다'라는 글귀와 함께 이 작업에 참여한 학생들의 이름이 모두 적혀 있다. 나에게 이곳은 설계 수업이 있는 날이면 이 의자에 앉아 담배도 한 대 피우고, 수업 준비도 하고, 잠시 쉬었다 설계실로 향하는 소중한 장소였다.

다음은 고려대학교 조경표현기법 수업의 과제물이다. 조경시설물 중의 하나인 옥외 휴게의자를 디자인하는 것이다. 앞의 과제와 유사하게 대학 캠퍼스 내의 한 곳을 선정하여, 그 장소에 어울리는 휴게의자를 디자인한다. 제출물은 디자인 개념에 대한 설명과 스케치가 담긴 패널과 모형이다. 수강생이 1학년에서 4학년까지 골고루 섞여 있다. 그만큼 아이디어들이 다양하고, 결과물의 완성도와 수작업·컴퓨터 그래픽 등 표현방법들 또한 다양하다.

휠체어를 댈 수 있어 장애인과 함께할 수 있는 의자, 게시판 및 수납공간도 겸할 수 있는 의자, 나뭇잎 형태의 지붕에 애벌레 모양을 한 의자, 전통적인 병풍과 몬드리안 그림을 모티프로 한 의자, 지붕을 등나무와 같은 식물로 덮은 의자 등 실현 가능한 좋은 아이디어들이 많다(〈그림 7-17〉 참조). 의자의 형태를 손으로 정성 들여 그린 학생, 컴퓨터 그래픽으로 세련되게 표현한 학생들도 있다. 모형 재료 또한 레고 블록, 나무, 종이, 석고, 아크릴 등 아이디어만큼이나 다양하다. 학교 교육이 학생들의 이러한 다양함과 차이를 담아낼 때 미래의 희망이 있다.

8

여행, 그리고 옛것 읽기

목적이 분명한 여행도 의미가 있지만,
마음의 여유와 방랑을 즐기는 유유자적하는 여행이야말로
진짜 여행이다.
좋은 아이디어의 발상은 채움만 가지고는 막힐 경우가 종종 있다.
때로는 망각하는 비움이 새로운 아이디어를 떠올리게 해 주고,
막혔던 문제를 술술 풀리게 한다.
메모하는 것이 잊어버리기 위함이듯이,
풀리지 않는 문제를 온종일 머릿속에 담고 있는 것은
문제 해결에 전혀 도움이 되지 않는다.
잠시라도 일에서 벗어나 훌훌 털고 가까운 곳이라도
여행을 떠나는 것이 좋다.

여행은 건축가의 사유를 깊게 한다

> 여행은 생각의 산파다. 움직이는 비행기나 배나 기차보다 내적인 대화를 쉽게 이끌어 내는 장소는 찾기 힘들다. 우리 눈앞에 보이는 것과 우리 머릿속에 떠오르는 생각 사이에는 기묘하다고 말할 수 있는 상관관계가 있다. 때때로 큰 생각은 큰 광경을 요구하고, 새로운 생각은 새로운 장소를 요구한다. 다른 경우라면 멈칫거리기 일쑤인 내적인 사유도 흘러가는 풍경의 도움을 얻으면 술술 진행되어 나간다.
>
> —알랭 드 보통, 《여행의 기술》, 정영목 옮김(청미래, 2000) 중에서

'1941년 오사카 출생. 건축가. 프로복서를 거쳐 세계 각국을 여행한 후, 독학으로 건축을 배워 1969년에 안도 다다오 건축연구소를 설립.' 세계적인 건축가 안도 다다오의 이력서는 이렇게 시작된다. 프로 권투선수, 독학으로 건축 공부, 고졸 학력의 동경대 건축학과 교수 등 그의 독특한 이력은 세간의 주목을 받는다. 대학에서의 전문적인 교육 없이 세계적인 건축가가 되었기 때문이다. 이런 이력은 그의 건축에 대한 뜨

거운 열정과 부단한 노력의 결과임을 방증한다.

안도 다다오의 건축은 노출콘크리트와 순수한 기하학적 형태로 대표된다. 우리나라에서 1980년대부터 현재까지 그의 인기는 여전하다. 그가 유행시킨 노출콘크리트는 이제 보편적인 건축마감재가 되었다. 또한 제주도의 '지니어스 로사이'를 비롯하여 국내에도 그가 설계한 건축물이 많이 있고, 예나 지금이나 일본 여행 시 안도 다다오의 건축은 견학의 필수 코스다. 이는 일본의 전통 건축을 국제적인 건축언어로 접목시킨 그의 건축이 많은 이에게 감동을 주기 때문이다.

안도 다다오를 세계적인 건축가로 이끈 것은 한 권의 책과 여행이다. 그는 가정형편상 여러 일을 전전하며, 두서없이 혼자서 건축공부를 했다. 대학의 건축학과 교과서를 읽고, 건축·인테리어 통신교육, 야간 데생 교실 등 무엇이든 도전했다. 하지만 이해가 안 되는 부분도 많고, 무엇이 왜 필요한지 갈피를 잡을 수 없었다. 그러던 중 우연히 헌책방에서 르 코르뷔지에의 작품집을 발견한다. 그는 스케치와 드로잉, 사진으로 가득 찬 책에서 눈을 떼지 못한다. 안도 다다오는 책장을 넘기면서 바로 '이거다'라고 직감했다고 한다. 한 권의 책이 그동안 막연했던 그의 건축 공부에 감을 잡게 한 것이다.

그는 경제 사정상 한 달여 만에 가까스로 그 작품집을 구입한다. 책 속의 모든 도면과 드로잉을 수없이 베끼고 또 베꼈다. 그의 나이 24세인 1965년에 책 속의 스승을 직접 찾아 나선다. 그러나 안타깝게도 르 코르뷔지에의 갑작스런 사망으로 뜻을 이루지 못한다. 안도 다다오는 그때를 회상하며, "그럼에도 불구하고 나는 용기를 잃지

그림 8-1 산토리 박물관의 우편엽서와 전경 사진. 안도 다다오는 그의 책 앞장에 한권 한권 직접 스케치로 서명한다. 이 박물관은 역원추형과 2개의 직육면체가 바다를 향해 매달려 있는 형태가 인상적이다.

않았다"라고 말한다.

이처럼 한 권의 책이 건축 공부에 길잡이가 되었다면, 안도 다다오에게 여행은 건축가가 되기 위한 길이었다. 긴장과 불안 속에서 이 도시 저 도시를 방황하며, 그곳의 건축을 온몸에 담았다. 이렇게 무엇이든 만들기를 좋아하고, 고교 시절 프랭크 로이드 라이트의 제국호텔을 보고 막연히 건축가를 꿈꾸던 안도 다다오는 그 꿈을 이루게 된다. 그의 성공 배경은 책 속에서 길을 찾고, 여행을 통한 옛것에서의 배움 그리고 건축에 대한 부단한 열정과 치열함에 있다. 그는《안도 다다오의 도시방황》에서 다음과 같이 말한다.

> 여행은 인간을 만든다. 나 또한 전 세계 도시란 도시를 방문하고, 길이란 길을 맴돌고, 골목이란 골목을 수없이 걸어 왔다. 긴장과 불안 속에서 낯선 땅을 홀로 헤매다 고독에 쫓기고 당황하여 어찌할 바를 모르다가 그곳에서 활로를 찾아 시련을 극복하며 여행을 이어 왔다. 생각해 보면 내 인생 또한 여행이었다. 전문적인 교육을 받지 못한 채 건축을 지향한 나날은 긴장과 불안 속에서 낯선 땅을 홀로 헤매는 여정과 같았다. 물론 그사이 수백, 수천 명의 사람을 만나, 때로는 도움을 받았고 때로는 스쳐 지나갔고, 그리고 헤어졌다. 즐거운 날도 있었다. 새삼 그 시간들을 되돌아보면 오히려 인고의 경험 끝에 손에 얻은 것을 양식으로 삼아 오늘까지 살아온 듯하다. 그리고 그 밑바닥에는 항상 고독과 불안과 기대 속에서 홀로 도시를 방황해 온 감각이 흐른다. 여행은 고독이다. 그런 가운데서 예기치 않은 일과 수시로 만난다. 인생도 마찬가지다.
>
> 그리고 여행은 건축가를 만든다. 건축은 2차원에서 펼쳐지는 도면이나 사진, 또는 말과 글을 통해서는 전체의 모습을 미루어 짐작할 수 없다. 시간과 함께 바래 가는 빛의 형상, 스쳐 가는 바람에 묻어나는 향, 사람들의 울려 퍼지는 목소리, 주위를 떠도는 공기가 피부에 와 닿는 감촉…. 그 땅에 이르러 자신의 손발로 혼신을 다해 이해하는 것 말고는 건축물을 자기 안에 담는 방법은 없다. 그렇기에 건축가는 여행을 한다.
>
> —안도 다다오, 《안도 다다오의 도시방황》, 이기웅 옮김(오픈하우스, 2011), 11-12쪽

이처럼 안도 다다오는 여행을 통해 독학으로 건축가가 되었다. 한편 르 코르뷔지에와 루이스 칸에게 여행은 건축의 본질을 찾아가는 여정이었다. 이들은 서양 건축의 근원인 그리스와 이탈리아 등의 건축 답사를 통하여 감명을 받고, 옛 건축에서 건축의 본질을 발견했다. 이를 토대로 자신들만의 고유한 건축 세계를 이끌어 내었다. 이러한 건축 답사여행은 그 장소 그 문화의 특성이 건축물에 녹아 있는 것이기 때문에 직접 그곳에 몸담음으로써 이루어진다. 이는 책이나 인터넷상의 이미지로는 결코 경

험할 수 없는 실재적 대상과의 마주침에서 온다.

먼저 르 코르뷔지에는 스위스의 작은 마을 라쇼드퐁에서 태어나, 그곳에 있는 장식미술학교에서 스승 샤를 레플라트니에게 미술사, 소묘, 아르누보의 자연주의 미학을 배웠다. 이후 스승의 권유로 건축가가 되기로 결정한 그는 1907-1911년에 중부 유렵과 지중해를 두루 여행하면서 자기만의 건축언어를 키운다. 그곳에서 진정한 건축을 발견하게 되는데, 그것은 찬란한 햇빛 아래 황홀한 형태를 드러내고 있을 뿐만 아니라, 그 정신에 걸맞은 기능을 갖춘 건축물들이었다. 그는 노트를 들고 다니며 여행에서 보고 느낀 인상을 메모하고 많은 데생을 남긴다.

이러한 기록은 1914년에 출간될 예정이었으나 제1차 세계대전으로 인해 미루어졌다가, 1965년 7월에 출간된다. 이는 르 코르뷔지에가 여행을 하고 54년이 흐른 뒤였고, 그가 타계하기 2개월 전쯤이었다. 이 책은 《르 코르뷔지에의 동방기행》이라는 제목으로 2005년에 우리나라에도 번역 출판되었다. 이 책에는 일기 형식의 여행담과 그가 직접 그린 스케치들이 함께 수록되어 있어, 젊은 건축가의 열정과 솔직함을 엿볼 수 있다. 다음은 그에게 가장 강한 감동을 준 파르테논 신전을 보고 느낀 인상에 대한 글이다.

> 아크로폴리스 언덕 꼭대기 분지에는 신전들이 자리 잡고 있었는데, 이는 진주를 품은 조개의 형상이어서 단연 사람들의 눈길을 끌었다. 그 진주를 얻기 위해서는 조개껍질을 헤쳐 보는 수밖에 없다. 그렇듯 신전을 이곳 풍경의 핵심을 이루기에…. […]
> 드디어 반듯하게 선 신전들이 눈에 들어왔다. 황량한 풍경 속에서도 저들은 저토록 당당한 모습으로 서 있다. 강한 정신의 승리를 담고 있는 저 모습! 또렷한 청동 나팔 소리가 가슴속에 울려 퍼졌다. 빈틈 없어 보이는 저 정교한 엔타블레처는 보는 사람을 초월적인 운명의 예감에 사로잡히게 만든다. 위대한 신전 파르테논이 나의 정신을 아득하게 하고 마침내 그 앞에 무릎을 꿇게 한다. 4시간을 걷고 1시간 동안 보트를 저어서야 파르테논은 바다 너머 우뚝 선 모습으로 내 앞에 그 자태를 드러낸 것이다….
> 청동 나팔 소리와도 같은 충격 속에서, 나는 이 신전 앞에서 넋을 잃은 채 몇 주를 보내야 했다. 그렇게 몇 주를 보낸 뒤에야 나는 정신을 차렸고, 비로소 폭풍우라도 몰아쳐 저 청동나팔 소리를 내게서 거두어 가기를 희망할 수 있었다.
>
> —르 코르뷔지에, 《르 코르뷔지에의 동방기행》, 조정훈 옮김(다빈치, 2005), 212-213쪽

그림 8-2 르 코르뷔지에의 롱샹 교회. 스위스의 시골 마을에 있지만 많은 사람들이 수고를 마다하지 않고 방문하는 우리에게 감동을 주는 건축물이다.

파르테논 신전이 그에게 준 감동이 이 글을 통하여 시공을 초월해 고스란히 전해진다. 이 감동은 그가 수일 동안 동틀 때부터 저녁의 일몰이 새로운 어둠을 잉태할 때까지, 경비원이 쫓아낼 때까지 자리를 뜨지 못하게 했다. 무릎을 꿇고 넋을 잃을 정도의 감동을 선사하는 건축물은 이렇게 사람들에게 무한한 감동을 주는 대상이 된다. 이 여행 이후에 그는 다른 사람들과 마찬가지로 파르테논 신전을 미의 기준이며, 예술의 척도를 이루는 작품이라는 사실을 받아들이게 된다. 또한 그 웅장함 앞에서 분노마저 느끼게 되었고, 파르테논이 부정할 수 없는 예술의 최고봉이라는 것을 인정할 수밖에 없었다는 고백을 한다. 그리고 그는 다시 작업을 시작하는 날이 오지 않을지도 모른다는 절박한 두려움으로 아크로폴리스 언덕을 내려왔다고 적고 있다.

르 코르뷔지에는 여행을 통해 건축에 대한 본질적인 가치를 규정하고, 그에 따라 작업 방향을 설정했다. 우선 그는 건축은 건설의 문제 저 너머에 있는 예술이며 감동의 사건으로 규정했고, 건설의 목적이 건물을 지탱하는 것이라면 건축의 목적은 사람을 감동시키는 데에 있다고 주장했다. 그리고 건축적 감동은 우리가 따르고 인정하고 존경하는 법칙을 지닌 우주와의 조화를 이룬 작품이 우리 안에서 공명될 때 존재한다고 말한다. 즉 조화가 이루어질 때 작품은 우리를 매료시키는 것이기 때문에 건축은 조화의 문제이며, 건축은 정신의 순수한 창조물이라고 정의한다.

그리고 르 코르뷔지에는 고대 로마의 도시들을 둘러보고, '모든 길은 로마로 통한다'라는 말처럼 효율적인 도시 기반시설을 구축한 로마인의 지혜를 직선과 직각에서 찾았다. 그는 로마인을 위대한 입법가요, 위대한 개척자요, 위대한 사업가로 여겼다. 로마 인들은 도시를 명료하고 질서정연하게, 세련되고 깨끗하게, 사람들이 쉽게 방향을 잡기 위해, 손쉽게 도시를 가로지르기 위해, 직각자를 들고 직선으로 된 도시를 설계했음을 밝힘으로써 직각의 효율성을 받아들였다.

그리고 '굽은 길은 당나귀의 길이며, 곧은 길은 사람의 길이다'라고 선언하면서 직선과 직각을 예찬하기에 이른다. 로마인에 의해 건설된 고대도시와 마찬가지로 현대도시는 또한 직선에 의지하여 유지되고 있음을 밝힌다. 또한 건물·하수구·배수구·차도·보도 등의 건설과 교통은 직선을 필요로 하며, 직선은 도시의 정신만큼이나 건전한 것이어야 한다고 말했다. 반면 곡선은 비용이 많이 들고 힘들며, 위험하고, 교통을 마비시킨다고 주장했다. 이러한 르 코르뷔지에의 직각의 효율성을 중시한 도시계획에 대한 원리는 많은 미국의 대도시에 실현되었다. 요컨대 르 코르뷔지에는 그리스의 신전 건축에서 사람들에게 감동을 줄 수 있어야만 진정한 건축이라는 건축에 대한 가치관을, 로마인에 의해 건설된 고대 도시의 효율적인 직교체계에서는 직선과 직각을 자신의 건축언어로 발전시키게 된다.

다음으로 '침묵과 빛'의 건축가 루이스 칸이다. 칸은 유럽여행을 통해 건축에 대한 사고를 정립하게 된다. 그의 20대는 평범했다고 한다. 1924년 남들과 다르지 않게 대학을 졸업하고, 설계사무소에 취직하여 실무 수련을 쌓았다. 칸은 1928년 실무 수련 기간에 모은 돈으로 첫 번째 유럽여행을 떠난다. 1년여의 여행은 그리스나 이탈리아 같은 고전 건축에 대한 답사가 중심이었다. 그리고 베를린에서는 모더니즘 건축의 최신 동향을, 파리에서는 활동적인 도시가 지닌 에너지를 접했다. 칸은 첫 번째 유럽여행에서 오래된 건축과 도시의 온기와 격변하는 시대의 활기를 동시에 직접 체험했다.

칸은 이렇게 유럽에서 다양한 것을 접하고, 의기충천한 채 귀국한다. 하지만 미국의 혹독한 경제 상황이 그를 맞이한다. 그때부터 수년간 실업 상태에 빠진다. 칸은 절망하지 않고, 건축 사상을 발전시키기 위한 연구에 열정을 쏟는다. 이 시기에 칸은 뚜렷할 만한 건축 작업을 남기지 못한다. 하지만 어려움 속에서도 새로운 방향을 설정하고, 건축에 대한 사고를 발전시킨다. 고난 속에서의 치열한 연구와 진지한 고민이 나중에 칸 건축의 밑거름이 된다.

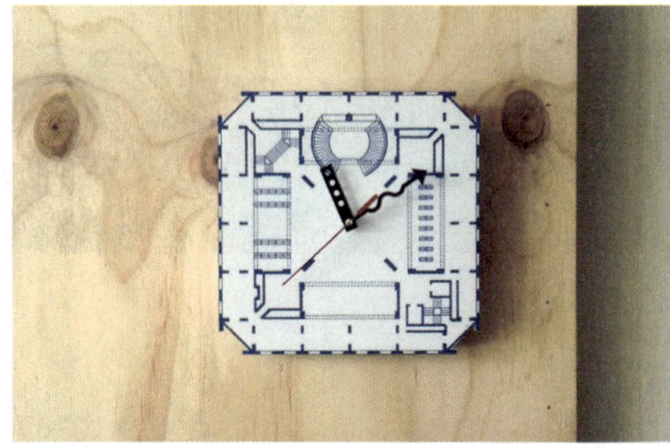

그림 8–3 루이스 칸에 대한 오마주로 '필립스 엑시터 아카데미 도서관'의 평면도를 이용해 만든 시계. 사무실 벽에 걸어놓고, 매일매일 바라보고 있다.

그러던 중 50세에 두 번째의 유럽여행을 하게 된다. 1950년 11월부터 3개월간 로마 소재 아메리카 아카데미에 재외 건축가 자격으로 참여했다. 두 번째의 유럽여행은 첫 번째와는 매우 달랐다. 심층적으로 건축을 이해하고 난 이후의 여행이라는 점에서 의미가 있기 때문이다. 칸은 로마에 도착한 지 불과 일주일 만에 사무소 직원에게 보내는 편지에서, "나는 이탈리아 건축이 앞으로 작품의 아이디어를 얻는 데 근원이 되리라는 것을 확실히 인식했네. (…) 이제 해야 될 일은 이탈리아 건축을 우리 건물에 대한 지식이나 필요성과 관련을 갖도록 해석하는 것일세"라며, 이탈리아 건축에서 시대를 초월한 의미를 발견한 흥분을 전하고 있다.

한 달여에 걸친 이탈리아, 그리스, 이집트로의 여행은 자신만의 스타일을 형성하는 기폭제가 된다. 칸은 고대 건축의 유적이 보여 주는 강력한 존재감에 감탄을 금치 못했고, 이러한 존재감이 바로 재료와 구축 방법 및 과정에 있음을 깨달았다고 한다. 특히 이탈리아의 유적과 폐허에서 건축의 근원성을 발견한다. "건축가는 단순히 건축의 선례를 반복하고 정해진 양식과 시설의 프로그램으로 그 시설을 제공하는 사람이 아니다. 건축가들은 스스로에게 건축에 대한 근본적인 물음을 던지고 건축의 새로운

그림 8-4 제주도에 있는 이타미 준의 방주교회와 포도호텔. 종교시설과 숙박시설의 좋은 사례로서 아름다운 건축이 주는 마음 편한 감동을 느낄 수 있다.

변화를 도모하여야 한다"라고 칸은 말한다. 이는 후배 건축가에게 던지는 메시지이자, 자신이 추구하는 건축에 대한 다짐이다.

건축 하는 사람들에게 여행은 필수적이다. 여행은 업무와 관련해서 직접적인 도움이 되기도 한다. 처음 접하는 시설과 지역 문화를 여행을 통하여 체득할 수 있다. 호텔이나 펜션 등을 처음으로 설계할 경우, 그 시설에 대한 조사는 꼭 선행되어야 한다. 적어도 하루쯤은 숙박도 하고, 그곳에 머물면서 이용자와 관리자의 입장에서 깐깐히 살펴보아야 한다. 그래야만 설계에 대한 고려 사항과 아이디어를 머리가 아니라 몸으로 받아들일 수 있다. 이것은 여행을 통해서 얻을 수 있는 직접적인 소득이다. 하지만 이러한 여행은 특정한 목적이 있는 답사라고 말하는 것이 더 적절할 것 같다.

목적이 분명한 여행도 의미가 있지만, 마음의 여유와 방랑을 즐기는 유유자적하는 여행이야말로 진짜 여행이다. 좋은 아이디어의 발상은 채움만 가지고는 막힐 경우가 종종 있다. 때로는 망각하는 비움이 새로운 아이디어를 떠올리게 해 주고, 막혔던 문제를 술술 풀리게 해 주기도 한다. 메모하는 것이 잊어버리기 위함이듯이, 풀리지 않는 문제를 온종일 머릿속에 담고 있는 것은 문제 해결에 전혀 도움이 되지 않는다. 잠시라도 일에서 벗어나 훌훌 털고 가까운 곳이라도 여행을 떠나는 것이 좋다. "때때로 큰 생각은 큰 광경을 요구하고, 새로운 생각은 새로운 장소를 요구한다"라는 알랭 드 보통의 글이 와 닿는 이유이다. 시간적·경제적 여유가 없다면, 재미있는 영화나 소설을 보거나 좋아하는 음악을 듣는 것도 일종의 여행이다. 어떤 방법으로든 일로부터의 잠시 떠남 혹은 그 일을 잠시 내려놓음은 그 일을 새로운 시각으로 볼 수 있는 마음의 여유가 생기게 해준다. 이러한 비우기 위한 여행을 통해 자연스럽게 고민하고 있는 문제가 해결되고, 업무에 대한 정신적인 스트레스도 해소할 수 있다.

대부분의 건축가들은 어느 정도 일 중독증이라고 할 수 있다. 나 또한 예외가 아니

그림 8-5 제주도의 다양한 풍경들이다. 바람과 돌이 많다는 제주의 지역성이 건축물에 고스란히 담겨 있다. 여행은 그 장소에 가서 내가 그 풍경의 일부가 되는 몸으로 느끼는 소중한 경험이다.

어서 일에 대한 생각이 회사를 벗어나 출퇴근하는 도중이나 집에서까지도 이어지곤 했다. 결국 머릿속에서 하루에도 수십 번씩 집을 짓고 부수다 보니 잠을 제대로 자지 못해 피곤한 상태로 아침을 맞는 경우가 많았다. 그러다 보니 컨디션이 좋지 않아 일 처리가 매끄럽지 못해 야근을 하게 되고, 또 일에 대한 생각에서 벗어나지 못하는 일상이 반복되었다. 그래서 이러한 악순환을 끊기 위해서 출퇴근길의 버스나 지하철에서 소설을 읽기로 마음먹었다. 가벼우면서도 재미있는 장편 대하소설을 주로 읽었다. 이러한 독서를 통하여 점차 일에 대한 생각을 퇴근해서는 잊을 수 있게 되었다. 《삼국지》나 《태백산맥》을 비롯하여 국내에 출판된 대부분의 대하소설을 섭렵했다. 이렇게 읽은 책이 수천 권을 넘어섰고, 서재를 가득 채운 책들을 바라보고 있으면 왠지 뿌듯하고 부자 같은 든든한 느낌이 든다.

다음으로는 훌륭한 건축물들을 책이나 인터넷 등 가상의 화면으로 눈으로만 보는 것이 아니라 머리가 아닌 가슴으로, 즉 몸으로 느끼는 여행이다. 그 건축물이 위치한 그 장소에 가서 내가 그 풍경의 일부가 되는, 주체와 객체가 일체가 되는 소중한 경험이다. 훌륭한 건축물들이 우리에게 주는 감동과 전율을 통해 건축에 대한 본질적인 의미와 가치를 깨닫게 된다. 이러한 감동을 주는 건축물들을 통해 나도 건축하는 사람이라는 자부심과 내가 이보다 잘할 수 있을까 하는 자괴감을 동시에 느끼게 된다. 다시 말해 많은 사람들에게 감동을 줄 수 있는 건축물을 설계한다는 멋진 직업인 건축가라는 자긍심으로서의 당근과 좋은 건축을 위해서는 헌신하고 끊임없이 노력해야만 한다는 채찍을 동시에 준다

선례를 통해서 아이디어를 얻다

대학에서는 통상 2학년 1학기에 처음으로 설계를 시작한다. 1학년 때는 제도 및 기초설계, 표현기법 등 설계에 필요한 기초적인 테크닉을 배운다. 첫 프로젝트로 비교적 기능에 익숙하고 규모도 작은 단독주택을 선택한다. 처음으로 설계를 시작하는 학생들을 위한 배려이다. 학생들이 주택에 살고 있고 기능이 단순해서 수월하게 접근할 수 있다고 판단되기 때문이다. 하지만 생각과 달리 학생들을 주택설계를 어려워한다. 이는 처음이라 설계를 어떻게 해야 할지 그 방법을 잘 몰라서이기도 하지만 대부분의 학생들이 아파트에 거주함도 한몫한다. 우리나라의 아파트 위주의 주거문화는 설계를 처음 접하는 학생들에게도 걸림돌이 된다.

대학의 설계 스튜디오에서도 실무와 마찬가지로 주어진 프로젝트의 초기 단계에 유사 시설의 사례조사를 하게 된다. 사례조사는 기능적인 문제의 해결을 위해서도 중요하지만, 직접적인 기능과는 상관없지만 새로운 아이디어나 개념의 도출에 많은 도움을 준다. 평면적인 기능의 해결, 개념의 도출, 형태 및 재료에 대한 경향 파악 등 선례를 통해서 얻을 수 있는 아이디어는 무궁무진하다. 물론 제일 좋은 사례조사는 직접 방문하는 것이다. 집 안팎 구석구석을 눈으로 보고, 손으로 만지고, 소리도 들어보고, 냄새도 맡아봐야 한다. 거주함이 목적인 집은 오감을 통해 몸으로 느껴보는 것이 좋다. 더불어 집주인과 이런저런 얘기를 나눠 보면 예기치 않은 정보를 얻을 수 있다.

인풋이 있어야 아웃풋이 있다. 좋은 아이디어와 좋은 설계가 오랫동안 고민한다고 나오는 것이 아니다. 어느 정도 기본 지식을 습득해야만 가능하다. 건축물은 사람

그림 8-6 자신들이 분석한 내용을 모형과 함께 발표한다. 몸은 지치고 힘들지만, 뭔가 해냈다는 성취감으로 마음은 뿌듯하다. 과제 발표는 하는 이와 보는 이 모두 진지하다. 때로는 폭소를 자아낸다. 이렇게 피로는 날아가고, 실력은 쌓인다.

이 장기간 거주하는 공간이고, 비용이 많이 들기 때문에 설계를 잘 해야 한다. 그래야만 사는 사람도 건축가도 만족할 수 있다. '선무당이 사람 잡는다'라는 말이 있다. 주어진 프로젝트에 대한 기본적인 정보의 숙지가 꼭 선행되어야만 실수를 최대한 줄일 수 있다. 그래서 나는 학교와 실무에서 선례에 대한 깐깐한 조사를 강조한다. 특히 설계를 처음 하는 2학년 스튜디오의 경우 기존 사례에 대한 각종 조사는 물론 모형까지 만들게 한다. 건물 외형뿐만 아니라 거실과 주방 등 주요 공간의 내부까지 만든다. 입체적인 모형은 건축물의 내·외부 공간을 파악하는 데 효과적이다. 이러한 실습과제를 통해 자연스럽게 모형 만들기 연습도 된다.

수업과제 1. 단독주택 사례조사 및 모형 만들기

건축학과 2학년 1학기 첫 설계 스튜디오의 첫 번째 과제이다. 주택설계를 위한 사전

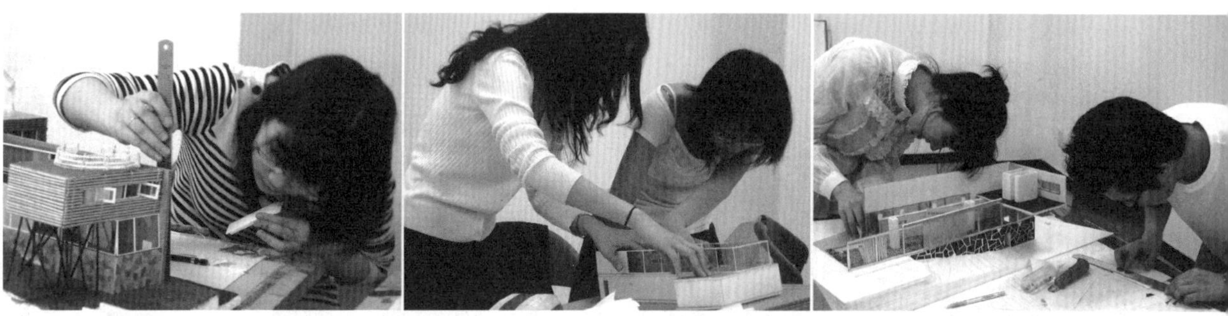

그림 8-7 모형을 만드는 학생들의 모습이다. 표정은 진중하고 손끝은 세심하다. 함께 대화하고, 함께 모형을 만들고, 학생들은 그렇게 건축에 한 걸음 다가선다.

그림 8-8 렘 콜하스의 '빌라 달라바'라는 단독주택의 모형이다. 주요 재료는 골강판, 노출곤크리트, 유리이다. 2층의 매스를 떠받치는 불규칙한 파이프 기둥이 인상적이다. 지붕에는 수영장과 옥상정원이 있다. 필로티, 가로로 긴 창, 옥상정원 등은 르 코르뷔지에의 건축 어휘에 대한 오마주이다. 이 학생들은 필로티 기둥에 컬러를 사용하여 이 건축물이 특징을 더욱 부각시켰다. 또한 청색 종이를 구겨서 만든 수영장의 물 표현도 효과적이다. 더불어 모형을 야외에서 촬영하여 자연스러운 사실감을 살려냈다.

그림 8-9 피터 아이젠만의 주택 시리즈 중의 열 번째 주택이다. 팀별로 건축 재료를 다르게 해석하여 모형을 만드는 과제이다. 똑같은 건축물을 가지고 만들었는데도 이처럼 다양한 결과물이 나왔다. 이 과제를 통해 솔리드(solid)와 보이드(void)의 관계, 건축 재료에 따른 구축법, 마감 재료의 변화에 따른 건축물의 분위기 등을 배울 수 있다.

그림 8-10 거실은 주택에서 가장 핵심적인 공간이다. 가족들이 단란한 시간을 함께 보내는 곳이고, 사랑방같이 손님을 맞이하는 공적인 기능도 한다. 서양에서는 벽난로가 거실 중앙에 위치한다. 바닥 난방을 하는 우리나라는 대형 TV가 그 자리를 대신한다.

그림 8-11 주택에서 주방과 식당은 가장 기능적인 공간이다. 주방가구와 식탁의 배치에 세심히 신경 써야 한다. 주방은 음식 준비에 효율적인 동선으로, 식당은 가족들이 오순도순 대화를 나누며 음식을 즐길 수 있도록 해야 한다. 외부 테라스와 연계된 식당은 사계절을 누릴 수 있다.

그림 8-12 침실은 주택에서 가장 사적인 공간이다. 침실의 위치, 창의 크기 등 프라이버시를 최대한 고려해야 한다. 요즘은 개인용 전자기기의 발달로 공용 공간인 거실의 사용 시간이 점점 줄고 있다. 이제 침실은 가장 오랫동안 머무는 공간이자 가장 좋아하는 공간이 되었다.

조사로 자신의 맘에 드는 단독주택 사례를 조사하고 분석한다. 요즘은 인터넷의 발달로 대충 사진만 보는 경우가 많다. 이미지 위주의 검색으로 글과 도면은 자세히 보지 않는다. 그러다 보니 얕게 많이 알아도 깊게 알지는 못한다. 어설프게 아는 것보다 모르는 게 더 낫다. 여러 개의 사례보다는 하나의 사례를 깊게 파고들어야 한다. 건축가의 설계 의도, 다이어그램 및 도면, 구축법 등을 파악하고, 이를 바탕으로 내·외부의 모형을 만든다.

2학년 설계 수업은 학생들도 힘들고 선생님도 힘들다. 학생들은 모르는 게 너무 많아 잘 하고 있는지 늘 불안하다. 처음 해보기 때문이다. 선생님은 무엇부터 가르쳐야 할지 막막하다. 첫 설계이기 때문에 건축에 대한 재미와 열정을 심어 주어야 한다. 재미와 열정은 자신감의 밑거름이 된다. 더불어 선 긋기에서 도면 작업, 모형제작 등 매우 기초적인 것도 가르쳐야 한다. 힘들고 지루할 수도 있지만 절대적인 시간 투자

그림 8-13 '밸런타인 하우스(Ballentine House)'의 특징을 잘 살려 모형을 만들었다. 흰색 폼보드를 주 재료로 사용하고, 발코니 부분을 목재 색상의 종이를 붙여 매스감이 부각된다. (ⓒ정소현)

가 필요하다. 이는 준비운동으로 건축가로 커 가는 도약의 발판이 된다.

선택한 사례 주택의 특징을 잘 파악하여 모형을 만든다. 전체적으로 외형까지 만드는 작업은 2-3인의 팀 과제이고, 거실·침실 등의 내부 공간 모형은 개인 과제이다. 팀원들이 상의하여 외부의 재료, 디테일 등을 어떻게 표현할지, 어떤 과정으로 만들지 등을 결정한다. 팀원별로 역할 분담을 하고, 모형을 만들기 시작한다. 이때 팀워크가 매우 중요하다. 팀워크는 모형의 제작 속도와 완성도에 지대한 영향을 준다. 팀장의 주도 아래 체계적으로 작업하는 팀은 시너지 효과가 발휘되어, 모형도 빨리 만들고 완성도도 높다.

수업과제 2. 기존 주택의 해석 및 변형

주택설계를 위한 워밍업 과제이다. 실제 대지에 설계하기 전에 가상의 대지에 계획한다. 규모는 6m×6m×6m 혹은 9m×9m×9m의 정육면체로 2-3층 정도의 단독주택이다. 이 주어진 큐브에 실무 건축가의 주택 작품을 녹여 내는 것이다. 우선 자기가 선택한 주택의 핵심적 특징 및 건축가의 중요한 설계 의도를 파악한다. 파악한 특징을 몇 가지로 요약하고, 큐브라는 한정된 공간에 그 주택의 해석된 본질적인 의미를

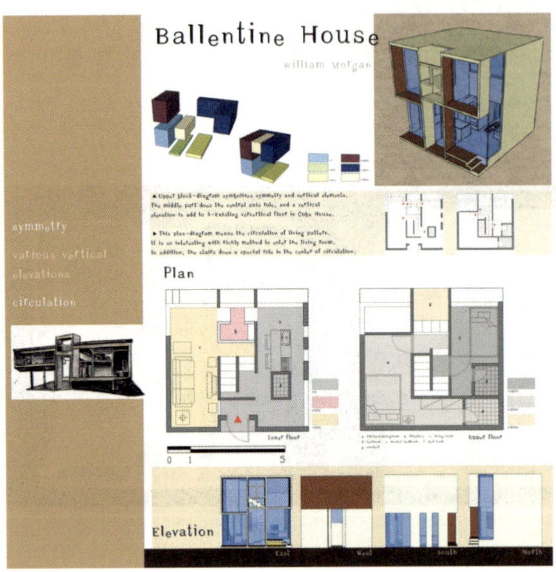

그림 8-14 미국의 모더니즘 건축가 윌리암 모건의 '밸런타인 하우스(Ballentine House)'를 변형한 사례이다. 정소현 학생이 파악한 '발렌타인 하우스'의 세 가지 핵심적인 특징은 대칭성, 다양한 수직 높이, 공간의 자연스러운 순환이다. 이러한 특성은 건축물의 외관에 그대로 드러난다. 대칭성과 형태의 다양성은 돌출된 서로 다른 사각형의 벽체가 빛의 도움을 받아 그 역할을 충실히 수행한다. 그리고 전면의 투명한 통유리를 통해 내부 공간의 흐름과 사람들의 움직임을 볼 수 있다. (©정소현)

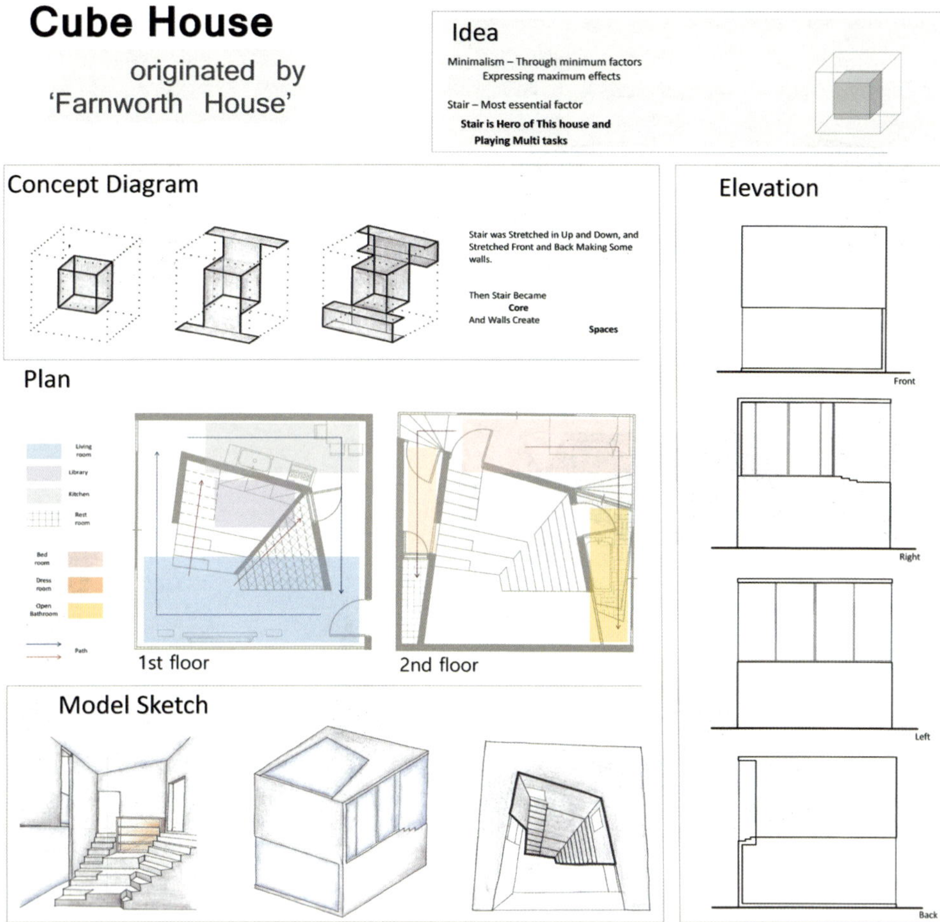

그림 8-15 '판스워스 하우스(Farnsworth House)'는 미스 반 데어 로에의 건축 철학이 응축된 미니멀리즘의 대표작이자, 모더니즘 건축의 아이콘이다. 철과 유리를 주 재료로 구축성을 드러냈다. 이 주택의 세 가지 핵심적인 특징은 미니멀리즘, 유니버설 스페이스(universal space), 공간과 벽체의 흐름이다. 심혜정 학생은 공간과 벽체의 흐름을 강화하기 위해 계단을 추가했다. 벽과 계단의 결합으로 공간의 변화와 동적인 흐름이 생긴다. 이제 이 집에서 계단은 주인공이 되고, 거주자의 다양한 활동을 함께한다. (ⓒ심혜정)

최대한 살려 담아낸다. 이때 주어진 큐브는 가상의 볼륨으로서 어느 정도 요철이 가능하다. 이 큐브라는 틀은 계획함에 있어 창의성의 제약 요소가 될 수도 있다. 하지만 이러한 틀은 처음 설계하는 학생들의 부담을 덜어주기도 한다. 또한 디자인에서 주어진 제약 요소를 해결하는 힘을 키울 수 있다.

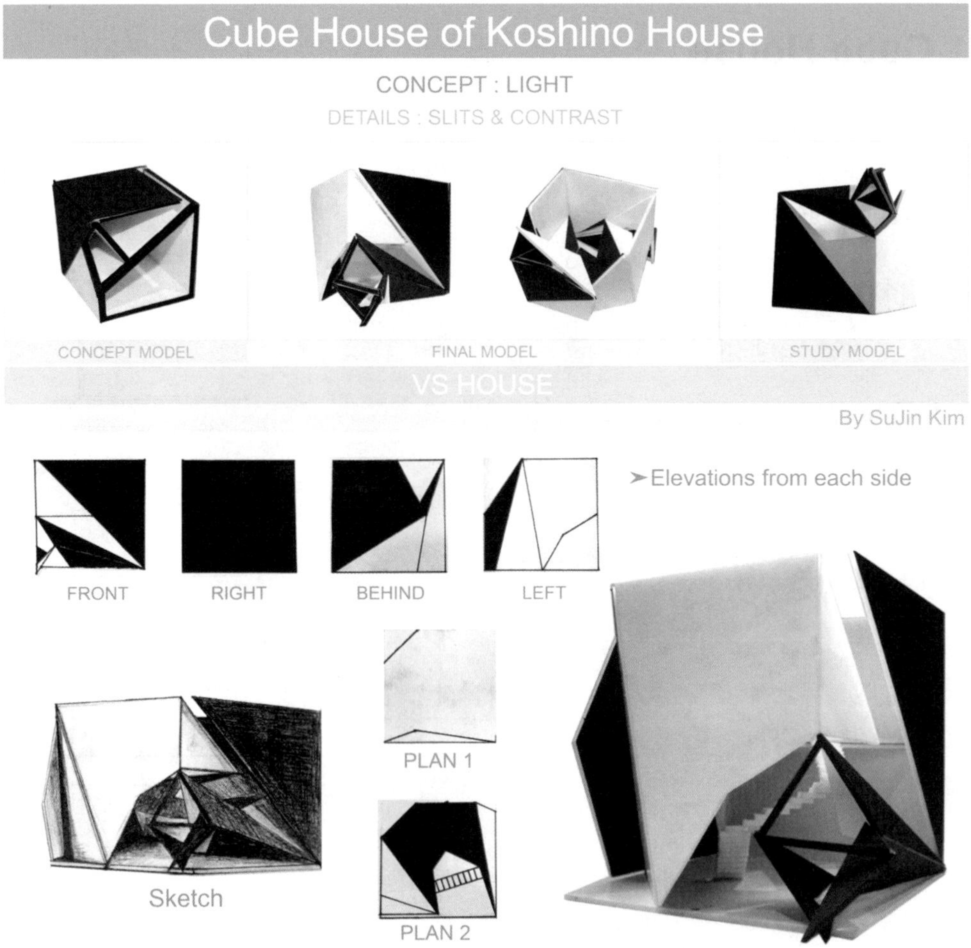

그림 8-16 일본의 건축가 안도 다다오는 사각형, 원형 등의 기하학적 형태와 노출콘크리트라는 재료를 즐겨 사용한다. 또한 자연의 빛을 건축물에 끌어들이기 위해 세심하게 신경 쓴다. '코시노 하우스(Koshino House)'도 마찬가지이다. 김수진 학생은 그중에서 '빛'에 초점을 둔다. 자연의 빛은 건축적 장치의 조절을 통해 더욱 다채로워진다. 건축가들이 즐겨 쓰는 방법이 틈이다. 얇은 틈을 통해 들어오는 빛은 강한 인상을 준다. 더불어 내벽에 드리우는 그림자는 재질감을 드러내고 시간의 변화를 담아낸다. 이 주택의 세 가지 핵심적인 특징은 빛, 틈(slits), 빛과 그림자의 대비이다. (ⓒ김수진)

이 과제를 수행하는 과정은 우선 대상 주택에서 3가지의 특징을 도출하고, 그에 따른 아이디어 스케치와 다이어그램을 그린다. 다음으로 콘셉트 모형과 스터디 모형을 만들고, 수작업 혹은 컴퓨터 프로그램을 이용해 도면을 작업한다. 최종 결과물은 60㎝×60㎝의 패널과 축척 1:30의 모형이다. 이러한 과제를 통해 건축 및 도시설계

그림 8-17 마리오 보타 건축의 특징을 잘 살려서 주택을 설계한 이병현 학생의 패널이다. 스위스의 건축가 마리오 보타는 서울시 서초동에 있는 교보타워를 비롯하여, 우리나라에 여러 개의 건축물을 설계했다. 그의 건축은 단순한 기하학적 형태를 기본으로 하여 강한 대칭성과 상징적인 과감한 개구부, 홈이 파인 띠로 구성되는 파사드 등을 추구한다. 이 학생은 이러한 마리오 보타의 건축 특징을 잘 파악했고, 이를 큐브라는 주어진 틀 내에서 적절히 변형하여 평면에서 입·단면까지 잘 담아냈다. (©이병현)

의 기초를 이루는 2차원과 3차원 형태 및 공간구성의 기본 원리와 시스템을 이해하고, 이를 건축적으로 구체화해 볼 수 있다.

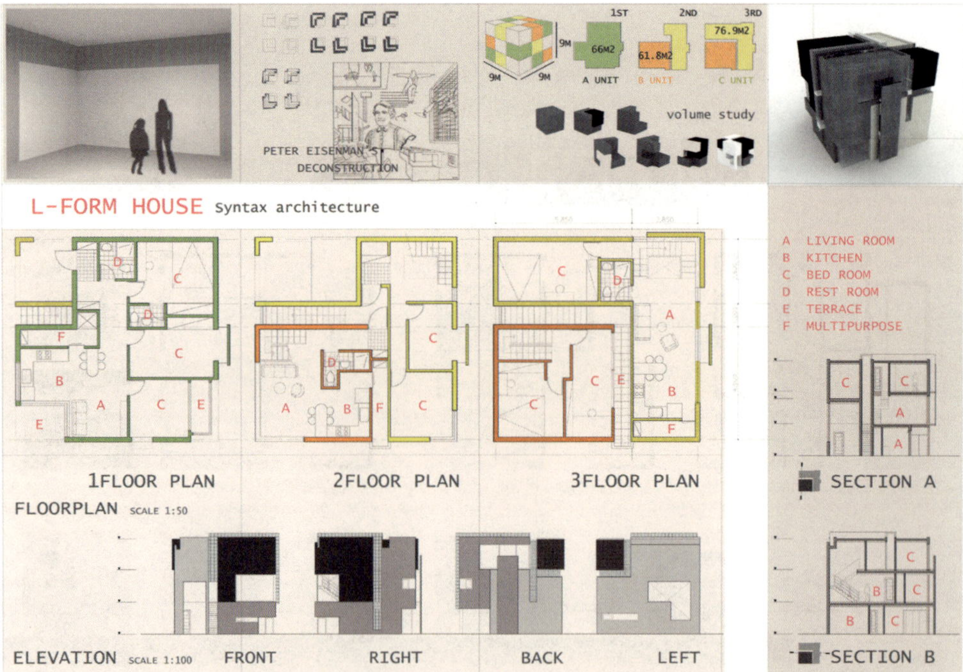

그림 8-18 피터 아이젠만의 주택을 재해석해서 자신의 설계에 반영한 최탄일 학생의 패널이다. 미국의 건축가 피터 아이젠만은 해체주의 건축가로 잘 알려져 있다. 그의 주택 시리즈는 1968년 1호부터 1978년 11a호까지 발표되었다. 그중에서 실현된 것은 몇 채 안 되고, 나머지는 실험적인 계획안들이다. 그래서 초기 주택의 경우 결과물보다는 조형의 과정 그 자체의 연구에 관심을 두었다. 이 학생은 피터 아이젠만의 디자인 전략인 요소들의 회전·첨가·삭제·사선화 등의 방식을 잘 활용했다. 이를 통해 기하학적 직교체계를 바탕으로 다양한 변화를 만들어 냈다.(©최탄일)

9

인문학, 그리고 건축

우리는 고전을 읽고, 역사를 공부해야 한다.

이를 통해 어떤 건축을 어떻게 해야 하는가에 대한 방향을 잡을 수 있다.

이는 좋은 건축을 위한 가치관과 태도의 문제이다.

앞서 본 네 권의 고전은 건축가의 가장 필요한 덕목으로

솔직함을 그 바탕에 깔고 있다.

건축가로서 삶과 작업에서 모두 솔직해야 한다.

이는 건축가의 도덕성과 윤리, 사회적 책임과 관계된다.

솔직함은 구체적으로 재료와 구축의 솔직한 표현과도 이어진다.

건축함에 있어 솔직함은

우리 시대의 건축가들에게도 꼭 필요한 덕목이다.

이처럼 고전은 시대를 뛰어넘는 통찰이 있다.

우리가 고전을 읽어야 하는 이유이다.

기원전 30년경, 비트루비우스는 《건축 10서》에서 저술의 변을 이렇게 밝혔다.

> 우리 선인들은 우선 명문의 건축가에게 일을 부탁했고, 그 뒤를 이어 그 건축가의 교육을 깊이 조사했는데, 그 이유는 자화자찬의 보장보다는 문벌의 명예를 더욱 신뢰하였기 때문입니다. 한편, 건축가들은 자기 자손들에게만 교육을 베풀되 타인이 망설이지 않고 중요한 일을 맡길 만큼 훌륭한 건축가로 훈련시켰습니다. 그러나 요즘은 교육 정도나 숙련도가 낮은 엉터리 건축가들이 위와 같은 훌륭한 기술을 제대로 전수하지 못하는 것을 목격하고는, 그들에게 일을 맡기기보다는 차라리 학문에 확신이 생겨서 본인 자신의 의향 대로 집을 짓고자 하는 사람들에게 오히려 그들이 잘하는 일이라 생각하기에 이르렀습니다.

1485년, 알베르티는 《건축론》의 서론에서 건축가에 대해 이렇게 말한다.

> 즉, 곰곰이 생각해 보면 건축은 공적으로도 사적으로도 편의성이 크고 인류에게 매력적일 뿐만 아니라 품위에서도 으뜸가는 학술들 가운데 뒤지지 않는다. 하지만 더 나아가기 전에, 나는

건축가가 누구인지 설명해야 하겠다고 판단한다. 왜냐하면 건축가는 그대가 다른 분야들의 최고의 장인들에 빗대는 목수가 아니기 때문인데, 목수의 손은 건축가의 도구일 뿐이다. 나는 건축가를 다음과 같이 정의하겠다. 즉 그는 확실하고 경탄할 만한 원리와 방법으로써 또한 정신과 영혼으로써 한정하는 법과 작업에 의해 완성하는 법을 체득하여, 무엇이든지 무게의 움직임으로부터, 물체들을 결합하고 뭉침으로써, 사람들의 고상한 쓰임새에 아주 잘 부합시킬 줄 아는 사람이다. 이것은 아주 훌륭하고 고상한 것들을 이해하고 인식해야지 가능하다. 건축가란 이런 사람일 것이다.

1849년, 존 러스킨은 당시의 저급한 건축문화에 격분했다.

우리 중 누구도 전력을 다하지 않고서는 좋은 건축가가 될 수 없다. 그럼에도 불구하고 내가 아는 한, 최근에 세워진 건물 중에서 건축가나 건설업자가 최선을 다했다는 것이 명백히 드러나는 것은 없다. 이것이 현대 건축의 특별한 성격이다. 옛 건물들은 거의 대부분 각고의 노력으로 만들어 낸 작품이었다. 반면 우리가 만든 것은 늘 돈 냄새가 나거나, 뭔가 할 수 있는 바로 그때 그 지점에서 멈춰버리거나, 한심한 상태와 대충 타협하는 꼴이다. 도무지 힘을 끝까지 밀어붙이지 않는다. 우리 이제 이런 식의 작업을 당장 그만두고 그런 모든 유혹에서 벗어나자.

1908년, 아돌프 로스는 건축물의 불필요한 장식을 범죄로 규정했다.

장식은 허비된 노동력이며 그로 인해 허비된 건강이다. 언제나 이랬다. 오늘날에는 허비된 재료를 뜻하기도 하며 그래서 둘 다 허비된 자본을 의미한다. 장식은 더 이상 우리의 문화와 유기적 관련을 맺지 못하므로, 이는 또한 더 이상 우리 문화의 표현이 아니다. 오늘날 행해지고 있는 장식은 우리와 관련이 없다. 어떤 인간적 관련도, 어떤 세계질서와의 관련도 없다. 이는 발전의 여지가 없음을 뜻한다. 장식의 변화는 생산품의 보다 빠른 가치하락을 초래한다. 노동자의 시간, 사용된 재료는 사라져 버릴 자본인 것이다. 원칙 하나를 말하겠다. 어떤 물건의 형태가 오래도록 유지되면, 다시 말해 오래도록 싫증나지 않는다면, 그 물건은 물리적으로 그만큼 오랫동안 유지되는 것이다.

기원전 약 30년경 지금으로부터 약 2,050년 전, 로마 시대의 비트루비우스는 《건축 10서》를 저술했다. 전문가로서 진정한 기술을 가지지 못한 채 건축가라는 헛된 이름만 내세우는 당대의 건축가들을 비판하며, 많은 사람에게 도움을 줄 수 있는 건축

이론에 관한 책을 써서 아우구스투스 황제에게 바친다. 지금까지 이 저작은 건축에 대하여 일반적이고 체계적인 설명을 제공한 가장 오래된 건축 문헌이다.

비트루비우스의 저작으로부터 약 1,500년 만에 지금으로부터 537년 전, 알베르티의 《건축론》 3권이 그의 사후 13년 뒤에 출판된다. 집터를 잡는 것에서부터 좋은 재료를 고르고 다듬는 방법까지 구체적이고 세세하다. 또한 건축물이 완공된 뒤 후회하지 않도록 건축물을 함부로 짓지 말라고 경고했다. 그러기 위해서 작업의 질과 양을 우선 따지고, 건축물 전체와 각 부분의 비례와 척도를 도면과 그림뿐 아니라 목조나 다른 재료로 만든 모형을 써서 신중히 검토해야 한다고 강조한다.

지금으로부터 173년 전인 1849년, 존 러스킨은 《건축의 일곱 등불》을 썼다. 그는 서른 살의 나이에 추하고 낮은 품질의 건축 현실에 격분하여, 6개월 만에 이 책을 완성한다. 당시는 기계의 도입으로 노동자의 가치 하락과 수공업이 퇴조하는 시기였다. 존 러스킨은 그가 가장 사랑하는 건축물이 파괴되거나 무시되고, 사랑할 수 없는 건축물이 세워지는 것을 보면서 너무나 고통스러워했다.

1908년 지금으로부터 114년 전, 필요한 내용보다는 외관에만 집착하는 장식을 혐오하며, 아돌프 로스는 《장식과 범죄》를 썼다. 그는 당시의 건축가가 예술계에서도 대중 사이에서도 예술가로 대접받지 못함을 개탄했다. 건축가는 고용주 앞에서 자신이 가진 예술가의 신념을 기꺼이 포기하는 노동자로 전락했다. 돈의 유혹에 맞서 예술가로서 자긍심을 잃지 않고, 건축의 명예를 지켜 갈 건축가의 도래를 희망하는 글이다.

우리는 고전들을 통해 과거와 대화한다

앞서 소개한 네 권의 책은 건축을 다룬 대표적인 고전이다. 이 책들을 통해 멀게는 약 2,000년 전, 가깝게는 약 100여 년 전의 건축 상황이 현재와 크게 다르지 않음을 알 수 있다. 역사는 반복된다는 말이 있다. 건축의 기술과 재료는 시대에 따라 크게 발전했지만, 건축가의 역할과 건축의 본질에 대한 관점은 그리 변하지 않았다. 이처럼 현재에 살고 있고, 미래를 살아갈 우리는 과거를 벗어날 수 없다. 과거라는 디딤돌을 밟고, 앞으로 한 걸음 더 나아가는 것이다. 그래서 역사는 우리에게 매우 소중하다.

어느 시대에나 건축은 정치·경제·문화 등의 현실에서 벗어날 수 없었다. 하지만 이 네 권의 책은 공통으로 건축가의 숙련된 기술과 사회적 책임을 강조한다. 구축된 건축물은 그 공간에서 사람이 살아가고, 오랫동안 그 장소에 존재하기 때문이다. 철학자 하이데거의 말과 같이, 건축함은 거주함을 목적으로 한다. 사람들의 행복한 삶을 담아내야 한다. 그래서 건축은 그 쓰임을 이롭게 하여, 사람들의 삶을 두텁게 해야 한다. 이는 18세기 후반에 실학자들이 주장한 이용후생(利用厚生)과 그 맥을 같이 한다.

우리는 고전을 읽고, 역사를 공부해야 한다. 이를 통해 어떤 건축을 어떻게 해야 하는가에 대한 방향을 잡을 수 있다. 이는 좋은 건축을 위한 가치관과 태도의 문제이다. 앞서 본 네 권의 고전은 건축가의 가장 필요한 덕목으로 솔직함을 그 바탕에 깔고 있다. 건축가로서 삶과 작업에서 모두 솔직해야 한다. 이는 건축가의 도덕성과 윤리, 사회적 책임과 관계된다. 솔직함은 구체적으로 재료와 구축의 솔직한 표현과도 이어진다. 건축함에 있어 솔직함은 우리 시대의 건축가들에게도 꼭 필요한 덕목이다. 이처럼 고전은 시대를 뛰어넘는 통찰이 있다. 우리가 고전을 읽어야 하는 이유이다.

아이팟, 아이폰, 아이패드 등 디자인뿐만 아니라 운영 방식에서 독창적인 제품을 내놓았던 스티브 잡스가 인문학을 유난히 강조해 온 것은 널리 알려져 있다. 그는 대학 재학 시절 동양의 서체에 매료됐던 경험이 나중에 매킨토시 컴퓨터를 개발하는 데 결정적인 힘이 됐다고 고백했다. 빌 게이츠 또한 인문학이 없었다면, 나도 없고 컴퓨터로 없었을 것이라 단언했다 한다. 또한 스티브 잡스는 폴라로이드사 에드윈 랜드의 인문학과 과학기술의 교차점에 설 수 있는 사람들의 중요성에 관한 글을 읽자마자 자신도 그런 사람이 되고 싶다고 결심했다고 한다. 우리가 인문학과 과학기술의 교차점에 선다는 것은 인문학적 감각과 과학적 재능이 강력한 인성 안에서 결합하여 창의성이 발현될 수 있는 가능성을 말한다. 즉 인문학이 새로움을 창조할 수 있는 상상력의 원천이 된다는 것이다.

자서전 형식의 《스티브 잡스》를 읽으면서 흥미로운 사실을 하나 발견했는데, 잡스의 매킨토시 컴퓨터와 아이팟 등의 창의적인 시도가 건축과 밀접하게 관련이 있다는 것이다. 잡스의 어릴 적 살았던 집과 그 일대의 집들은 모두 조셉 아이클러라는 부동

산개발업자가 건축한 것인데, 아이클러는 미국의 모든 보통사람들에게 심플하고 현대적인 주택을 제공코자 했던 프랭크 로이드 라이트의 비전에서 영감을 받았다고 한다. 그에 따라 아이클러는 콘크리트와 유리를 주재료로 하여 저렴한 주택을 지었다. 잡스는 "그가 지은 주택은 스마트했고, 저렴했으며 질이 좋았습니다. 그는 서민들에게 깨끗한 디자인과 심플한 취향을 선사한 셈이에요"라고 극찬했다. 그리고 잡스는 아이클러 주택에 대한 호감과 존경으로 인해, 깔끔한 디자인의 제품을 만들어 시장에 공급하고자 하는 열정이 생겨났다고 한다. 아이클러 주택의 깔끔하고 우아한 디자인에 영감을 받아 깔끔하고 멋진 디자인과 심플한 기능을 결합한 매킨토시 컴퓨터와 아이팟이 탄생한 것이다.

요즘은 인문학의 시대라 불릴 만하다. 어디에서나 인문학 열풍이 거세다. 그리고 어느 분야에서나 인문학과 자연과학의 융합을 강조한다. 이러한 열풍의 발원은 창의성과 관련이 깊다. 인문학과 타 학문 분야와의 융합이 창의적인 상상력의 원천이 되기 때문이다. 미셸 루트번스타인은《생각의 탄생》에서 "모든 분야에서 창조적 사고는 언어로 표현되기 전부터 나타나며, 논리학이나 언어학 법칙이 작동하기 전에 감정과 직관, 이미지와 몸의 느낌을 통해 그 존재를 드러낸다. 창조적 사고의 결과로 나오는 개념은 공식적인 의사전달 시스템, 이를테면 말이나 방정식, 그림, 음악, 춤 등으로 변환될 수 있다. 이 변환의 산물은 각양각색이지만 그 과정은 보편적이다. 한 분야의 창조적 사고를 배운다는 것은, 다른 분야에서 창조적 사고를 할 수 있는 문을 여는 것과 같다"라고 말했다. 이처럼 인문학 등 타 학문 분야에 대한 관심은 새롭고 독창적인 세계를 향하여 한 걸음 다가서는 것이다.

건축 분야도 예외는 아니다. 건축가들은 대개 새로움에 대한 강박증이 있다. 많은 건축가들이 자신만의 독창성을 추구한다. 그래서 남들과 다른 새로운 개념과 아이디어에 항상 목말라 한다. 그래서 건축가들은 철학, 예술, 음악, 물리학, 생물학 등 다양한 분야에 관심을 갖게 된다. 또한 건축가들은 자신의 작업에 합당한 논리와 객관적 타당성을 추구한다. 자신의 작업이 감각적인 직관이 아닌, 이성적인 과정에 의한 결과물임을 보이고자 한다. 그래서 자신의 작업 의도를 받쳐 줄 이론적 배경을 찾는다. 건축가들이 인문학에 관심을 갖는 또 다른 이유이다.

특히 건축가들의 작업에 영향을 주는 현대철학의 큰 흐름은 바슐라르, 푸코, 리오타르, 데리다, 들뢰즈 등 후기구조주의의 사유와 후설, 하이데거, 메를로 퐁티, 레비나스로 연결되는 현상학적 사유라고 할 수 있다. 이는 플라톤 이래로 지속되어 온 서구 형이상학의 이성중심주의에 대한 비판을 전제로 하여, 근대적 주체성으로부터 벗어나고자 하는 현대철학의 공통된 사유의 흐름이다. 이는 차이 자체를 긍정하는 후기구조주의와 타자의 현전을 인정하는 현상학으로 대표된다. 이러한 경향은 현대에 와서 이성과 더불어 감성과 감각 또한 철학적 사유의 대상이 되었음을 의미하며, 현대건축의 흐름 또한 이러한 철학적 사유와 밀접하게 관련되어 있다. 하지만 대부분의 철학자들은 건축을 직접적으로 언급하지 않는다. 건축가들은 철학자들의 사유와 개념을 나름대로 해석해서 자신의 작업에 이용한다. 그래서 철학적 사유에 대한 본질적인 이해가 수반되지 않는 철학적 개념의 피상적이고 단편적인 오남용이 포착되기도 한다.

가스통 바슐라르와 마르틴 하이데거는 직접적으로 건축을 다룬 철학가들이다. 그래서 건축가들에게 가장 인기가 많다. 바슐라르는 《공간의 시학》이라는 책을 통해서 집과 세계에 대해 이야기하며, 공간의 인간적인 가치를 규명하고자 한다. 내용뿐만 아니라 책 제목만으로도 건축가들의 관심을 끌기에 충분하다. 그리고 하이데거는 〈건축함 거주함 사유함〉이라는 강연에서 "건축함의 본질은 거주하게 함이다. 건축함의 본질 수행은 장소들의 공간들을 접합함으로써 장소들을 건립하는 활동이다. 우리가 거주할 능력이 있을 때에만, 우리는 건축할 수 있다"라고 말했다. 하이데거는 건축의 본질과 건축을 대하는 건축가의 태도에 대해 다룬다. 그의 사유는 시적이면서도 엄정하고, 이상적이면서도 실제적이다. 국내외의 많은 건축가들이 하이데거의 사유에 기대고 있다. 잘 알려진 바와 같이 알바로 시자는 하이데거의 책을 항상 곁에 두고 애독한다고 한다.

동양철학 그리고 건축

서양 철학자 중에 하이데거가 있다면 동양철학에는 노자가 있다. 노자는 중국 춘추시대 말기 초나라 사람이다. 노자는 지금으로부터 약 2,500년 전쯤에 살았던 도가학파의 창시자이다. 아무래도 우리나라의 건축가들에 가장 큰 영향을 준 철학자는 노자라고 할 수 있다. 노자의 사유는 무위자연(無爲自然)으로 요약된다. 인위적이지 않은 자연스러움을 강조한다. 그의 사유는 아직도 동·서양의 많은 건축가에게 영감을 주고 있고, 건축 작업에 있어 철학적인 배경이 되고 있다. 이는 인간의 삶에 대한 철학가의 깊은 통찰과 사유의 힘이다.

동양철학은 공맹사상(孔孟思想)과 노장사상(老莊思想)이라는 큰 양대 산맥으로 현재까지도 그 흐름을 면면히 이어가고 있다. 잘 아는 바와 같이 공맹사상의 중심은 예(禮)와 인(仁)이고, 노장사상은 이에 반하여 자연의 도, 즉 자연법칙에 따라 인위(人爲)를 초월하는 삶을 주장한다. 특히, 노자의 사상은 주로 예(禮)라는 형식적인 유교의 교리에 반대하여, 그러한 부자연스러운 노력은 무용한 것이라고 보고 무위자연(無爲自然)을 주장한다. 요컨대 공맹이 인위적인 유위(有爲)의 사상이라면, 노장은 자연스러운 무위(無爲)의 사상이다.

나는 대학 시절 동양철학 전집을 구입해 《논어》로부터 《한비자》까지 두루 읽었다. 《노자》와 《장자》를 읽으면서 공감되는 부분이 많았고, 가슴 벅찬 감동에 들떴던 기억이 지금까지도 생생하다. 특히 《장자》의 구만 리 장천을 나는 대붕(大鵬)의 이야기는 나에게 큰 꿈을 심어 주기에 충분했다. 이 큰 새는 한 번 기운을 모아 힘차게 날았다 하면 구만 리나 되는 하늘길에 올랐다는 이야기이다. 그렇지만 수심이 깊지 않으면 큰 배를 띄울 수 없듯이, 공간과 바람이 충분하지 않으면 이 대붕은 날지 못한다. 즉, 높이 멀리 날기 위해서는 그에 합당한 준비가 필요하고, 대붕에게 바람이 필요하듯이 때를 기다릴 줄 알아야 한다는 것이다. 《장자》를 통해 학창 시절 대붕 같은 큰 꿈을 꾸고, 그 꿈을 실현하기 위해 공부에 매진하겠다는 다짐을 했다.

더불어 노자의 무위사상은 자연스러움에 반하여 남들과 아등바등 경쟁해야만 하는 억지스러운 삶에 회의가 들게 했다. 그동안의 대학입시와 출세 지향으로 앞만 보고 달리던 걸음을 잠시 멈추고 주변을 둘러볼 수 있었다. 학점에 연연하기보다는 고건축 답사여행, 동아리 활동, 고전 읽기 등에 많은 시간을 할애했다. 그 결과 학점은 좋지 않았지만 무언가에 쫓기지 않는 여유 있고 풍요로운 대학 생활을 보낼 수 있었다. 이러한 장자의 '큰 꿈 품기'와 노자의 '자연스러움'은 나의 삶에 지대한 영향을 주었었고 주고 있다. 지금도 노자의 《도덕경》과 《장자》를 책상 곁에 가까이 두고, 틈틈이 시간 날 때마다 곱씹으며 읽고 있다.

동서양의 건축가를 사로잡은 노자의 사유

노자의 무위사상은 대학원 박사과정 중에 설계사무소 개업 시 상호를 정할 때도 매우 큰 영향을 주었다. 사무소의 이름을 '위무위'라 지었는데, '위무위(爲無爲)'는 노자의 《도덕경》 상편 제3장에 '위무위, 즉무불치(爲無爲, 卽無不治)'라는 구절에서 따왔다. 이는 '무위를 행하면 못 다스릴 게 없다'라는 의미로, 꾸미지 않는 자연스러움을 강조한 말이다. 즉 위무위 건축은 '무위를 행하자!'란 선언으로, 인위적으로 꾸미지 않는 자연스러운 아름다움을 간직한 건축을 추구하겠다는 건축가로서의 마음가짐이다.

그림 9-1 한자 서체를 이용해 만든 위무위(爲無爲) 건축사 사무소의 로고이다. 옛 서체의 느낌을 살리기 위해 한자 서체를 모아놓은 서도사전에서 전서체를 집자하여 만들었다.

三十輻共一轂, 　　삼십 개의 바퀴살이 하나의 곡에 모이는데,
當其無, 　　그 텅 빈 공간이 있어서
有車之用. 　　수레의 기능이 있게 된다.
埏埴以爲器, 　　찰흙을 빚어 그릇을 만드는데,
當其無, 　　그 텅 빈 공간이 있어서
有器之用. 　　그릇의 기능이 있게 된다.
鑿戶牖以爲室, 　　문과 창문을 내어 방을 만드는데,
當其無, 　　그 텅 빈 공간이 있어서
有室之用 　　방의 기능이 있게 된다.
故有之以爲利, 　　그러므로 유는 이로움을 내주고,
無之以爲用 　　무는 기능을 하게 한다.

—최진석, 《노자의 목소리로 듣는 도덕경》(소나무, 2009)

이처럼 노자와 장자는 나에게 삶의 가치관뿐만 아니라 건축 작업에 지대한 영향을 끼쳤는데, 노자의 《도덕경》 제11장에 앞의 인용문과 같은 구절이 있다. 동·서양의 많은 건축가가 주목하는 부분이다.

수레의 바퀴통을 살펴보면, 지면을 따라 구르는 바깥쪽의 큰 원과 수레의 살을 누르고 밀기 위한 가운데에 구멍이 뚫린 작은 원이 있다. 수레바퀴는 이 비어 있는 구멍이 있음으로 해서, 거기에 축을 끼워 넣어 회전하게 된다. 이것이 '무용(無用)의 용(用)'이다. 즉 쓸모 없음의 쓸모 있음이다. 서른 개의 바퀴살이 한 바퀴통에 꽂혀 있음은 바퀴통이 비었기에 수레로서의 작용을 발휘하는 것이다. 그릇의 경우도 마찬가지인데 그 가운데가 비었기에 그릇으로서의 쓸모를 발휘한다. 밥그릇이든 찻잔이든 용기의 형태를 만드는 유형의 것을 쓰는 것이 아니라 무형의 빈 곳을 쓴다. 이것이 바로 '무용의 용'이다.

또한 벽을 쌓고 창과 문을 내어 만든 한 칸의 방 역시 무가 있음으로 인해 거주의 구실을 할 수 있다. 우리가 벽에 못을 박아 액자와 옷도 걸 수 있고, 유리창을 내어 햇빛도 받아들이고 밖도 바라볼 수 있지만, 방의 진정한 쓰임은 편안한 거주에 있다. 즉 벽과 창이라는 유형의 쓰임보다는 무형의 빈 공간의 쓰임이 더 의미가 있다. 요컨대 '유(有)'가 사람에게 주는 편리함은 '무(無)'가 그 자체의 작용을 발휘하고 있음으로서이다. 여기에서 유의 쓰임이 무의 쓰임보다 더 중요하다는 것은 아니다. 즉, 단지 유의 존재만으로는 큰 쓰임을 발휘할 수 없고, 유와 무가 배합됨으로써 큰 쓰임을 발휘하게 된다는 의미이다.

큰 꿈을 꾸게 하는 장자의 사유

오강남이 풀이한, 《장자》 〈외물(外物)〉편에 다음과 같은 이야기가 있다.

> 혜자가 장자에게 말했습니다. "자네의 말은 쓸모가 없네." 장자가 말했습니다. "쓸모 없음을 알아야 쓸모 있음을 말할 수 있지. 땅은 한없이 넓지만, 사람에게 쓸모 있는 땅은 발이 닿을 만큼뿐일세. 그렇다고 발이 닿은 부분만 남겨 놓고 그 둘레를 모두 황천에 이르기까지 다 파 없애

면(그 쓸모 있다는 땅이) 그래도 정말 쓸모 있는 것일 수 있겠는가?"

—오강남 풀이, 《장자》(현암사, 1999), 514쪽

또한 제4편 〈사람 사는 세상(人間世)〉편에는 '미친 사람 접여(接輿)의 노래'라는 뜻 깊은 이야기가 있다.

공자가 초(楚)나라에 갔을 때, 접여(接輿)라는 미친 사람이 그의 숙소 문 앞을 오가며 노래를 불렀습니다.

"봉황이여, 봉황이여, 덕은 어찌 쇠했는고.
오는 세상 기다릴 수 없고, 간 세상 되잡을 수 없지.
세상에 도 있으면 성인 일 이루나,
세상에 도 없으면, 성인 그냥 살아갈 뿐.
지금 같은 이 세상 벌 면하기 힘들구나.
복은 깃털처럼 가벼우나 들 줄을 모르고,
화는 땅처럼 무거우나 피할 줄을 모르네.
그만두오, 그만두오. 덕으로 남 대하는 일.
위태롭다, 위태롭다. 땅에 금 긋고 그 안에서 종종걸음.
가시나무여, 가시나무여. 내 가는 길 막지 마라.
내 발길 구불구불 내 발을 해치 마라.
산 나무는 스스로를 자르고, 등불은 스스로를 태운다.
계수나무는 먹을 수 있어 잘리고, 옻나무는 쓸모 있어 베인다.
사람들 모두 '쓸모 있음의 쓸모'는 알고 있어도
'쓸모없음의 쓸모(無用之用)'는 모르고 있구나."

—오강남 풀이, 《장자》(현암사, 1999), 217-218쪽

공자와 그 제자들은 모두 세상에서 쓸모 있기 위해서 자신을 훈련하였고, 세상에서 쓸모 있는 그릇이 되기 위해서 천하를 돌아다니며 군주들에게 자신들의 쓸모를 알렸다. 이런 공자에게 미친 사람 접여가 쓸모 있으려 애쓰지 말라고 뼈 있는 노래로 권고하고 있는 장면이다. 정치를 잘 하는 것이 공부와 훈련으로만 될까? 백성을 진정으로 위하는 내면적 준비를 갖추는 것이 더 중요하지 않을까? 접여는 '쓸모 있음의 쓸

모'을 우선하고, '쓸모없음의 쓸모'를 등한시하는 공자의 행동을 하찮은 일상의 언어로 꼬집는다.

이처럼 노자와 장자의 생각은 그 내용과 깊이가 비슷하다. 같은 사유를 노자는 시와 같은 아름다운 글로, 장자는 재미있는 이야기로 풀어낸다. 사물은 쓰기에 따라 쓸모 있기도 하고 쓸모없기도 하다. 곧은 나무는 쓸모가 많다. 베어져 집의 다양한 건축자재로 쓰인다. 굽은 나무는 쓸모가 없어 베어지지 않는다. 세월이 흘러 크게 자란 굽은 나무는 사람들의 쉼터로 쓰인다. 보기에도 아름답다. 넓게 드리운 그늘은 사람을 포용하고, 녹색산소를 내뿜어 지구환경까지 보호한다.

우리는 자신만의 잣대로 사물의 쓸모를 예단한다. 유용성을 우선하기 때문에 당장 쓸 수 있는 것에 주목한다. 여러 쓰임이 있는데도 한 가지 쓸모에 집착한다. 의당 쓸모없음은 보이지 않는다. 쓸모없는 것에서 쓸모 있는 것을 찾을 수 있는 혜안이 필요하다. 여기에서 중요한 것은 선입견적인 시각으로 사물의 쓸모를 보는 것이 아니라 사물 자체에서 쓸모를 찾아야 한다는 것이다. 그러려면 사물 자체의 본질에 다가가야 한다. 그래야만 사물의 진정한 쓸모가 보이게 된다. 잊지 말아야 할 것은 노장의 사유에서 '쓸모 있음'과 '쓸모없음'은 둘 다 중요하다는 것이다.

건축가 김수근의 네거티비즘

우리나라의 1세대 건축가 김수근은 한국 전통문화에 크게 영향을 준 유가사상, 불

그림 9-2 서울 장충동에 있는 경동교회이다. 공간사옥과 더불어 김수근의 대표작이다. 기도하는 두 손의 모습을 형상화했다고 한다. 벽돌이 주는 무게감이 든든하다. 또한 담쟁이덩굴과 함께 세월의 때가 묻으며 나이 들어가는 벽돌의 질감이 거칠면서 다습다.

가사상 그리고 도가사상을 근거로 하여 한국적 공간 개념의 특징을 '네거티비즘(negativism)'으로 이해했다. 그가 말하는 네거티비즘은 어떤 일에 대한 긍정적인 측면과 그에 따르는 부정적인 측면도 함께 고려해 봐야 한다는 사고방식을 말한다. 이는 약간의 온도 차는 있지만, 노자의 유(有)의 쓰임만이 아니라 무(無)의 쓰임을 함께 봐야 한다는 사유와 일맥상통한다.

김수근은 중국이나 일본에 비해 유가, 불가 및 도가사상에서 네거티비즘적 요소를 강하게 살려온 것이 우리 문화의 특징이라 파악했다. 예컨대 유가사상은 지나치게 실리만을 추구하는 사람을 부도덕하고 인격적으로 부족한 사람으로 여기는데, 이는 상업주의나 금전 만능주의의 부정적인 측면을 강조하는 네거티비즘이라는 것이다. 그리고 불가사상에서 금욕주의는 물질생활에 대한 부정적인 사고를, 자비 사상은 인간의 고통과 번뇌에 깊은 관심을 갖게 하는 네거티비즘적 정신으로 본다.

다음으로 김수근의 건축공간 개념과 밀접한 관계가 있는 도가사상에서의 네거티비즘을 살펴보자. 우선 도가사상에서는 인간이 자기 편리와 자연 정복을 위하여 기술개발에 집념하는 것을 옳지 못한 것으로 가르쳐 왔는데, 이것은 기술만능주의에 대한 네거티비즘적 사상이라는 것이다. 그리고 도구 또한 기능적으로 완벽해야 한다는 생각을 거부하여 한 가지 측면에서 볼 때는 아무 쓸모없는 물건이지만 다른 측면에서는 유용한 것이 될 수도 있다는 것이다. 그래서 그는 고정된 기능만을 고려하는 기능주의적 사고에 반하여 반(反)기능주의를 주장한다.

김수근의 네거티비즘은 그 건축이 얼마나 많은 사람에게 얼마나 유용하게 이용이 될 것인가를 생각하는 데 그치지 않고, 다른 어떤 사람들에게 얼마나 해를 끼치는지도 생각해 보는 것을 말한다. 다시 말해 건축 행위가 적극적으로 어떤 가치를 만들어 내는가도 생각해야 하지만, 그것으로 인해서 어떤 부정적인 결과가 야기되는지도 고려해야 한다는 뜻이다. 그래서 이것은 하나의 건축 행위가 전제하고 있는 기본 가치관에 관한 문제이다. 네거티비즘은 건축가 김수근에게 하나의 건축사상 내지는 건축을 대하는 철학적인 입장이다.

5년간의 김수근 문하를 거친, 한국의 대표적인 2세대 건축가인 승효상 역시 노자의 사상과 관계가 깊다. 그는 1992년 건축가들의 동인인 '4.3그룹'이 개최한 〈이 시대 우리의 건축〉이라는 전시회에서, '빈자의 미학'이라는 주제를 내세웠다. 승효상에게

그림 9-3 승효상이 설계한 서울 장충동에 있는 웰콤시티 사옥이다. 상부에 있는 4개의 매스를 세 곳의 빈 공간이 이어준다. 이곳은 비어 있지만 쓰임이 많고, 건축의 생명력을 길게 하는 공간이다.

'빈자의 미학'은 현대건축이 봉착한 한계-미로를 빠져나갈 탈출구였다. 그는《지혜의 도시 지혜의 건축》서문에서 다음과 같이 말한다.

> 나에게 이 말은 단순한 혹은 추상적인 구호가 아니다. 도시 속의 건축-건축 속의 도시, 반기능(反機能)의 기능성, 무용공간(無用空間)의 생명력, 침묵과 절제의 형태 등 건축과 도시의 각 부분을 위한 구체적 실천방식이며 내 건축의 원칙과 세부 항이었고 이들을 내가 만드는 건축 속에 부분적이라도 실현하려 노력해 왔다.
>
> —승효상《지혜의 도시 지혜의 건축》(서울포럼, 1999), 8쪽

그리고 '빈자의 미학'이 목표로 하는 바는 '지혜의 건축'이며, 그런 건축으로 가득 찬 '지혜의 도시'라고 밝힌다. 여기에서 승효상이 말하는 '반기능의 기능성'과 '무용공간의 생명력'은 노자의 핵심적인 사유이다. 김수근의 네거티비즘도 다름 아니다. 그는 '빈자의 미학'을 "여기에선, 가짐보다 쓰임이 더 중요하고, 더함보다는 나눔이 더 중요하며, 채움보다는 비움이 더욱 중요하다"라고 말한다. 이는 노자의 무위사상을 바탕에 깔고 있다.

승효상의 건축철학에서 가장 중요한 개념은 무용공간이다. 즉 쓸모없는 공간의

생명력이다. 특정한 목적을 가진 공간은 오히려 시간이 지남에 따라 생명력이 없을 수 있다. 어느 쓸모에만 한정된 공간은 변화되는 또 다른 쓸모를 담아내기 힘들다. 승효상은 딱히 쓸모없어 이름 짓기조차 어려운 이런 공간이 건축의 생명력을 길게 하며, 정해진 규율로 제시할 수 없는 우리의 삶의 모습을 다양하게 만든다고 주장한다. 승효상은 무용공간의 대표적인 예로 마당을 꼽는다. 그 이유로 우리의 마당은 생활의 중심이나 관상의 상대일 뿐인 이방의 마당과 달리, 생활뿐만 아니라 우리 사고의 중심이며, 우리로 하여금 우리의 공동체를 발견토록 하는 의식의 공간이라고 말한다.

이처럼 건축가들은 인문학을 바탕으로 자신의 건축사상을 정립하여 설계를 진행한다. 인문학은 어떻게 어떤 건축을 할 것인가라는 가치관과 관계된다. 앞서 얘기한 대로 좋은 건축을 위한 마음가짐은 인문학에서 출발한다.

프로젝트 1. 송파구립 산모건강증진센터

송파구립 산모건강증진센터는 공공에서 처음으로 설립하는 산후조리원 기능의 산모건강증진센터와 동사무소 기능의 주민센터라는 두 가지 용도가 복합된 프로젝트이다. 2011년 말에 설계 공모를 준비하면서, 우선 주어진 대지를 세심하게 둘러보았다. 그리고 유사 시설들을 직접 방문하여 꼼꼼하게 조사했다. 주민센터는 주변에서 쉽게

그림 9-4 공공에서 처음으로 설립한 송파구립 산모건강증진센터의 투시도이다. 산후조리원과 주민센터라는 두 가지 기능의 프로그램을 담아내는 프로젝트이다.

접할 수 있고, 건축에 관한 자료도 많다. 하지만 산후조리원은 개인이나 병원에서 운영하고 있고, 신생아들의 감염 예방과 산모들에 대한 프라이버시 등으로 일반인이 쉽게 견학할 수 없는 시설이다. 다행스럽게도 설계 공모에 참여하기 몇 달 전에 셋째 아이를 출산했는데, 이때 산후조리원에서의 직접적인 경험이 프로그램과 기능의 이해에 많은 도움이 되었다.

그림 9-5 주어진 대지가 고층 주거 단지와 대로 사이에 접해 있어 프라이버시 및 교통 소음에 노출되어 있다.

또한 이러한 경험이 당선 가능성이 매우 낮은 설계 공모에 참여하겠다는 결심의 큰 원동력이 되었다. 사실 설계 공모는 투시도 및 모형 제작비, 인건비 등 투자되는 비용은 많고, 다른 설계사무소들과 치열하게 경쟁해야 하기 때문에 참여 자체가 부담스러운 것이 현실이다. 본 설계 공모에 30여 개의 업체가 참여 신청하고, 그중에서 20여 개의 업체가 작품을 제출했는데, 운 좋게도 우리 계획안이 당선되어 프로젝트를 수행하게 됐다.

계획을 진행하면서 두 가지가 가장 큰 고민거리였다. 첫째는 어떻게 하면 기존의 폐쇄적이고 답답한 산후조리원에서 탈피하여 외부와 호흡하는 쾌적한 산후조리원을 만들어 낼 수 있을까였다. 둘째로는 주어진 대지가 〈그림 9-5〉에서 보이듯 고층 주거단지, 가든파이브와 접한 대로에 맞닿아 있어, 어떻게 해야 산모들의 프라이버시를 보장하면서 쾌적한 환경을 제공할 수 있을까였다.

요컨대 첫 번째 고민이 건축물이라는 그릇에 담겨야 할 프로그램의 요구조건이라면, 두 번째 고민은 그 내부 프로그램을 담아 낼 그릇의 제약조건이라 할 수 있다. 이러한 프로그램의 내적인 조건과 외적인 조건을 다이어그램을 통하여 분석하고 조절하는 과정이 그대로 형태로 드러나게 하고자 했다. 그래서 이러한 내·외부 조건들이 건축물 형태에 영향을 주는 힘을 그대로 보여 주고자 했다. 생성적인 다이어그램이다. 흔히 건축가들의 작업방식을 형태를 먼저 구상하고 그 형태에 프로그램을 끼워

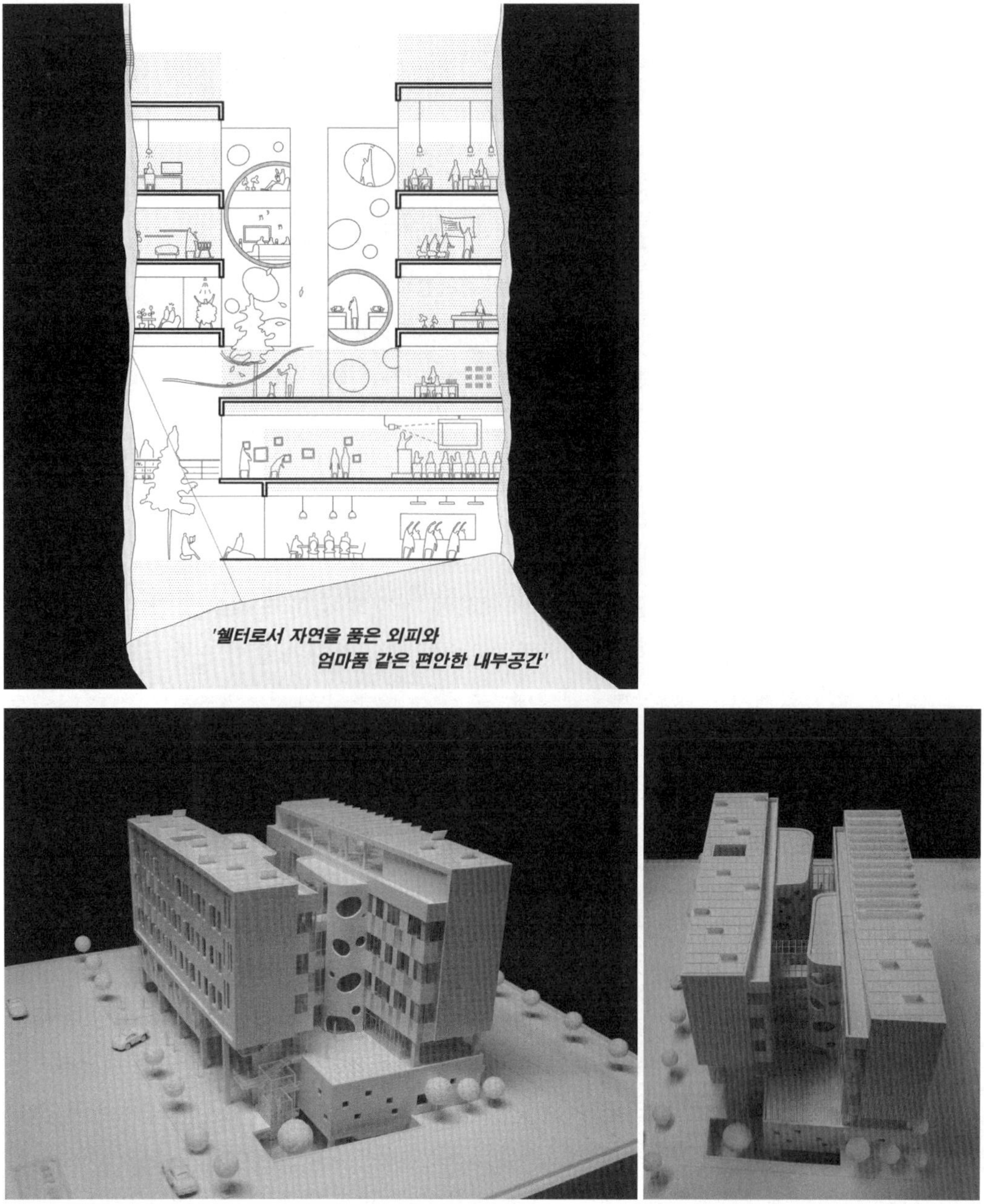

그림 9-6 쉘터(shelter)로서 건축물의 외피에 의해 편안하게 보호받는 중정 공간이다. 그러면서도 햇살과 바람 등 자연을 양껏 받아들이는 구조이다. 자연을 품은 외피와 엄마 품 같은 편안한 내부 공간. 그래서 '품 안의 품'이다.

맞추듯이 담아내는 방법과 프로그램과 기능의 해결을 우선적으로 고려하고 그에 따라 형태를 다듬어 가는 두 가지 방법으로 구분하기도 한다. 생성적 다이어그램은 후자라고 할 수 있는데, 요컨대 결과보다는 과정을 우선시 하는 설계이다.

1. 개념(concept)과 테마(theme)

이 프로젝트의 주된 개념은 쉘터(shelter)로서 건축물의 외피에 의해 편안하게 보호받는 중정 공간이다. 건축함의 시원은 쉘터이다. 비바람과 외부의 위협으로부터 보호받는 안식처이다. 아기가 엄마 품에 안겨 건강하게 자라나 아련한 그 품을 기억하며 행복한 삶을 살아가듯이, 대지의 불리한 주변 환경에 대응하여 엄마 품처럼 편안하게 감싸주고 밝은 햇살이 드리우는 아기자기한 내향적 공간을 제안했다. '품 안에 품'이라는 테마로, 안식처로서 자연을 품은 외피의 품 안에, 엄마 품 같은 편안한 내부 공간을 계획했다. 그래서 산모와 아기 모두에게 내 집과 같이 평온한, 몸과 마음을 품는, 행복한 기억을 담아내는 장소를 만들고자 했다.

2. 배치 및 형태계획

'품 안에 품'을 기본 테마로 하여, 배치 및 형태를 〈그림 9-7〉과 같이 단계별로 만들어 갔다. 설계 과정이 그대로 형태로 드러나는 생성적 다이어그램이다. 여기에서 고

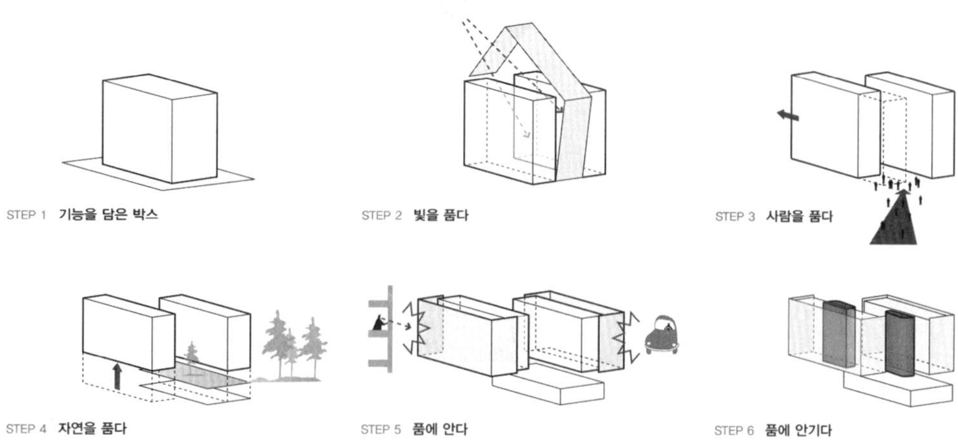

그림 9-7 건축물 형태의 디자인 단계를 보여 주는 생성적 다이어그램

정적인 요소는 주어진 면적과 층수, 즉 용적(volume)이다. 그래서 한쪽을 줄이면 다른 쪽을 늘려야 하고, 한쪽을 높이면 다른 쪽을 낮추어야 한다. 풍선의 한 곳을 누르면 다른 곳이 튀어나오는 것과 같다.

- 단계1 기능을 담은 박스. 주어진 기능을 담은 박스를 대지 위에 올려놓는다. 이 박스의 볼륨은 고정적인 요소로서, 형태는 변하더라도 용적은 동일해야 한다.
- 단계2 빛을 품다. 적절한 채광과 환기를 위해 박스를 2개로 분절하여, 중정 공간을 만든다. 외피가 걷혀진 중앙의 켜를 통해 중정 내부로 햇빛과 바람이 유입된다.
- 단계3 사람을 품다. 이용자 출입이 많은 전면 부분의 매스를 뒤로 밀어, 여유 공간을 만든다. 주민과 이용자들의 편안한 출입을 배려한 진입마당이 만들어진다.
- 단계4 자연을 품다. 전면의 1층을 비우고, 그만큼 기단식으로 매스를 돌출시킨다. 돌출된 매스 상부에 중정 부분과 연계된 휴게공간과 녹지가 조성된다.
- 단계5 품에 안다. 고층 아파트로부터의 시선과 대로에서의 소음을 차단하는 외피를 만든다. 주변 환경으로부터 보호받는 내향적 공간이 생성된다.
- 단계6 품에 안기다. 분절된 2개의 매스에 의해 보호되는 중정에 독특한 형태의 신생아실과 거실을 만든다. 단순한 박스 속에 밝고 아기자기한 공간이 창출된다.

그림 9-8 산후조리원이 있는 층의 평면도이다. 산모실과 지원시설의 두 매스 사이에 거실과 신생아실의 유선형 형태가 들어있는 중정 형식이다. 산모들이 주로 이용하는 거실과 산후조리원의 핵심 공간인 신생아실을 중심으로 산모실과 지원시설들을 배치했다.

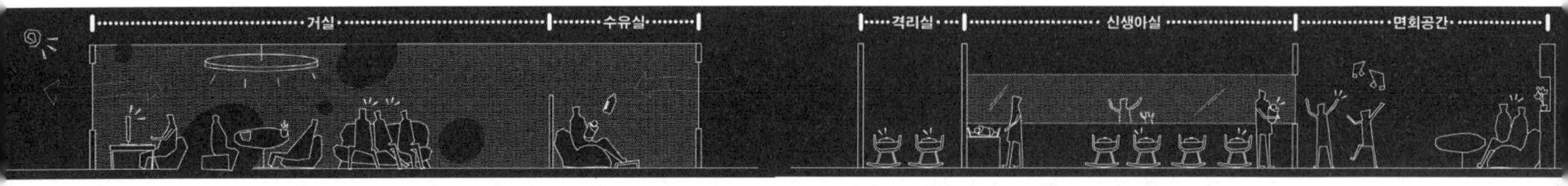

그림 9-9 산모들의 주생활 공간인 거실 부분과 신생아실의 이미지이다. 거실은 중정을 통한 간접채광으로 밝지만 눈부시지 않는 은은하고 편안한 공간이다. 신생아실은 감염 예방을 위한 통제된 공간이지만, 내부에 창을 두어 면회공간에서 가족들이 신생아들을 편하게 볼 수 있다.

그림 9-10 산후조리원 내부의 인테리어 이미지이다. 신생아실과 거실 부분은 건축물의 형태와 어울리도록 부드럽게 곡선으로 계획하여, 안전하고 쾌적한 공간이 된다. 산모실은 내 집과 같이 익숙하고 편안한 공간이 되도록 계획했다.

3. 내부 공간 계획

산모건강증진센터는 주로 산전·산후의 여성이 이용하는 시설이다. 특히 산후조리원은 2주에서 한 달 정도 머무르기 때문에, 내 집과 같이 편안하면서도 소중한 추억을 간직할 수 있는 공간이 되어야 한다. 그래서 몸뿐만 아니라 마음까지도 조리할 수 있는 공간이 되도록 세심하게 배려했다. 평면의 형태는 산모실과 지원 시설의 사각형의 두 매스 사이에 거실과 신생아실의 곡선 형태가 들어있는 중정 형식이다. 중앙에 돌출된 두 개의 매스는 외부의 입면과 대비되는 유선형 패턴으로 아늑하고 부드러운 입면을 구성하여, 단순한 박스 속에 밝고 아기자기한 산모들의 생활환경을 조성했다.

산모들이 주로 이용하는 거실과 산후조리원의 핵심 공간인 신생아실을 중심으로 산모실과 지원 시설들을 배치했다. 산모실은 환경이 좋은 남향과 동향 쪽에, 거실과 신생아실은 중정 부분에 위치한다. 중정을 통해 직접적인 햇빛과 바람은 차단하면서도 부드럽게 자연을 즐길 수 있다. 산모들이 찬 바람을 쐬면 건강에 해롭기 때문에, 유리로 보호되는 내부를 순환할 수 있는 회랑을 따라 산책하며 담소를 나눌 수 있도록 하였다. 그리고 아이 아빠와 함께 머무를 수 있는 부부산모실을 출입구 근처에 마련하여, 산모들의 프라이버시가 침해되지 않도록 했다. 또한 엘리베이터, 계단, 화장실 등과 지원시설을 서측에 배치하여 서향의 좋지 않은 빛을 차단하도록 계획했다.

산모들이 주간에 가장 많이 이용하는 거실은 산모실과 가깝도록 중앙에 배치하고, 모유수유실을 별도로 마련했다. 거실은 중정을 통한 간접채광으로 밝지만 눈부시지 않는 은은하고 편안한 공간이다. 신생아실은 감염 예방을 위해 통제되는 공간으로, 의료진의 관찰이 필요한 신생아를 위한 격리실도 마련한다. 가족들은 신생아실에 난 창을 통해 출입구에 가까운 면회 공간에서 아가들을 볼 수 있다. 신생아실은 엄마품 같은 공간이자, 가족 및 세상과 접하는 축복의 공간이다.

프로젝트 2. 용산공원 아이디어 공모

'용산공원 아이디어 공모'에 대한 공고를 본 순간 꼭 참여하고 싶다는 생각이 강하게 들었다. 대상지는 우리나라 수도인 서울의 중심부에 위치하면서도 국민들에게 접근조차 허용되지 않던 비무장지대와 같은 분리되고 고립되었던 땅이다. 이러한 우리의 소중한 땅이 우리에게 되돌아온다는 사실에 들뜨고 기쁨이 앞섰다. 우리나라 건축가의 한 사람으로서 이러한 일에 관심을 두는 것이 당연하기도 하고, 의무감과 책임감 또한 들었다. 그래서 고려대학교 건축학과 학생들과 함께 이 공모에 참여하기로 뜻을 모았다.

이 공모전의 주요한 아이디어는 인문학과 관계가 깊다. 노자의 《도덕경》과 가스통 바슐라르의 《공간의 시학》 그리고 내가 대학생 때 쓴 시의 한 구절이 주요한 테마와 아이디어의 원천이다. 이러한 인문학적 사유를 바탕으로 자연(自然), 정중동(靜中動), 흥(興)이라는 세 가지의 테마를 이끌어 내었고, 이를 중심으로 하여 구체적으로 건축적 개념과 아이디어로 발전시켰다. 또한 서예가가 직접 써 주신 세 가지 테마에 관한 전서체의 한자는 글자가 지닌 의미를 넘어, 글자 자체가 주는 강한 인상이 이야기를 풀어 가는 데 많은 도움이 되었다.

自然(자연)–꾸미지 않는 아름다움

4가지의 비움(빈터, 마당, 못, 숲)이 사람으로 채워져 인간의 여러 활동과 자연 보존이라는 큰 쓰임을 만들어 내는 인위적이지 않고 자연스러운, 꾸미지 않는 아름다움을 간직한 도시공원

그릇의 실체는 그 비어 있음에 있고, 건물의 실체는 그 빈 공간에 있다. 노자의 《도덕경》에 나오는 이야기이다. 또한 노자는 위무위(爲無爲)면 즉무불치(即無不治)라 했다. 이는 '무위를 행하면 못 다스릴 게 없다'라는 의미로 인위적이지 않은 꾸밈이 없는 자연스러움을 강조한 말이다. 이처럼 시각적으로 보기에 아름다운 경관보다 말 그대로 자연스러운 무위의 편안한 경관을 떠올리며, 꾸미지 않는 아름다움을 간직한 도시공원을 제안했다.

이러한 노자의 사유를 바탕으로 하여, 크게 빈터·마당·못·숲의 4가지 無(비움)와 사람이라는 1가지의 有(채움), 즉 4가지 비움과 1가지 채움이라는 '4無1有'가 주요한 주제이다. 이러한 4가지의 비움과 1가지의 채움이 용산공원의 회복 혹은 재생이라는 쟁점에 대한 핵심적인 해결책이 될 것이다. 계획된 경관과 확정된 프로그램이 없이, 시간의 흐름에 따라 자연스럽게 '4무1유'의 비움과 채움이 공명하며 용산공원의 과거, 현재 그리고 미래를 아우르며 마음과 몸에 울림을 주는 공원을 생성해 간다.

비움1–빈터 너른 땅이 녹색으로 물들기 시작하면서, 흥미로운 변화들이 꼬리에 꼬리를 물고 일어난다.

대지의 여러 곳에 너른 빈터를 만들어 그대로 둔다. 바람과 새들이 풀씨와 씨앗들을 전해준다. 여기에 빗방울과 햇살이 더해져 생명의 싹을 틔운다. 몇 년이 흐른 후 빈터는 껑충 자란 잡초들로 뒤덮인다. 키 작은 노란 꽃의 민들레도 있고, 망초는 여기저기에 군락을 형성한다. 이렇게 숲은 자연스럽게 천이과정을 밟아 간다. 우리도 또한 이렇게 숲을 바라본다. 용산공원은 숲이 걸어가는 길을 보여 주며, 이 땅의 아픈 기억을

그림 9-11 너른 빈터에 숲의 천이과정이 자연스럽게 이루어진다.

간직한 채 우리와 미래를 함께한다.

이러한 숲의 천이 과정을 보여 주는 빈터는 용산공원의 과거와 현재 그리고 미래를 함께하고, 이 땅의 온축된 힘을 드러냄과 동시에 땅의 소중함을 체감하는 핵심 공간이다. 우리나라 중부 지방에 너른 빈터가 나타나면, 거기에 제일 먼저 망초나 개망초 등의 한해살이풀이 자라기 시작한다. 이어서 억새나 띠 같은 여러해살이풀이 자리 잡으며, 다음에는 괴불나무나 병꽃나무와 같은 식물들(양수 저목림)이, 이어서 참나무류나 층층나무와 같은 나무들(양수 고목림)이, 그리고 마지막에는 까치박달나무나 서어나무 같은 나무들(음수 고목림)이 주인으로 자리 잡는다.

비움2–마당 비워진 마당이지만, 때로는 사람들에 의해 삶의 부대낌과 냄새 그리고 움직임으로 가득 채워진다.

기존에 운동장이나 광장 혹은 잔디마당으로 사용하던 곳을 그대로 활용한다. 이곳에 시민들이 휴식, 운동, 놀이, 시장, 각종 행사 등의 다양한 활동을 채워준다. 이렇게 조용한 숲에 종종 활발한 움직임이 일어난다. 아이들은 신나게 뛰어놀며 웃음소리를 마당에 가득 채운다. 그리고 자연과 함께 건강하게 자라나 미래의 희망이 된다. 엄마 아빠는 아이들의 노는 모습만 봐도 흐뭇하다. 우리의 행복은 그리 먼 곳에 있지 않다.

비움3–못 못에 반영된 자연은 과거와 현재 그리고 미래를 이어 주며, 사색과 마음의 깊이를 더해 준다.

지형의 흐름과 현존하는 물길을 따라 유수를 조절하는 넓은 못을 2곳에 둔다. 우리는 못에 비치는 현재의 모습을 바라보며 사색에 잠기고, 과거를 반추하며 미래를 꿈꾼다. 못에 반영된 자연은 과거와 현재 그리고 미래를 이어주며, 사색과 마음의 깊이를 더해준다. 바람에 나부끼는 수초들과 수면에 작은 파장을 일으키는 소금쟁이는 우리의 사색을 더 깊게 한다. 이처럼 자연은 우리의 몸과 마음을 풍요롭게 한다.

비움4–숲 텅 빈 숲은 생태적 지속 가능성을 기반으로 하며, 초록 그늘은 여유와 느림의 삶을 선사한다.

지형의 흐름에 따라 현재 식생이 많은 곳에 초기에 숲을 조성하고, 대상지 주변부의 변형된 지형의 흐름을 연결한다. 너른 빈터의 자연 천이 과정 모니터링, 자연 수종의 이용, 수계 및 자연체계의 복원, 자원의 리사이클링, 친환경적 설계기법의 도입 등은 기본적인 요건이다. 지속 가능성의 쟁점은 도시의 자연 인프라와의 연계, 오염된 토지의 재생, 시민들의 물리적·정신적 건강의 증진, 공원 운영관리의 참여를 통한 공동체 의식의 증대 등을 포괄해야 한다. 또한 도심의 공원은 도시의 미기후 및 생태적 환경을 개선하는 중요한 역할을 한다.

채움1–사람 4가지의 비움이 사람으로 채워져 큰 쓰임을 발휘하고, 인간의 다양한 활동과 자연 보존의 평화로운 공존이 시작된다. 이와 더불어 용산공원은 꿈과 희망으로 가득 채워진다.

도시의 다양성과 생명력을 살리는 일에 헌신한 제인 제이콥스(Jane Jacobs)는 이용이 활발한 공원의 특징으로 복잡함, 중심성, 태양, 위요를 꼽는다. 자주 방문할 수 있도록 한눈에 모든 것이 보이지는 않는 공원, 사람들에 의해 공통적으로 중심이라고 인지되는 장소를 가진 공원, 햇볕과 그늘이 함께하는 공원, 숲과 시설물들이 주는 위요와 더불어 주변에 접한 건물들에 의해 발생하는 다양한 위요이다. 이러한 요소들이 공원의 이용을 촉진하고, 공원을 살아있게 한다. 우리는 숲속에서 맑은 공기를 마시며, 꿈과 희망을 키운다.

이야기 있는 길 만들기

길은 목적지에 가기 위한 지름길만이 중요한 것은 아니다. 길에는 우연한 마주침과 정다운 이야기가 있어야 한다. 나무가 시간과 공간을 나이테에 간직하듯이, 길은 마주침과 이야기들을 길 그 자체, 길의 형상과 그 표면에 그대로 담는다. 그리고 길은 하늘과 땅 그리고 사람들을 이어 준다.

대상지에는 수많은 길이 있다. 대부분 아스팔트로 포장된 길이지만 많은 이야기와 역사를 담고 있다. 우리는 이러한 이야기가 있는 기존의 길들은 최대한 남기고자 한다. 이는 이야기를 남기는 것뿐만 아니라 폐기물과 또 다른 자원을 사용하지 않는 지속 가능한 전략이다.

그림 9-12 1921년 과거의 길, 2009년 현재의 길 그리고 주변 문화시설과의 접근을 위한 보행로 및 교통시설 등과의 연계를 고려한 새로운 길을 중첩하여, 이야기가 있는 미래의 길을 상상했다.

과거와 현재의 길, 그리고 새롭게 요구되는 길을 맵핑하고 중첩하여, 그대로 놔둘 길과, 없앨 길 그리고 포장을 그대로 유지할 길과 투수성 포장재 등으로 교체할 길을 선정한다. 이 과정에서 없앨 길과 포장재를 교체할 길을 최소화하여, 지속 가능한 이야기가 있는 미래의 길을 만들어 간다. 이렇게 생성된 길의 짜임새는 우리의 전통 보자기와 많이 닮았다. 각양각색의 천 조각들을 붙여 만든 보자기는 아름답기 그지없고, 그 쓰임새 또한 많다. 버려질 뻔한 자투리 천 조각들이 각자의 이야기를 간직한 채 하나의 보자기로 다시 태어난다. 그 조각들은 서로의 이야기를 존중하며, 서로 이야기를 나누듯이 함께 어우러진다.

우리는 이렇게 만들어진 길들과 이와 함께하는 4가지의 비움이, 우리의 전통 보자기와 같이 1가지의 채움, 즉 각계각층 사람들의 욕구와 희망을 담아내길 희망한다. 대상지 전체를 순환하는 길, 자전거의 길, 숲속 산책로, 관광객의 길, 전망이 좋은 길, 보행자 우선의 다양한 이벤트가 벌어지는 보차공존도로 등이 있다. 이러한 길에서의 잦은 마주침이 사람과 사람 간의 활발한 소통을 만들어 낸다. 전통 보자기의 다양한 쓰임과 같이, 새롭게 생성된 길은 많은 활동을 담아내는 큰 쓰임이 있다.

100년의 아픔, 100년의 사랑으로

대상지는 약 100여 년 동안 우리의 땅이지만, 외세가 사용했던 아픔을 간직하고 있

그림 9-13 용산공원이 100년 동안 변화되는 모습을 보여 주는 이미지

0년 현재	2010년 갑갑했던 담이 허물어지고, 대상지가 시민에게 개방된다. 시민들은 여기저기 요모조모 온몸으로 대상지를 둘러본다.
5년 후	2015년 지하철 신분당선이 개통되어 용산공원은 더욱더 시민들에게 가까워진다. 내년에는 남산 그린웨이가 완성될 예정이라 시민들의 마음은 한껏 기대에 부푼다.
20년 후	2030년 한강 르네상스가 계획이 완성되어, 남산에서 내려온 시민들과 한강에서 배를 타고 온 관광객들이 용산공원에서 마주친다.
50년 후	2060년 너른 빈터에 천이과정에 의해 스스로 생긴 숲과 사람이 만든 숲의 동화가 일어나기 시작하고, 숲에서 뛰어노는 아이들의 목소리는 크고 눈망울은 해맑다.
100년 후	2110년 이제 다시 태어난 용산공원이 백 살이 되었다. 사람들은 숲속을 거닐며, 저마다의 추억을 마음속 깊이 간직한다.

는, 우리의 사랑이 필요한 소중한 땅이다. 후손에게 고이 물려주어야만 하는 소중한 이 땅, 그간 100년 동안의 아픔을 100년 동안의 사랑으로, 느림과 끈기로 보살펴야만 한다. 대상지에는 역사적으로 보존할 문화재적 가치가 있는 건축물도 있고, 상태가 양호한 쓸 만한 건축물도 많이 있다. 이러한 시설물들은 5년 정도의 개방 기간을 통해 국민의 발자취와 국민의 의견을 수렴하여, 역사적 보전가치보다는 문화 콘텐츠와 연계된 사용 가치를 우선하여 없앨 것과 남길 것을 가려내야 한다. 또한 기존의 수많은 시설물을 장기적으로 천천히 없애야 하고, 다른 용도로 사용될 시설물들은 최소한의 디자인과 예산의 투입으로 재활용해야 한다. 이렇게 함으로써 대상지가 지닌 기존의 흔적과 기억을 살리고, 또한 지속 가능성을 실현할 수 있다.

용산공원은 조성과 관리의 단계로 나눌 수 있다. 조성 단계에는 모든 국민의 의견을 수렴할 수 있는 합리적인 방법들이 요구된다. 대상지는 타 지역에 비해 외국인 거주자가 많은 지역이고, 우리나라도 이제 다문화 사회에 진입하였기 때문에, 우리나라 국민뿐만 아니라 외국인들도 참여하는 시민 중심의 용산공원을 위한 열린 조직을 만들어야 한다. 그래서 이 조직을 통해 공원의 조성 절차, 프로그램의 선정, 기존 시설물의 활용 등 제반 문제들을 결정하고 시행해야 한다.

또한 모든 회의를 공개하고 결정 내용을 일간지나 인터넷으로 일반인들에게 상세

하게 알리는 등 내외국인을 아우르는 지역사회 통합의 장이 되어야 한다. 용산공원은 현 세대에서 조성되고 끝날 것이 아니라, 대대손손 물려주어야 할 미래의 자연자원과 문화자산이다. 용산공원은 온 국민과 외국인들도 조성 및 관리운영에 자발적으로 참여하여, 환경과 생태교육을 몸소 체험하면서, 사회적 공동체를 형성하게 되는 문화적 실천의 장이 되어야 한다.

靜中動-조용한 숲속의 활기찬 움직임

> 한국무용 중의 하나인 살풀이는 일반적으로 흰 치마, 저고리에 가볍고 부드러운 흰 수건을 들고 추는데, 정중동(靜中動), 동중정(動中靜)의 미가 극치를 이루는 신비스럽고 환상적인 춤사위로 구성된다. 조용함 속에 활발함이 있고, 움직임 속에 고요함이 있다. 숲은 고요한 듯 보이지만 기실은 생명의 역동적인 움직임이 있고, 숲속에서의 사람들의 활동은 활기차 보이지만 내면은 고요함으로 충만하다.

가스통 바슐라르는 "반향은 세계 안에서 우리들의 삶의 여러 상이한 측면으로 흩어지는 반면, 울림은 우리들로 하여금 우리들 자신의 존재의 심화에 이르게 한다. 반향 속에서 우리들이 시를 듣는다면, 울림 속에서는 우리들은 우리들 자신의 시를 말한다. 그때에 시는 우리들 자신의 것이기 때문이다. 울림은 말하자면 존재의 전환을 이룩한다"라고 말했다. 이처럼 정(靜)과 동(動)의 울림(共鳴)과 같이, 숲과 사람의 울림을 만들어 내는 용산공원이 되어야 한다.

興-흥겹게 함께 만들고 가꾸기

> 우리에게는 두레, 품앗이, 계, 향약 등 서로 돕고 함께하는 아름다운 전통이 있다. 그와 더불어 마당놀이, 사물놀이, 농악 등 함께 어울려 즐기는 신나고 흥겨운 우리의 국악이 있다. 함께해야 즐거웠고, 함께해서 흥겨웠다. 그래서 우리는 하나였다.

용산공원을 만드는 과정은 끝이 없는 긴 여정이다. 만들기에서부터 가꾸기까지 온 국민이 참여하는, 그 과정 자체가 놀이가 되고 축제가 되는, 결과물이 아니라 그 과정이 아름다운 공원이 되어야 한다. 함께하면 덜 힘들고 흥이 난다.

대상지는 몽고군을 시작으로 청나라, 일본, 미국 등의 외국 군대가 약 100여 년 동안 주둔했던(하고 있는) 아픔을 간직하고 있는 우리의 관심과 사랑이 필요한 소중한 땅이다. 우리에게는 분명히 지우고 싶고, 잊고 싶은 과거와 현재의 아픈 기억이다.

세월이 흐르면 마음의 상처는 아련한 추억으로 남고, 몸의 흉터는 흐릿하게 되기 마련이다. 배꼽이 어머니의 자궁과 우리를 연결해 주는 생명의 흔적이듯이, 대상지의 특수성은 나무의 나이테와 같이 시간과 장소를 담아내는 깊이 성찰해야만 하는 실존적 대상이다. 그래서 역사가 서린 대상지의 흔적을 유지하면서 시각 중심의 보기에 좋은 경관보다는 눈이 아니라 온몸으로 체감하는 문화적 실천의 장소인 용산공원을 제안했다.

NO is MORE

1996년의 고성 산불 이후 4년 만에 강원도는 2000년 4월 동해안 산불로 여의도 면적의 82배에 달하는 숲을 잃는다. 단군 이래 최대의 산불이라 불릴 정도다. 안타깝고 슬픈 일이다. 산불이 꺼진 후 강원도는 복구비로 1,200억 원을 정부에 요청한다. 이에 영동 산불을 오래 연구한 강원대학교 정연숙 교수는 펄펄 뛰며 다음과 같이 반대한다.

> 우리 숲은 복원능력이 있다. 조림한 경우보다 더 빨리 더 건강하게 회복된다. 입증된 연구 결과가 있다. 숲이 죽었기 때문에 새 숲을 만들어야 한다는 것은 말도 안 된다. 숲은 죽지 않았다. 숲은 앞으로 20년 내에 활엽수림으로 자연복원될 것이다. 그 사례도 있다. 이처럼 자연복원된 숲은 생태학적으로 건강하고 재앙에 대한 저항력과 복원성도 크다. 왜 무의미하게 막대한 돈을 쓰려고 하는가. 제발 내버려 둬라. 제발 손대지 말라. 제발 아무 일도 하지 말아 달라.
>
> —김훈, 《자전거 여행 1》(문학동네, 2014), 95쪽

인간이 손대지 말고 그냥 내버려 두는 게 더 낫다는 것이다. 인공조림보다 자연복원이 더 효과적이라는 일갈이다. 노자의 자연을 대상화하지 않는 무위자연의 사유와 같다. 김훈의 《자전거 여행 1》, 〈숲은 죽지 않는다〉라는 '강원도 고성편'에 나오는 이

야기이다. 정 교수의 주장은 오랜 실증적 연구를 바탕으로 나무를 억지로 심을 필요가 전혀 없다는 것이다.

1994년에 고성의 불탄 숲은 대부분 인공조림되었고, 극히 일부는 자연 복원되었다고 한다. 그렇게 4년이 지난 후 자연 복원된 구역이 인공조림된 구역보다 훨씬 더 빠르고 건강하게 숲의 꼴을 회복해 가고 있음을 작가 김훈은 자전거 여행 중 직접 본다. 그는 "다 저절로 그렇게 된 것이고, 사람이 공들이고 돈 들여서 한 일이 아니다. 숲은 저절로인 것이다"라고 썼다. 이처럼 자연은 스스로 회복한다. 자연은 자연스러울 때 더 아름답다.

"LESS is MORE"라는 짧은 말로, 미스 반 데어 로에는 모더니즘 시대를 풍미했다. 로버트 벤투리는 "LESS is BORE"란 말로 건축의 포스트모더니즘 시대를 열었다. 그는 모더니즘 건축의 단순함과 순수성에 반기를 들고, 복잡성과 대립성의 개념을 제시했다. 현대 건축가 렘 쿨하스는 "MORE is MORE"란 말로 건축의 다양성과 복합성을 추구한다. BIG 그룹의 덴마크 건축가 비야케 잉겔스는 여기에서 더 나아가 긍정은 더 많은 것을 가져다준다는 "YES is MORE"라는 슬로건을 추가했다.

"NO is MORE."

좋은 건축을 위해서는 해야 할 일이 있고, 하지 말아야 할 일이 있다. 때로는 아무것도 하지 않는 것이 좋을 때도 있다. 빛이 있으면 그림자가 있는 법. 우리가 하는 일에 수반되는 악영향을 생각해야 한다. 예컨대 한국의 대표적인 현대 주거 형태인 아파트가 있다. 대규모 고층아파트 단지의 건립으로 주택 보급률은 나아졌다지만, 우리의 주택은 거주 목적을 상실한 채, 자본의 논리에 따르는 상품으로 전락했다. 더불어 경제성과 빠름을 추구한 결과, 획일성과 큰 덩치로 전 국토의 풍경을 망치고 있다. 수도권의 대도시나 지방의 소도시나 마찬가지이다. 어디서나 똑같은 얕은 풍경은 사람들의 기억 속에 깊게 자리 잡지 못한다. 도시의 풍경은 우리 삶의 풍경에 관여한다. 좋은 풍경을 갖기 위해서는 느림과 여유가 필요하다.

또한 수천 세대의 아파트를 설계해도 건축가는 법적으로 한 명이면 된다. 일의 개수가 한 개인 것이다. 대규모의 아파트 단지는 일의 규모가 크기 때문에 대형 설계사무소가 맡게 된다. 소형 설계사무소는 일할 기회조차 얻기 힘들다. 요즘은 일감 부족으로 대형 설계사무소와 소형 설계사무소의 양극화가 갈수록 심화하고 있다. 이렇게 아파트는 건축설계 시장의 건전한 생태계까지 망치고 있다. 만일 대규모 고층 아파트 대신에 단독주택이나 저층 연립주택으로 설계한다면, 일의 개수가 수백 개로 늘어난다. 일자리 창출이다. 이러한 대안이 실현된다면 우리 국토의 풍경도 살리고, 빈사 상태의 소형 설계사무소도 살릴 수 있다.

세계적으로 2000년 이후의 건축물은 자본의 논리에 밀려 진지한 탐구와 실험 정신이 실종됐다는 지적을 받아 왔다. 또한 지금도 건설과 개발이 주도하는 국내 건축의 한계 속에서 건축계의 목소리는 작고, 건축계도 사회에 제 역할을 보여 주지 못하는 아쉬움이 크다. 이제부터라도 자본의 논리를 넘어 건축의 진정성을 추구하는 것이 앞으로 한국 건축계가 나아갈 방향이다.

이처럼 겉으로 드러나는 성취보다는 잃어버리지 말아야 할 것들을 지켜내는 것이 더 중요하다. 미래 세대에게 삶의 기반인 소중한 자연을 더 이상 훼손하지 않고 물려주어야 한다. 우리 세대의 당면 과제이다. 지금을 위해 미래의 문제를 나중으로 미루는 것은 도리가 아니다. 또한 행복한 기억을 담아낼 수 있는 삶의 터전인 좋은 건축과 도시를 물려주어야 한다. 건축가가 마땅히 해야 일이다.

나오기

건축가가 하는 일은 그 스펙트럼이 넓고, 일하는 분야 또한 다양하다. 건축가의 작업을 여기에 단편적이나마 풀어놓았다. 학생들의 작업이 반이고, 나의 작업이 반이다. 교육과 실무에서의 결과물들이 단편을 이룬다. 여러 켜의 단면이 쌓여 하나의 건축물이 이루어지듯이, 이러한 단편들을 통해 건축가의 일에 대한 개략적인 윤곽이 드러나길 희망한다. 또한 결과물을 만드는 과정에서 건축가들의 고민과 열정, 좋은 건축을 성취했을 때의 기쁨을 담아내고자 했다.

아마추어로서 학생들의 작업과 프로로서 나의 작업을 바탕으로, 건축가가 하는 작업의 단편들을 과정 중심으로 서술했다. 결과는 속도와 과정은 방향과 관계가 깊다. 결과물은 벤치마킹의 대상이 된다. 이를 통해 새로운 프로젝트를 좀 더 쉽고 빠르게 추진할 수 있다. 과정을 들여다보면 만든 이의 고민과 의도가 보인다. 겉으로는 드러나지 않는 내면의 속삭임이다. 결과물은 지름길로 안내하지만, 그 과정은 좋은 건축의 길로 이끈다. 과정이 중요한 이유이다.

그림 E-1 학기말 과제 발표를 마치고 촬영한 학생들의 사진이다. 그들의 모습에서 며칠간의 밤샘작업에 의한 피로과 무언가 성취했다는 기쁨을 함께 볼 수 있다. 아마추어 건축가로서의 고민과 열정이 결과물에 녹아 있다. 이러한 젊은이들의 꿈과 열정이 우리 건축의 희망이다.

요즘 우리나라 건축계의 상황은 안타깝다. 설계사무소는 좋은 인재를 구하지 못해 울상이고, 학생들은 설계사무소 취업을 꺼린다. 5년 동안의 배움에 비해 처우는 박하고, 미래도 불투명하기 때문이다. 다른 직종에 비해 업무 강도는 높은데 받는 보수는 적다. 이러한 상대적 박탈감이 주 원인이다. 또한 이상적인 대학교육에 비해 우리의 건축 현실은 암울하다. 졸업하면 불합리하고 비윤리적인 상황에 바로 던져진다. 좋은 건축에 대한 비전을 찾기 힘들고, 젊은이들은 꿈을 이루기 쉽지 않다. 적지 않은 학생들이 설계의 꿈을 접고, 건축을 떠나는 이유이다. 이러한 상황에서 건축설계를 가르쳐야 하는 선생으로서 마음이 무겁다.

우리나라는 2002년에 글로벌한 건축 환경에 대비한다는 명목으로 자의 반 타의 반 설계 중심의 5년제 건축학과 교육과정을 도입했다. 관계자들의 충분한 의견 수렴과 관련 법의 제정 등 준비가 덜 된 상태에서 우선 시행했다. 어느덧 건축학과 5년제 도입은 19년이 되었다. 2019년 6월 《건축사신문》의 기사에 의하면, 국내 대학 5년제 건축학과 인기가 갈수록 떨어지면서, 전체 건축학과 졸업생 중 약 55%가 다른 분야로 취업하는 등 건축사의 꿈을 포기하는 것으로 조사됐다. 건축학과 졸업생들이 건축사사무소 취업을 꺼리는 가장 큰 이유로 저임금과 열악한 근무 환경을 꼽았다. 5년간 공부하여 어렵게 취업해도 낮은 임금에 열악한 환경으로 미래가 불안해 다른 분야로 취업을 선회하는 현상이 두드러지고 있다는 것이다.

우리나라는 개발시대가 저물고, 저성장시대로 접어들었다. 건축과 토목은 개발시대의 주역이었다. 이제는 아니다. 이미 국내 건축 시장은 포화상태이고, 일자리는 감소 추세이다. 한해에 배출되는 건축학과 졸업생만 약 2천 명에 이른다. 또한, 통계에 의하면 국내 대학의 건축 관련 학과 학생 수는 5년제 도입 후 2배가량 폭증했다고 한다. 시대적인 흐름, 수요와 공급의 법칙에 역행하는 아이러니한 상황이다. 더 늦기 전에 근본적인 대책이 필요하다.

일제 강점기부터 우리나라는 서양 건축이 급속히 보급됐다. 우리의 건축은 뒷전으로 밀려났다. 외국인이나 유학파들이 한국 근대 건축을 이끌었다. 백 년이 넘었지만 지금 상황 또한 크게 다르지 않다. 국내의 많은 건축물을 외국 건축가가 설계하고 있다. 정부와 지자체들이 앞장선다. 홍보를 극대화하기 위해 해외의 스타 건축가에게 일을 맡긴다. 표를 의식한 전시행정의 전형이다. 결국 우리의 역사성과 지역성이 결여된 외형적으로 화려한 건축물들이 들어선다.

그림 E-2 경북 안동에 있는 봉정사 극락전이다. 우리 옛 건축은 우리의 자연을 닮았다. 늦은 오후 나무 그림자가 건물과 어우러진다.

대학교육은 외국 유학을 다녀온 교수들을 중심으로, 서양식으로 이루어지고 있다. 한국의 건축 현실과 잘 맞지 않는다. 우리 것도 아니고 서양 것도 아닌 어설픈 절충이 발생한다. 건축가들은 도도한 서양 건축의 흐름에 편승하고, 한국건축은 과거에 기대어 연명한다. 우리 건축의 정체성을 상실한 슬픈 현실이다. 때론 자괴감이 들기도 한다. 이러한 건축 사대주의를 우선 극복해야 한다. 그래야만 우리 젊은이들이 건축의 꿈을 꿀 수 있고, 꿈을 펼칠 수 있다. 한국건축의 미래는 꿈과 열정을 갖고 도전하는 우리의 청년들에게 달려 있다.

건축계의 노벨상이라 불리는 프리츠커상이 있다. 이 상은 건축예술을 통해 재능과 비전, 책임의 뛰어난 결합을 보여 주어 사람들과 건축 환경에 일관적이고 중요한 기여를 한 생존한 건축가에게 수상한다. 최근 프리츠커상 수상자의 선정에는 지역 건축, 건축가의 사회적 참여와 책임 등의 요소가 중요한 역할을 한다. 그전의 미국·유럽 등지의 스타 건축가를 조명했던 흐름에서 벗어난 것이다. 이러한 흐름은 미래의 건축이 나아갈 방향을 암시한다고 볼 수 있다.

지난해에는 일본 건축가 이소자키 아라타가 프리츠커상을 받았다. 일본에서만 일곱 번째 수상으로, 미국 다음으로 많다. 이는 건축을 문화로 여기는 수준 높은 시민의식, 건축가의 열정과 사회에 대한 책임감, 시공사의 장인정신이 어우러진 결과이다. 물론 세계 3위의 경제력과 일본 건축가들의 활발한 세계적인 활동도 한몫했을 것이다. 반면 우리나라 건축가는 아직 한 명도 없다. 정부 차원에서 이 상을 받기 위해 젊은 건축가를 육성하겠다는 국비 지원사업을 발표했다. 당혹스러운 본말이 전도된 발상이다. 말 그대로 탁상행정이다. 이런 엉뚱한 생각보다 우리 건축계의 현실에 대한 냉철한 평가와 자성이 먼저다.

언제부터 연유된 것인지 직업으로서의 건축가를 폄하하는 분위기가 있다. 아마 현실과 타협하여 건축의 순수성을 잃지 않을까 하는 우려 때문일 것이다. 이러한 인식으로 대학은 설계 위주의 이상적인 교육에 머무르고, 현실적인 문제에는 한발 비켜선다. 건축가로서 사회적 역할과 책임에 관한 교육은 소홀히 다뤄진다. 그래서 대학교육과 현실과의 괴리가 발생한다. 이 문제는 나뿐만 아니라 건축 실무를 하는 많은 분들이 지적하는 사항이다. 학생들은 건축에 대한 리얼리티가 결여된 채 졸업한다. 직업인으로서 준비가 될 된 상태에서 사회에 진출하는 것이다. 이는 건축가를 직업으로 바라보지 않아 생기는 부작용이다.

건축가는 전문가로서 사회적 역할과 책임이 있는 엄연한 직업이다. 건축가는 다른 직종과 마찬가지로 일을 통해 사회에 기여하고, 생계를 꾸려 가는 근로자이다. 때로는 먹고 살기 위해, 하고 싶지 않은 일도 해야 한다. 생계의 수단이다. 직업으로서 건축가에 대해 진지하게 고민해야 한다. 삶이 있고 일이 있다. 일은 개개인의 삶을 풍요롭게 할 때 그 의미가 있다. 하지만 건축이 누구를 위해, 무엇을 위해 필요한 것인가라는 건축의 본질적인 가치를 망각해서는 안 된다. 건축가는 사회에 대한 강한 책임감과 윤리의식이 필요한 전문직이다.

건축학과 학생들과 건축가들 앞에는 수많은 문(門)이 있다. 어떤 문의 손잡이를 잡을지 신중하게 선택해야 한다. 힘들지만 용기를 내어 과거와 현재라는 문턱을 넘어설 때 새로운 미래로의 또 다른 출발을 할 수 있다.

참고 문헌

—이 책을 쓰면서 직·간접적으로 참고한 자료들이다. 직접 인용한 문헌이 대부분이고, 이야기를 풀어갈 때 도움을 준 자료들도 있다. 더불어 각 장의 주제와 관련하여 함께 읽으면 좋은 책들도 추가했다.

1 건축 그리고 건축가

도쿄대학 안도 다다오 연구실. 《건축가들의 20대》. 신미원 옮김. 눌와, 2008.

라이트, 프랭크 로이드. 《프랭크 로이드 라이트 자서전》. 이종인 옮김. 미메시스, 2006.

랜드, 에인. 《파운틴헤드 1·2》. 민승남 옮김. 휴머니스트, 2011.

Roger K. Lewis. *Architect?: A Candid Guide to the Profession.* Mit Press, 2013.

무라카미 하루키. 《1Q84》. 1권. 양윤옥 옮김. 문학동네, 2011.

오스틴, 제인. 《이성과 감성》. 윤지관 옮김. 민음사, 2009.

William M. Peña·Steven A. Parshall, *Problem Seeking: An Architectural Programming Primer.* John Wiley & Sons, 2001.

이상림 외 16인. 《건축가가 말하는 건축가》. 도서출판 부키, 2011.

이상림. 《아키그램과 함께 춤을(dance with archigram)》. 공간사, 2005.

Information Design Inc. 《건축 노트》. 꾸밈편집실 옮김. 토탈디자인, 1983.

정진홍. 《인문의 숲에서 경영을 만나다》. 21세기북스, 2007.

쿡, 피터. 《아키그램, 실험적 건축 1961–74》. 민수홍 옮김. 홍디자인, 2003.

팻, 더그. 《나는 건축이 좋아지기 시작했다》. 김현우 옮김. 라이팅하우스, 2013.

할 박스. 《Hal Box 교수의 건축가처럼 생각하기》. 허지은 옮김. 다른세상, 2009.

2 콘셉트와 아이디어

글릭, 제임스. 《카오스》. 박래선 옮김. 동아시아, 2013.
김시형. 《월드컵 경기장의 스물두 가지 이야기》. 현대건축사, 2002.
들뢰즈, 질 · 가타리, 펠릭스. 《철학이란 무엇인가》. 이정임 · 윤정임 옮김. 현대미학사, 1999.
르 코르뷔지에. 《건축을 향하여》. 이관석 옮김. 동녘, 2007.
Mieke Bal. *Travelling Concepts in the Humanities*. University of Toronto Press, 2002.
세이건, 칼. 《코스모스》. 홍승수 옮김. 사이언스북스, 2010.
쉘 실버스타인. 《아낌없이 주는 나무》. 김영무 옮김. 분도출판사, 1989.
탁정언. 《도대체 컨셉이 뭐야?》. 원앤원북스, 2005.
황준욱 · 유승호 · 김윤태. 《창의성에 관한 11가지 생각》. 고려대학교출판부, 2009.
HR 연구소. 《컨셉—세상을 매혹하는 기술》. 양영철 옮김. 동녘, 2006.

3 점·선·면·입체

간딘스키. 《점·선·면—칸딘스키의 예술론 Ⅱ》. 차봉희 옮김. 열화당, 1983.
라폴스, 주셉 프란세스크·폴게라, 프란세스크. 《가우디 1928》. 이병기 옮김. 아키트윈스, 2015.
르 코르뷔지에. 《도시계획》. 정성현 옮김. 동녘, 2007.
뫼르스, 발터 . 《꿈꾸는 책들의 도시》. 두행숙 옮김. 들녘, 2014.
생텍쥐페리, 앙투안 마리 로제 드. 《어린왕자》. 김화영 옮김. 문학동네, 2013.
장정제. 《건축설계제도의 이해》. 시공문화사, 2008.
제이콥스, 제인. 《미국 대도시의 죽음과 삶》. 유강은 옮김. 그린비, 2010.
최동신 외 5인. 《입체+공간+커뮤니케이션》. 안그라픽스, 2006.
Francis D.K. Ching. *Design Drawing*. John Wiley & Sons, 1998.
한국디자인학회 도서출판위원회. 《기초 디자인》. 안그라픽스, 2004.

4 생각과 표현의 방법

김훈. 《라면을 끓이며》. 문학동네, 2015.
라스킨, 유진. 《건축으로 말하기》. 김윤범 옮김. 픽셀하우스, 2012.
마샤베르, 도미니크 · 보두앙, 로랑. 《알바루 시자와의 대화》. 류근수 옮김. 동녘, 2014.
보겐스키, 앙드레. 《르 꼬르뷔제의 손》. 이상림 옮김. 공간사, 2006.
서동욱. 《차이와 타자》. 문학과지성사, 2003.

세넷, 리처드. 《장인》. 김홍식 옮김. 21세기북스, 2010.
이진경. 《철학과 굴뚝청소부》. 그린비, 2008.
Juhani Pallasmaa. 《건축과 감각》. 김훈 옮김. 시공문화사, 2013.
Juhani Pallasmaa. *The Thinking Hand*. John Wiley & Sons, 2009.
철학아카데미. 《철학, 예술을 읽다》. 동녘, 2006.
크로포드, 매튜 B. 《손으로, 생각하기》. 윤영호 옮김. 사이, 2017.
펠터슨, 루스 · 옹-얀, 그레이스. 《건축가—프리츠커상 수상자들의 작품과 말》. 황의방 옮김. 까치, 2012.
프롬, 에리히. 《사랑의 기술》. 황문수 옮김. 문예출판사, 2010.
홀, 스티븐. 《홀—스티븐 홀 빛과 공간과 예술을 융합하다》. 이원경 옮김. 미메시스, 2012.

5 다이어그램과 건축

담디 편집부. *PROGRAM DIAGRAMS*. DAMDI, 2011.
Mark Garcia. *The Diagrams of Architecture*. John Wiley & Sons, 2010.
봉일범, 《프로그램 다이어그램》. 시공문화사, 2006.
아키랩 편집부. *DIAGRAM*. Archi-Lab, 2017.
아키랩 편집부. *PROCESS*. Archi-Lab, 2017.
윤혜경·김주영·홍원화. 〈프로그램과 다이어그램의 적용을 통한 건축 형태 생성 연구〉, 대한건축학회 논문집 《계획계》 제26권(2010년 2월).
정인하. 《현대 건축과 비표상》. 아카넷, 2006.

6 포트폴리오

김경미. 《편집디자인 레이아웃》. 정보문화사, 2019.
사카모토 신지. 《마법의 디자인》. 김경균 옮김. 우듬지, 2016.
정철오. 《portfolio.alterego》. 현대건축사, 2005.
캘드웰, 케이트. 《포트폴리오 이렇게 만든다》. 김윤경·윤성은 옮김. 디자인하우스, 2011.
트래버스, 데이비드. 《건축 및 디자인 사무실의 브로슈어》. 꾸밈 편집실 옮김. 토탈디자인, 1985.
Harold Linton. *Portfolio Design*. W.W. Norton & Company, 2003.

7 일상 그리고 건축

담디 편집부. 《BODYSCAPE》. 담디, 2007.
루트번스타인, 로버트·루트번스타인, 미셸. 《생각의 탄생—다빈치에서 파인먼까지 창조성을 빛낸 사람들의 13가지 생각도구》. 박종성 옮김. 에코의서재, 2007.
이기주. 《언어의 온도》. 말글터, 2017.
키드, 칩. 《한 끗 차이 디자인 법칙》. 김성아 옮김. 문학동네, 2017.
Jill Sykes. *Sydney Opera House-from the outside in*. PLAYBILL, 1993.

8 여행 그리고 옛것 읽기

김낙중·정태용. 《루이스 칸—건축의 본질을 찾아서》. 살림출판사, 2010.
김영하, 《여행의 이유》. 문학동네, 2019.
로벨, 존. 《침묵과 빛—루이스 칸》. 김경준 편역. 미건사, 1992.
르 코르뷔지에. 《르 코르뷔지에의 동방기행》. 조정훈 옮김. 다빈치, 2005.
박규환·이동언. 〈루이스 칸의 건축에 나타난 폐허성 경험의 맥락적 의미〉, 대한건축학회 논문집 《계획계》 제24권(2008.12.).
보통, 알랭 드. 《여행의 기술》. 정영목 옮김. 이레, 2004.
안도 다다오. 《나, 건축가 안도 다다오》. 이규원 옮김. 안그라픽스, 2009.
안도 다다오. 《안도 다다오의 도시방황》. 이기웅 옮김. 오픈하우스, 2011.
안도 다다오. 《건축을 꿈꾸다》. 이규원 옮김. 안그라픽스, 2012.

9 인문학 그리고 건축

김훈. 《자전거 여행 1》. 문학동네, 2016.
러스킨, 존. 《건축의 일곱 등불》. 현미정 옮김. 마로니에북스, 2012.
로스, 아돌프. 《아돌프 로스의 건축예술》. 오공훈 옮김. 안그라픽스, 2014.
로스, 아돌프. 《장식과 범죄》. 현미정 옮김. 소오건축, 2006.
맥도너, 윌리엄 · 브라운가르트, 미하엘. 《요람에서 요람으로》. 김은령 옮김. 에코리브르, 2003.
바슐라르, 가스통. 《공간의 시학》. 곽광수 옮김. 민음사, 1994.
비알, 스테판. 《철학자의 디자인 공부》. 이소영 옮김. 홍시, 2012.
비트루비우스. 《건축십서》. 오덕성 옮김. 기문당, 1987.

승효상. 《빈자의 미학》. 미건사, 1996.
승효상. 《지혜의 도시 지혜의 건축》. 서울포럼, 1999.
AMOS IH TIAO CHANG. 《건축공간과 노자사상》. 윤장섭 옮김. 기문당, 2001.
아이작슨, 월터. 《스티브 잡스》. 안진환 옮김. 민음사, 2011.
알베르티, 레온 바티스타. 《건축론》. 서정일 옮김. 서울대학교출판문화원, 2018.
오강남. 《장자》. 현암사, 2003.
이토 도요. 《내일의 건축》. 이정환 옮김, 안그라픽스, 2014.
잉겔스, 비야케. 《YES IS MORE》. 서울외국어대학원대학교 통번역센터 옮김. 아키라이프, 2010.
자런, 호프. 《나는 풍요로웠고, 지구는 달라졌다》. 김은령 옮김. 김영사, 2020.
정인하. 《김수근 건축론》. 시공문화사, 2000.
최진석. 《노자의 목소리로 듣는 도덕경》. 소나무, 2009.
쿠마 켄고. 《약한 건축》. 임태희 옮김. 디자인하우스, 2009.
하이데거, 마르틴. 《강연과 논문》. 이기상 · 신상희 · 박찬국 옮김. 이학사, 2008.

부록

부록에 수록한 두 개의 포트폴리오 사례는 그 내용과 형식에 있어 차이가 크지만, 콘텐츠와 편집의 완성도가 모두 훌륭하다. 그 차이는 만든이의 건축을 바라보는 태도와 가치관이 원인이지만 프로젝트를 대하는 열정과 진정성은 같다. 이러한 두 사례의 차이와 같음은 포트폴리오를 준비하는 사람들에게 좋은 참고자료가 될 것이다.

첫 번째는 하버드대학교 대학원 도시디자인 석사과정에 입학한 이광훈 학생의 포트폴리오이다. 표지를 넘기면 맨 앞장에 이력서가 있다. 국내외 공모전 참여 및 인턴 경험, 전시 · 출판 등 대학에서의 다양한 활동기록이다. 이를 통해 이 학생이 얼마나 많은 시간과 열정을 다해 설계했는지 미루어 짐작이 간다. 포트폴리오를 넘겨보면 손으로 만든 모형사진과 컴퓨터그래픽이 조화를 이루어 시너지를 발휘한다. 또한, 전체적으로 자기만의 건축 이야기를 꾸준히 이어가는 끈기와 진솔함이 느껴진다. 감각적이고 감성을 자극하는 포트폴리오이다.

두 번째는 국내의 대형 설계사무소에 취업한 권준형 학생의 사례이다. 이 포트폴리오에는 모든 프로젝트를 처음부터 끝까지 일관되게 밀어붙이는 힘이 담겨있다. 설계의 과정과 그 결과물의 완성도가 깐깐하고 충실하다. 대충 넘어간 프로젝트가 없다. 겉으로 보이는 화려한 이미지보다 숨겨진 내공의 강함이 느껴진다. 특히, 다른 학생들에 비해 2D 도면의 작업이 뛰어나다. 더불어 아직은 기술적으로 품질이 애매한 3D 프린팅의 결과물도 보기 좋다. 애쓴 흔적이 역력하고, 건축에 대한 열정과 끈기가 포트폴리오를 보는 이에게 전달된다.

포트폴리오 사례 1. 이광훈 [포트폴리오에 대한 작가 설명]

이 포트폴리오는 미국의 대학원 석사 과정 진학을 위해 학부의 설계 스튜디오 결과물과 그동안 참여했던 공모전 작업 등을 정리한 작품집이다. 대학 5년 동안 진행해 온 작품들에는 다양한 주제들과 크고 작은 여러 스케일의 작업이 마구 섞여 있었기 때문에 다소 난잡해 보일 수 있는 프로젝트들을 일관되고 통일성 있도록 재배열하는 것이 편집에서 있어서 가장 큰 고민거리였다.

먼저 나의 개인적인 관심사를 가장 잘 드러낼 수 있는 두 개의 프로젝트를 포트폴리오의 가장 앞부분에 배치하여, 이를 보는 사람들이 처음부터 포트폴리오 전체를 관통하는 큰 주제를 먼저 접할 수 있도록 편집하였다. 특히, 이 과정에서 내가 작업한 프로젝트 중에서 가장 작은 스케일의 작업과 가장 큰 스케일의 작업 두 가지를 선택하여 다양한 상황에 맞게 설계를 발전시켜 나가는 여러 디자인 방법과 과정을 보여주고자 했다.

또한, 단순히 건축설계에만 국한된 콘텐츠에 머무르지 않고, 도시 설계라는 세부 전공과의 연결성을 여러 프로젝트에서 끊임없이 강조하고자 했다. 이를 위해 모든 프로젝트를 도시적인 맥락에서 다시 바라보는 방식으로 재구성하여, 도시적인 디자인 접근 방법을 다방면으로 표현하였다. 이렇게 함으로써 비록 프로젝트들 각각의 주제나 성격은 모두 다르지만, 도시 디자인이라는 하나의 큰 프레임 안에서 일관된 나의 관심사를 다시 한 번 강조할 수 있었다.

이처럼 이 포트폴리오는 내가 전달하고자 하는 주제를 여러 프로젝트를 통해 다각적이면서도 통일성 있게 표현하고 있다고 할 수 있다. 또한, 포트폴리오의 주 목적이 학업을 지속하는 데에 있었기 때문에, 프로젝트들의 완성도 있는 결과물보다는 다소 투박하더라도 나만의 디자인 발전과정을 주로 보여주고자 했다. 특히 해외 대학원에는 전 세계에서 유수의 자원들이 모두 지원하는 만큼, 자기만의 색깔과 디자인 방법을 개성 있게 보여주는 것이 성공적인 결과를 이끄는 데에 있어 큰 도움이 된다고 생각한다.

Portfolio

KWANG HOON LEE

Selected Works
2015-2018

Bachelor of Architecture
Korea University

부록 263

kwanglee@gsd.harvard.edu

01 REDISTRIBUTION OF LIGHT

Bringing Light to Semi-underground Spaces

International VELUX Award 2016

Global Winner

Year: 2016
Type: Urban Regeneration
Theme: Light of Tomorrow
Instructor: Se Jin Kim
Jury: Omar Gandhi, Francesco Veenstra, Zbigniew Reszka, Christine Murray, Per Arnold Anderson
Category: Idea Competition
Role: Collaborative Work as a Team Leader of 3 Members

International VELUX Award 2016 for students of architecture

So called semi-underground spaces in Seoul emerged in the 1970s as subterranean air-raid shelters. As the population grew, the spaces transformed into illegal housing units. One of the visible characteristics of the spaces is small eye-level windows that admit little light into the interiors. The project suggests how daylight coming to the interior spaces by day and the artificial light extending to the narrow road by night can be amplified. It took its starting point in a societal situation along with a realistic challenge, and subsequently suggests a solution that seems viable as a very simple intervention of the cubic, sliding window prism.

Semi-underground: Space of Segregation

As the name refers, semi-underground spaces are half underground, half above ground; distinctiveness that causes numerous problems such as lack of lighting, excessive humidity etc. Most of these spaces are located in multi-residential buildings, which compose widespread outdated district of the city, Seoul. These subterranean dwellings generally belong to minorities, mainly people of low economic standard.

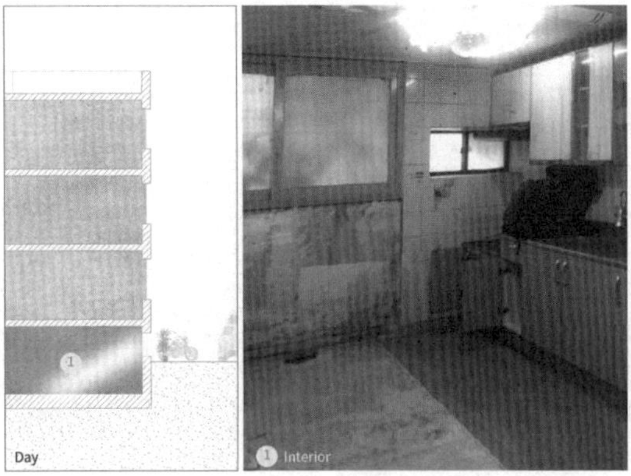

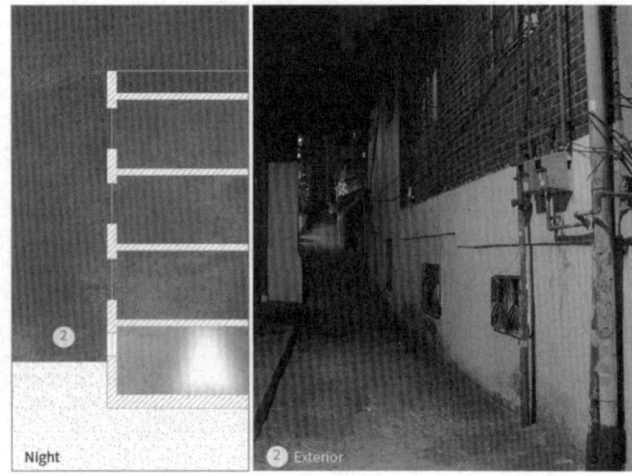

Focusing on Micro Elements Expecting Macro Impact

The project tries to deal with human scale, or micro-scale elements of the city, which people directly feel and spend most of their time in their lives. At the same time, it expects the macro scale impact on the whole city with a small gesture. With a slight touch to a window, it can overturn its limit into possibility.

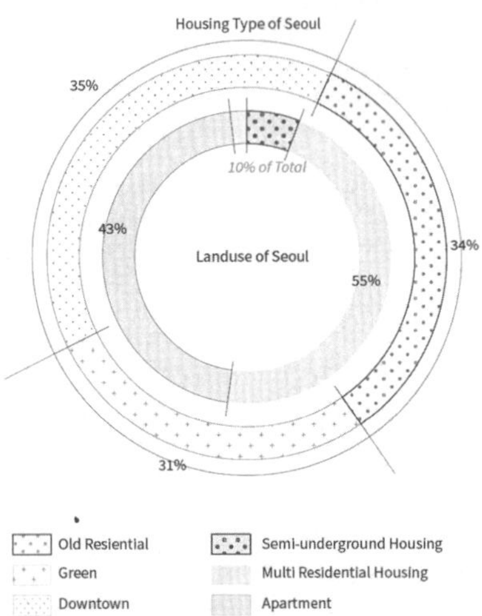

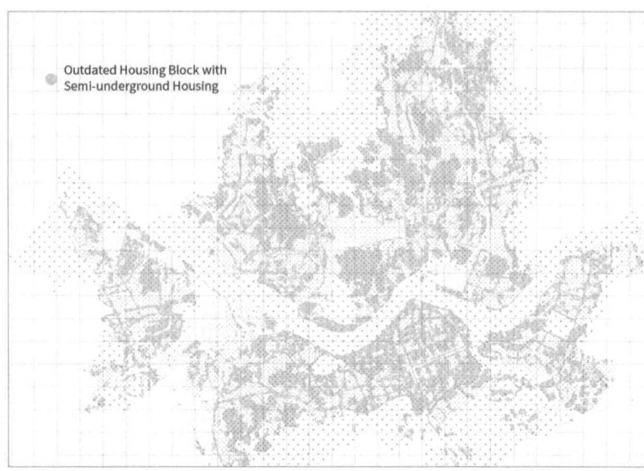

The diagram shows widespread semi-underground housing units in Seoul. More than half of the residents of Seoul are living in an outdated environment, and 10 percent of total dwell in the worst condition of housing.

Window | Semi-underground Housing | Outdated District | City

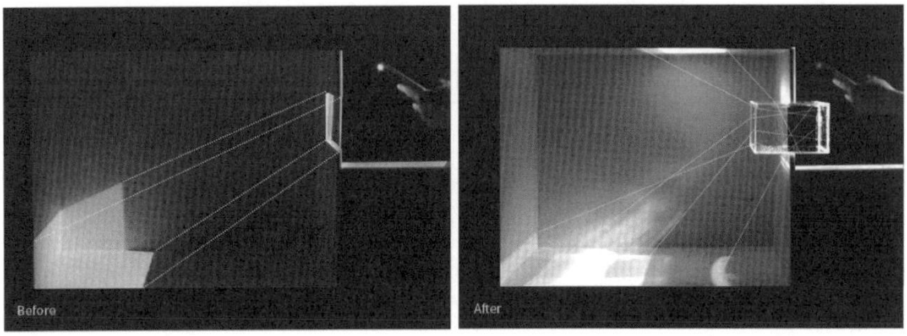

Refraction occurs when the light meets an alkarine solution in the glass box. Through refraction, light is scattered and dispersed.

Light Simulation with the Physical Model (1:10)

Currently, semi-underground spaces are only granted with scarce amount of light. The concentrated light coming through limited area is not dispersed enough. In response, simple cubical cylinder filled with an alkaline solution was inserted replacing a window. As light meets a different matter, dispersed daylight lightens the whole space.

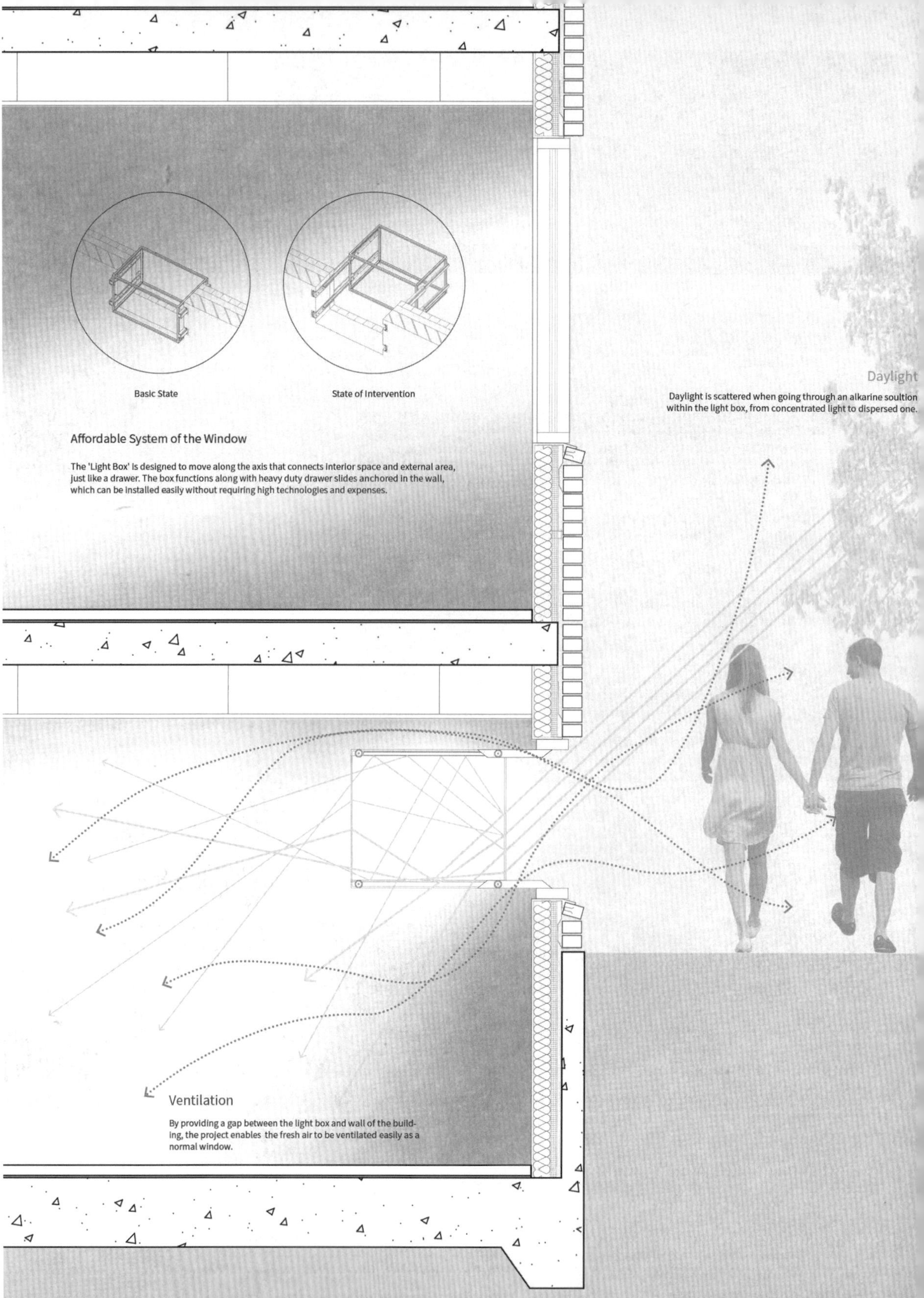
Basic State
State of Intervention
Affordable System of the Window
The 'Light Box' is designed to move along the axis that connects interior space and external area, just like a drawer. The box functions along with heavy duty drawer slides anchored in the wall, which can be installed easily without requiring high technologies and expenses.
Daylight
Daylight is scattered when going through an alkarine soultion within the light box, from concentrated light to dispersed one.
Ventilation
By providing a gap between the light box and wall of the building, the project enables the fresh air to be ventilated easily as a normal window.

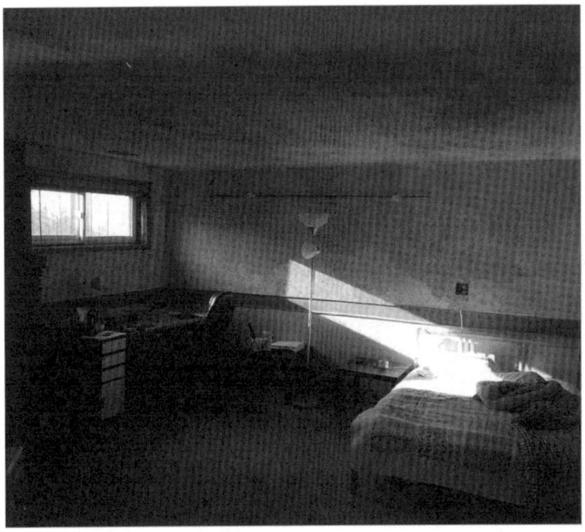

Day Time: Interior Intervention

During the day time, the box can be pulled into the semi-underground space and eventually control the brightness of the space. It will foster the living environment, not only dealing with brightness but also the overall atmosphere.

Night Time: Exterior Intervention

During the night time, artificial light from the room can be dispersed through pushed out box to lighten the dark environment, just like a light pole. It can transform the gloomy atmosphere into the poetic one.

Renewal of the Urban Environment: Transforming the Whole Cityscape

Not only dealing with internal problems but also the outer environment, the project expects the box to become an infrastructure such as light poles. Through the intervention, the project tries to bring 'daylight' back to where it needs, which is so basic and equal that everyone must have, as a means to restore normality in residential environment. Starting from the 10% of people of minorities, the project has a potential to change the whole cityscape.

Physical model simulation under the night condition shows how scattering lights from the bright interior can be exuded through the glass box filled with an alkarine solution and brighten the dark exterior spaces.

13

02 LIVING ABOVE THE CITY

Overlaying Social Housing Layer upon the Waterfront of Seoul

Thesis Project

Year: 2018
Location: Seoul, Korea
Type: Urban Design & Building Reuse
Instructor: Taek Hong, Jae Woo Lee
Category: Academic Graduation Project
Role: Individual Work

One of the urgent social issues in Korea is the lack of housing in Seoul. The rising land price and population density of Seoul has already reached an excessive state, displacing people of middle and low level to suburban areas. Unfortunately, several attempts by the government haven't work efficiently. The project suggests affordable and accessible social housing in the center of Seoul, beyond the existing layer that belongs to industrial and business district. Furthermore, the project expects a remarkable synergy which can be created along with waterfront, Cheonggaecheon. By overlaying housing blocks upon the city, an inactive stream can be regenerated and work as an outstanding environment for the residents.

Social Context: Demand for Accessible Urban Housing

In recent years, demand for housing in Seoul has dramatically increased. Also, the density of the housing of the city has already reached an excessive state, which means that there are no site remaining for additional housing in Seoul. Even though the city government tried to alleviate the problem by providing housing in suburban area, those attempts turned out to be ineffective, since those units contained many problems such as poor accessibility to the city, or lack of urban infrastructure.

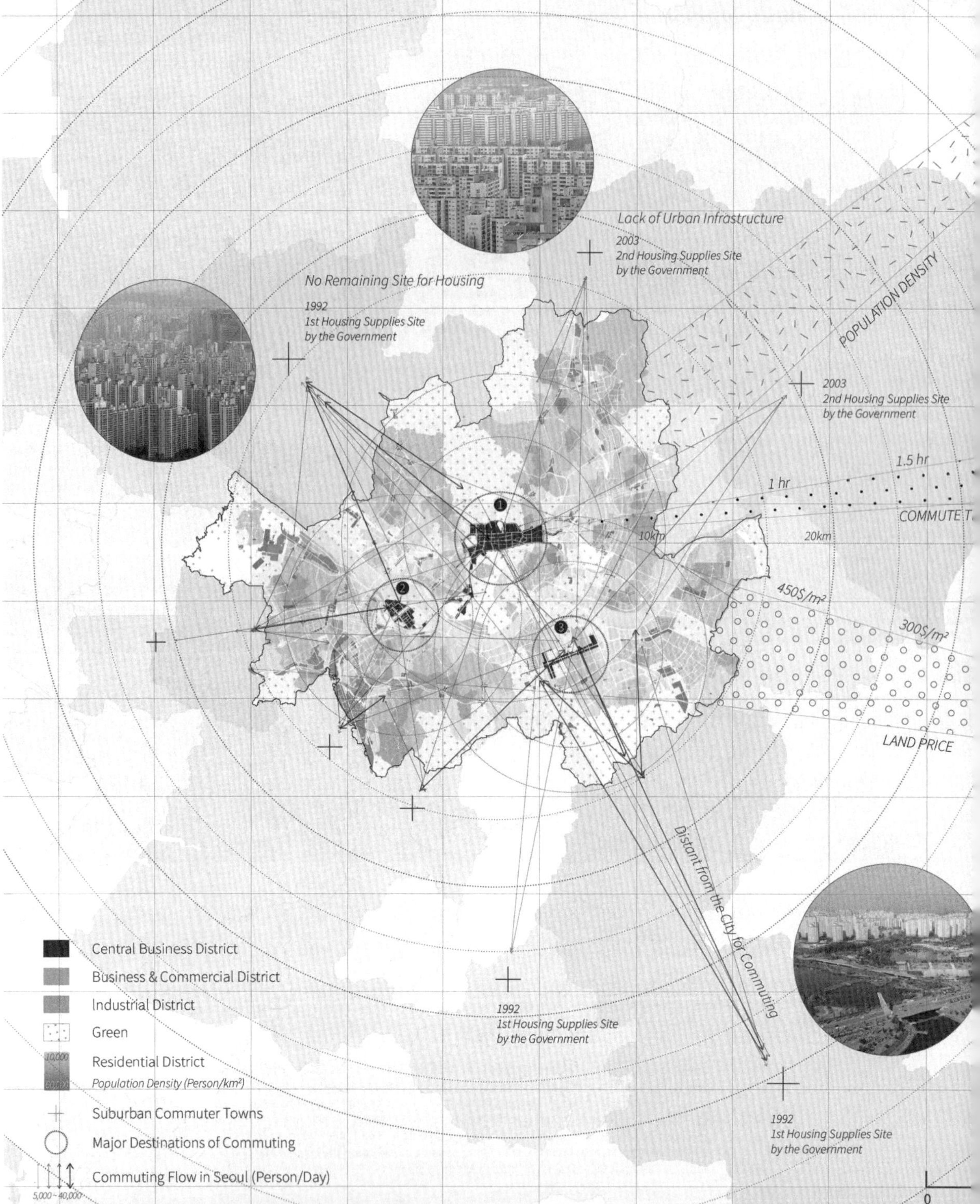

Issue: Lack of Available Site for Affordable Housing

In addition to the increasing gap between the demand and supply of urban housing, the rising price of the houses in the city led to several serious issues. Young people absolutely cannot afford thier home near the city. Moreover, even the site in suburban area has already been saturated. Given that such trend will keep going on in the future, the society is indeed waiting for the solution.

No More Available Residential Area in the City

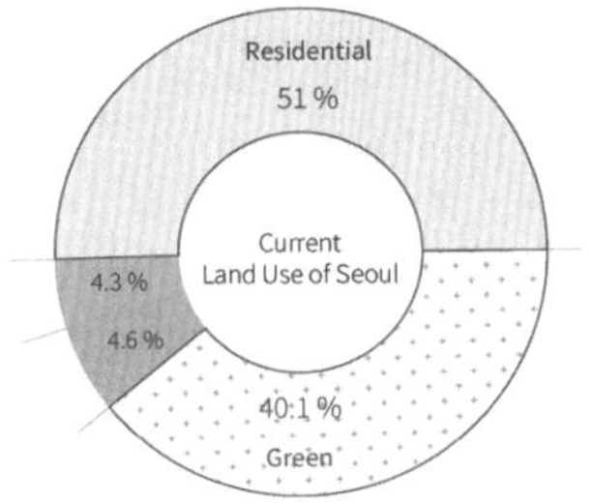

City Trying Not to Demolish Green

Current residential district of Seoul is full in terms of density and available site area. Also, since the government adamatly banned the development of green, Seoul has no more vacant space that can accommodate additional housing units, especially the massive social housing block.

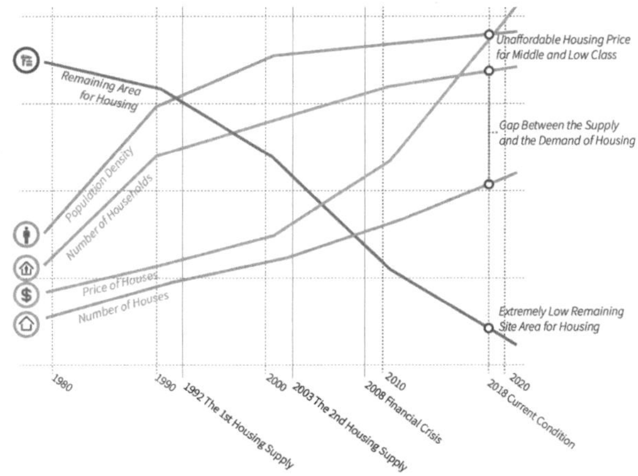

Strategy: Adding Public Residential to the Business and Industrial District

The city government of Seoul recently stated that they will provide more affordable and accessible housing units in the city with office buildings, yet there is still no clear solution for its proclamation. As a response, the project tries to suggest a proposal of social housing, the solution that can support the goal of the city. The project focuses on non-residential districts; business and industrial district for new housing.

Day Time *Night Time*

Since three main CBD area consists of offices and industry facilities, these area turns into 'hollow' state at night. They became very dark and inactivated, leading to temporary slum until the morning.

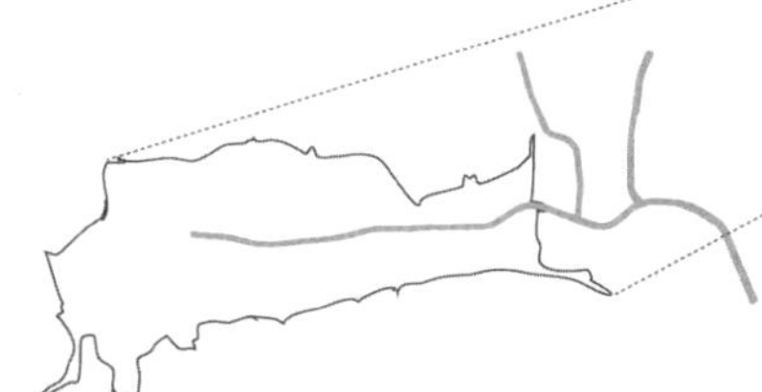

Jongro is the oldest and outdated district in Seoul, and includes a starting point of the stream, Cheonggaecheon. The city government of Seoul re-developed the buried stream in 2003, yet rash development led to lack of qualities in terms of accessibility and connection.

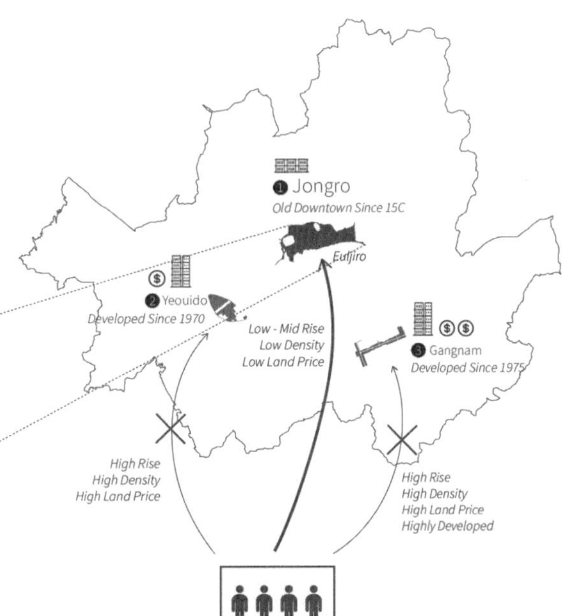

Additional Social Housing inside the City

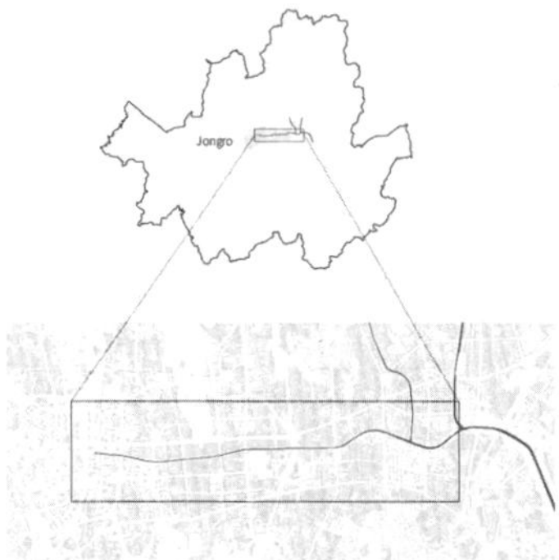

Starting from Jongro, the stream extends to almost 11km long horizontally, flowing in the center of Seoul.

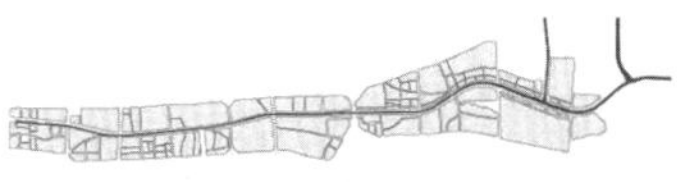

Only some parts of the stream are energetic and crowded, whereas most portion is desolate and isolated from the city.

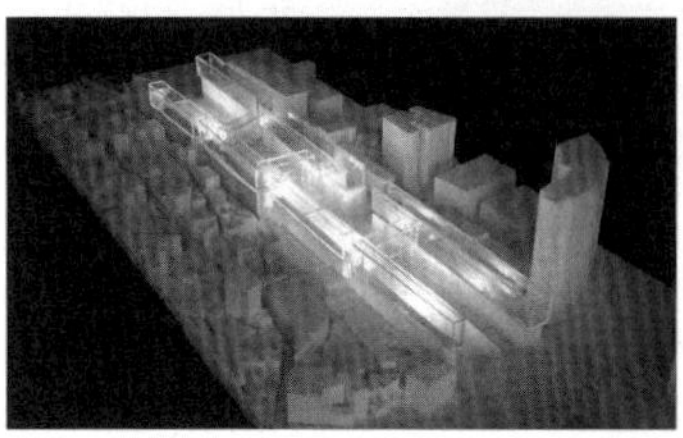

The project focuses on revitaliztion of linear stream, dealing with adjacent waterfront buildings.

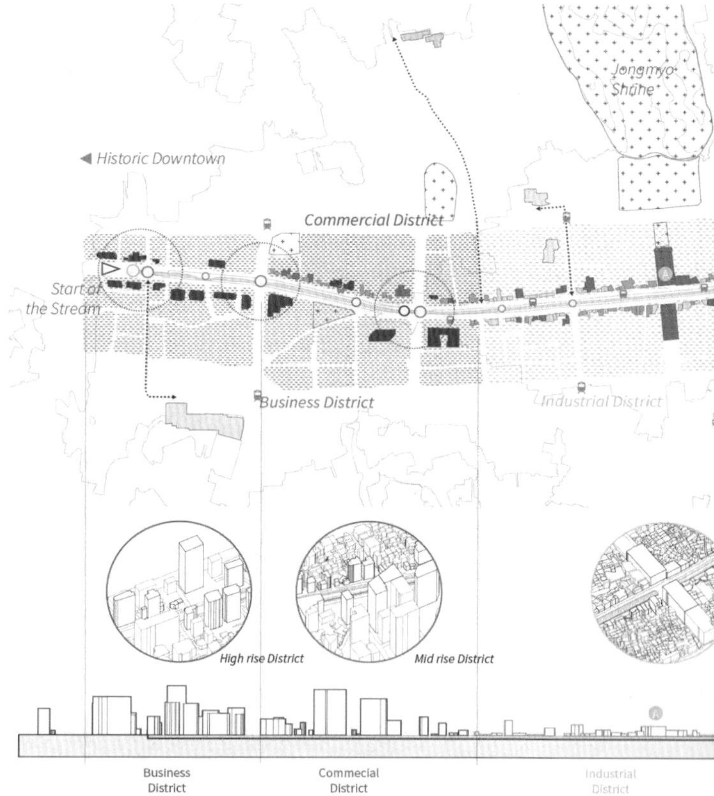

Limits of the Blocks in Waterfront

Cheonggaecheon is almost isolated from the city, due to the vehicle roads crossing, and surrounding the stream. Even though there are several open spaces throughout the city, they are blocked by roads. Also, a linear and sunken stream 8 meters below the ground level makes a monotonous, and closed atmosphere to pedestrians.

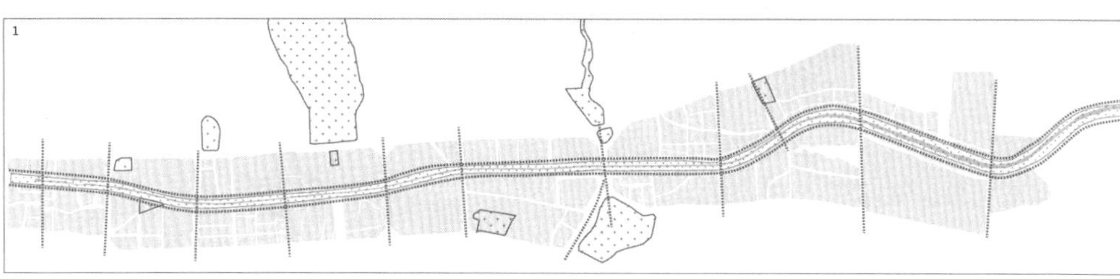

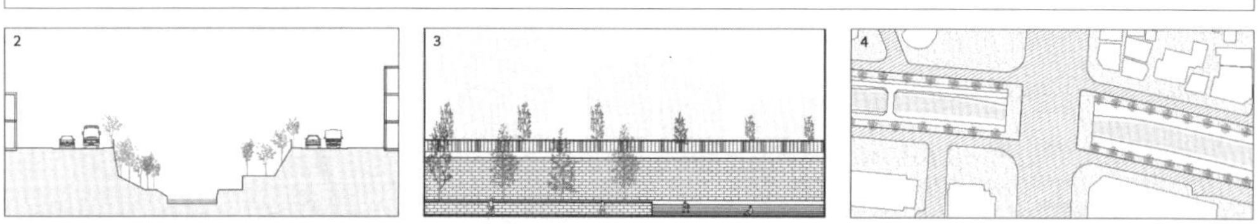

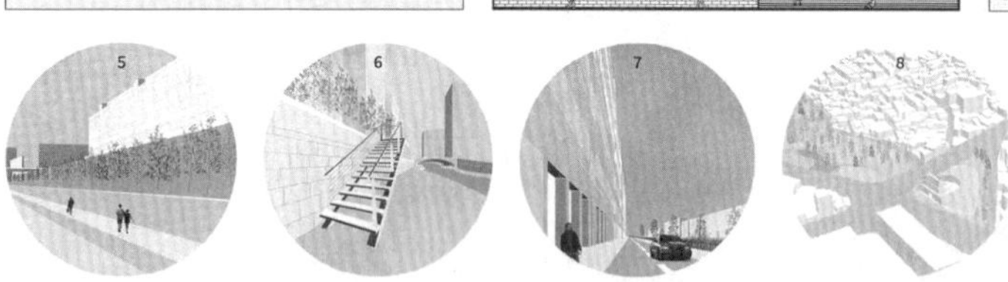

1 Roads Blocking the Stream
2 General Section
3 General Elevation
4 General Ground Floor Plan
5 Monotonous Sequence
6 Limited Access
7 Surrounding Roads
8 Isolated Open Spaces

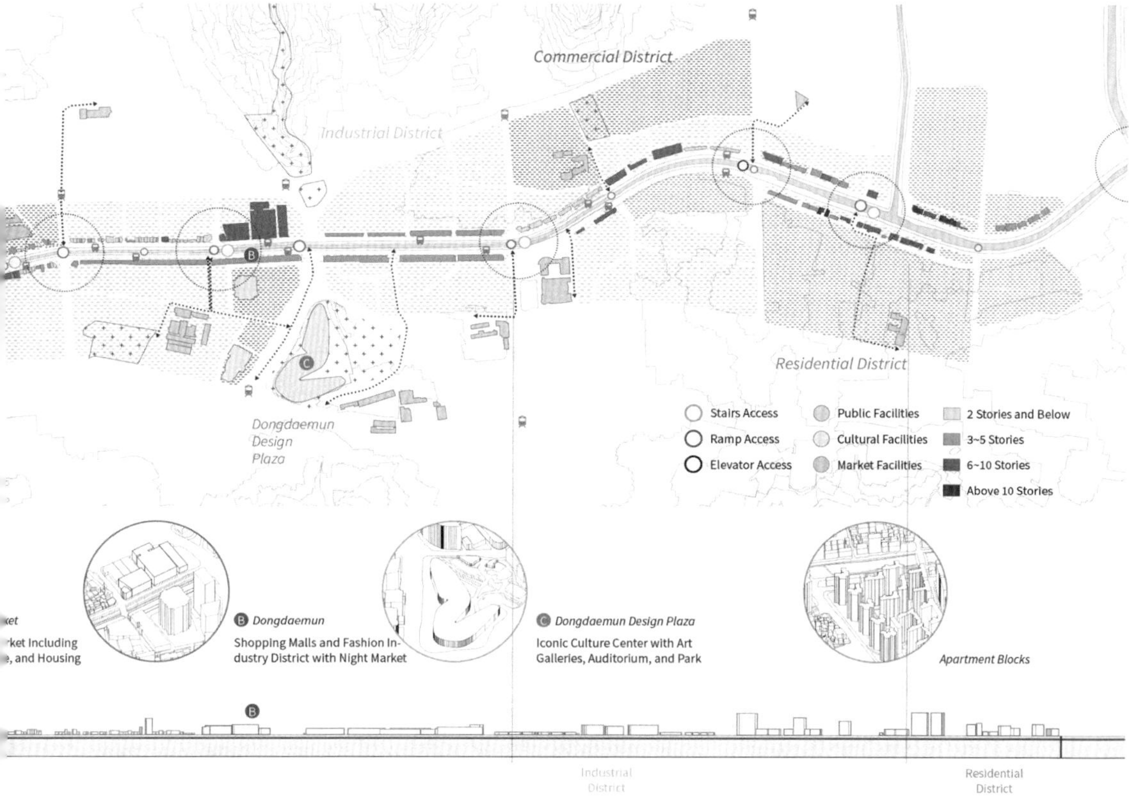

Potential of the Blocks for the Waterfront Social Housing

Waterfront blocks of Cheonggaeheon contains many potentials which going to generate synergy when combined with housing. Since the stream is located in the center of the city, it can benefit from its urban context and infrastructure, which means that these blocks have many advantages that going to fulfill the needs of residents.

Calm Condition in the Evening

Since most of land use along the stream are business and industrial, the waterfront turns extremely dark after its working hours. However, the project focuses on the calm condition of the site after 5PM, preventing the city from getting hollow.

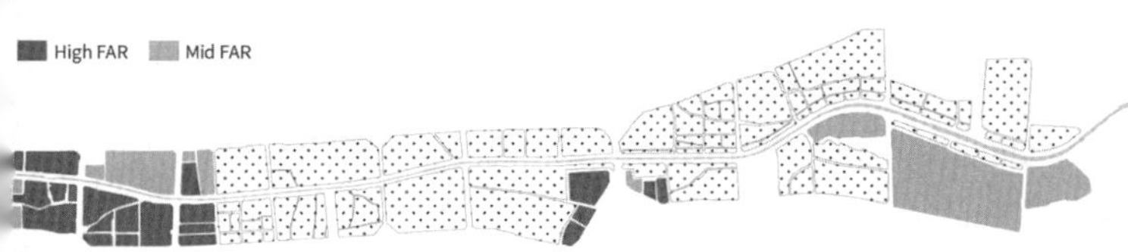

Remarkable Capacity from Low FAR

The industrial buildings were built in 1960s and haven't experienced any intervention for the past decades. As a result, these buildings have the most low FAR within the city, even though they are located in the very center of Seoul.

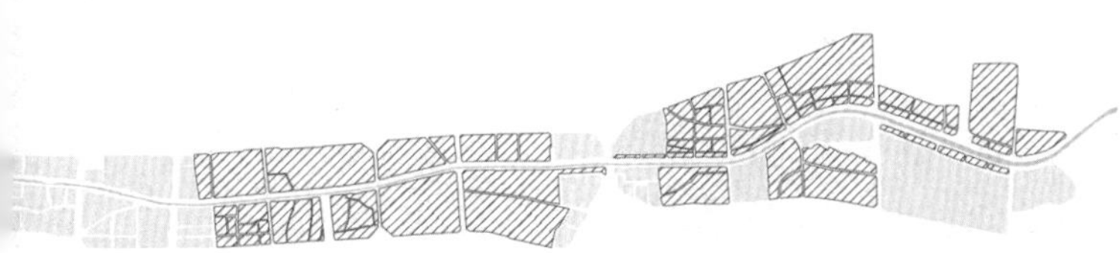

Outdated Blocks Waiting for Regeneration

Blocks that consist of old buildings are located along the linear stream, getting exclusive and losing visitors. Cheap land price of the old blocks also enhances the affordability regarding the capacity of new social housing block.

278

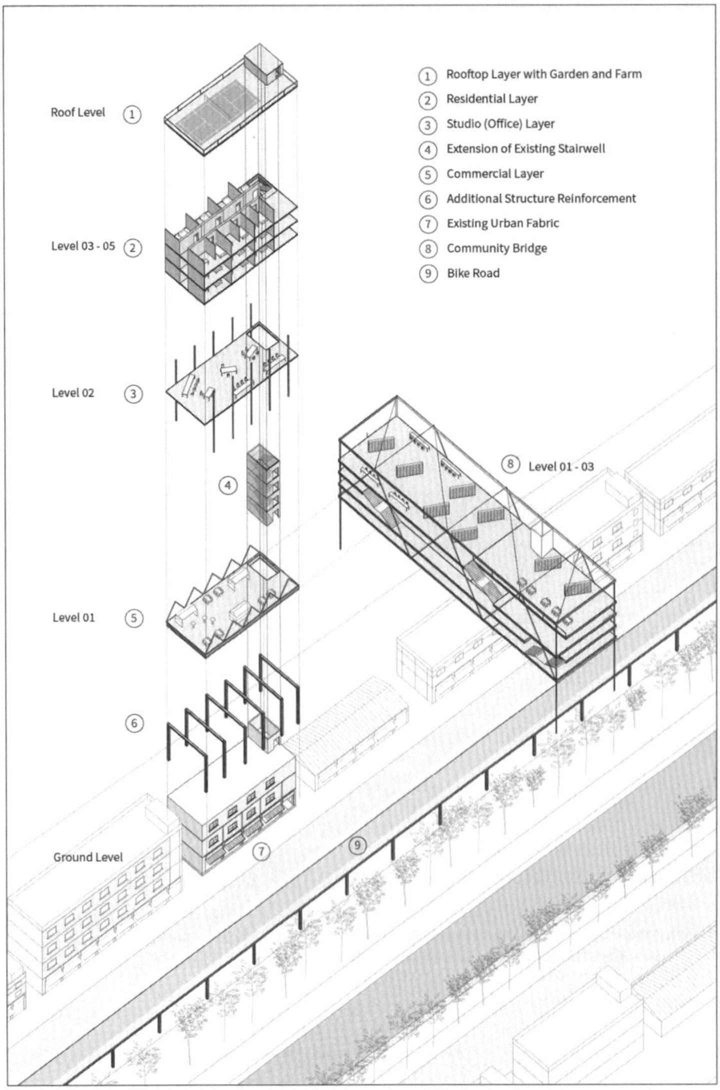

Prototype of the intervention consists of several layers overlaid upon the existing building and the city. Not destroying the existing city fabric, additional structure will support new layers above, so that the strategy of the prototype can be applied to the site independently regardless of its previous condition.

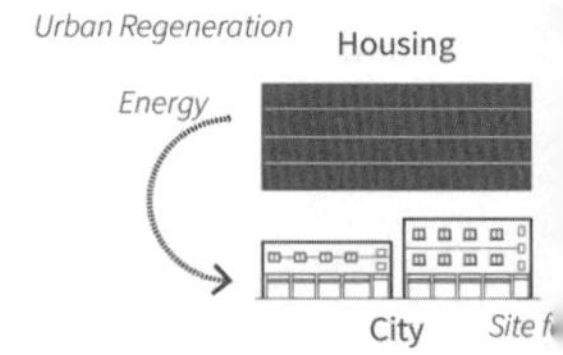

The project envisions a remarkable symbiosis between the two layers; city and housing. Two systems can benefit from each other.

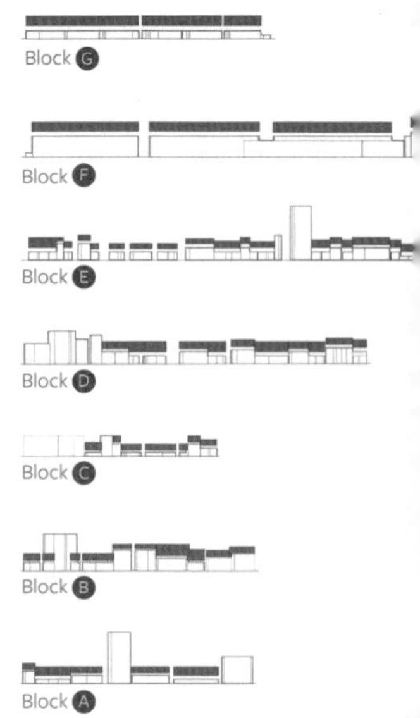

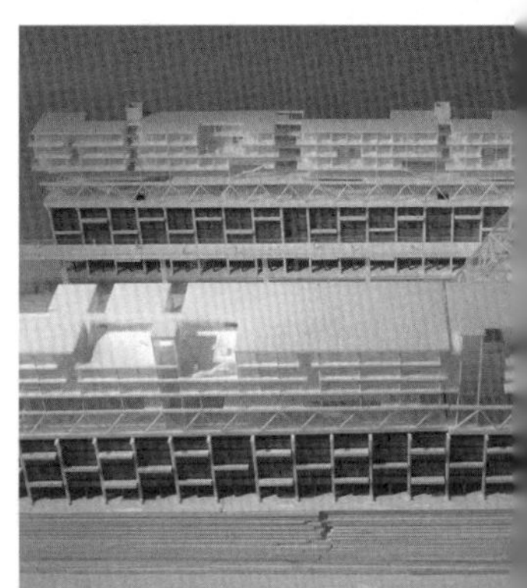

Overlaying New Layers Above the City

Four main types of housing units compose the new social housing block, overlayed upon the city. The project can uphold total number of approximately 2200 dwelling units, which account for about 90 percent of the expected objective of the city government. Housing layer will be integrated with other layers; including commercial layer, studio layer, and several community facilities with circulation layer.

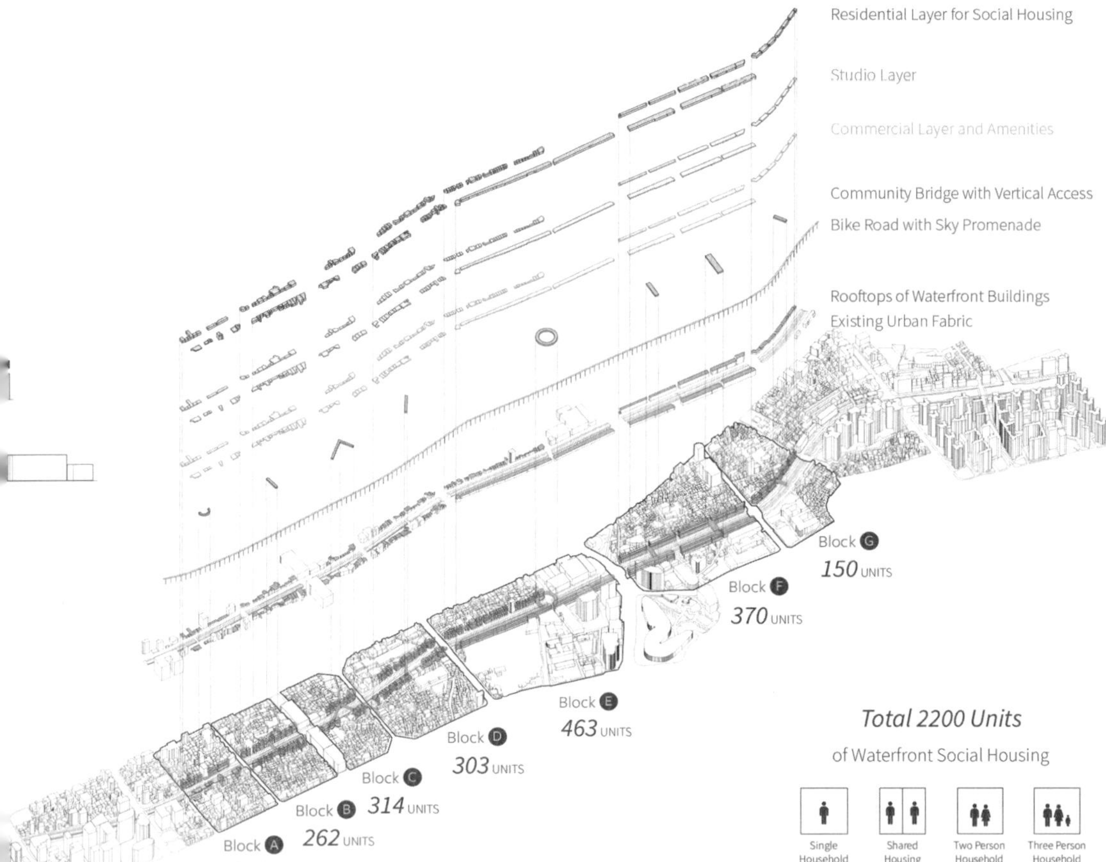

From a single household unit to a three-person household unit, units will vary in size based on the urban context of the blocks.

Elements of the Integratec

The project suggests the housing and commercial layer
new layers will be naturally combined to the city, consist
tem is composed of five

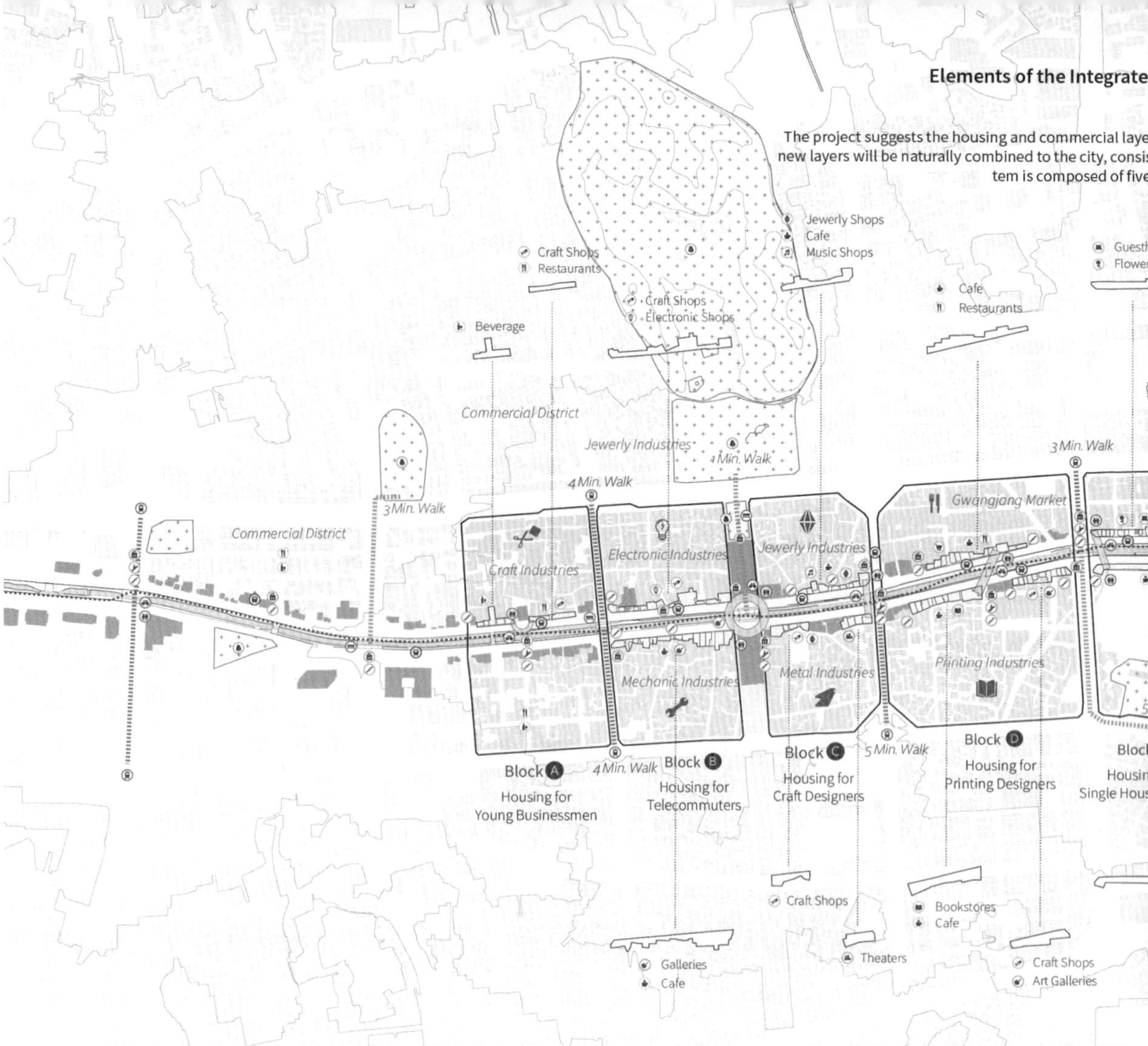

Waterfront System

The project maximizes the advantages of waterfront, which has not been utilized well for the past years.

Infrastructure System

Not only providing housing units to the city, the project itself work as an urban infrastructure, promoting the urban environment.

Trans

Above the existi
independent tr
ve

...sed on the Urban Context

...ed with adjacent urban context. Through the strategy, ...system above the existing city fabric. The complete sys... ...teract with each other.

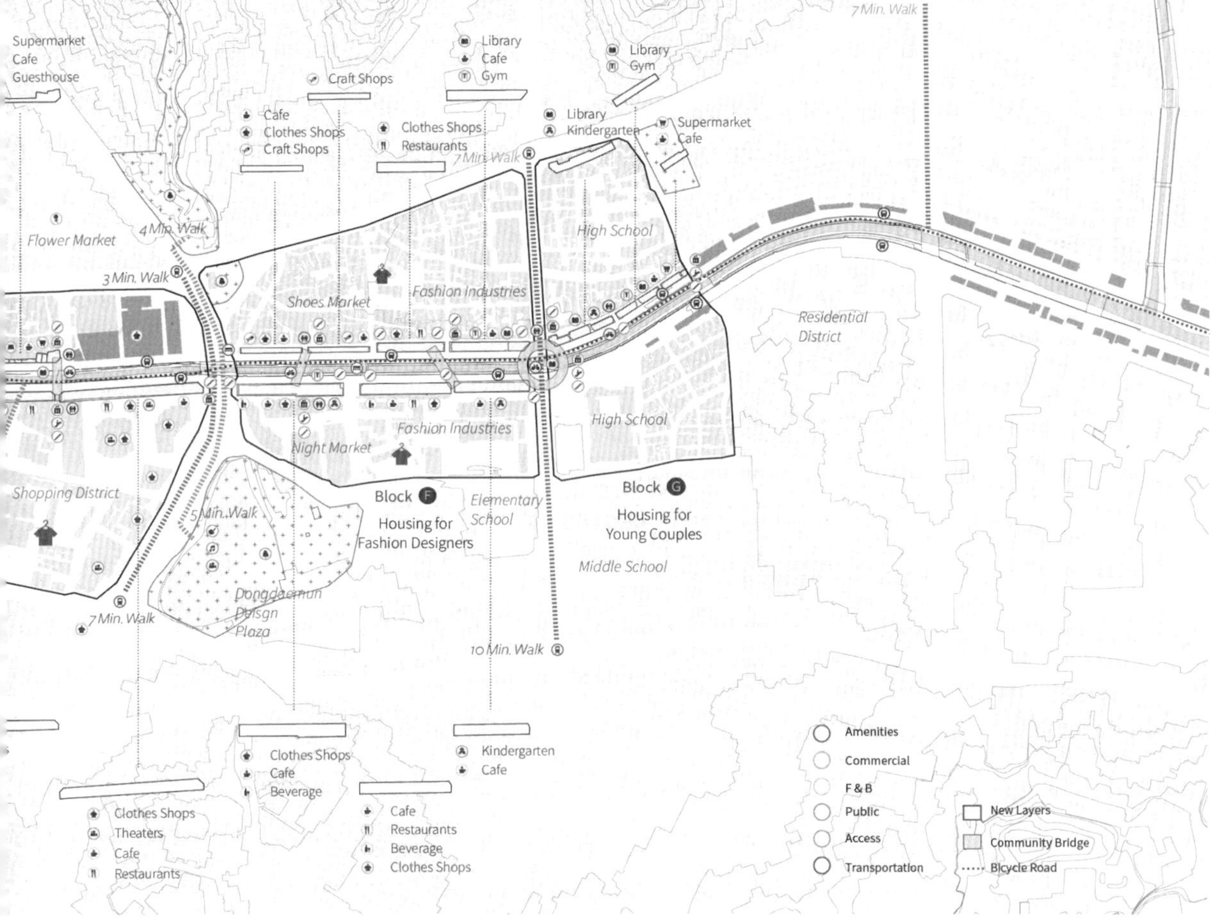

...stem

...ect involves an ...stem including ...

Housing System

The housing of the project can actively benefit from its environment; waterfront and city view from the terrace for instance.

Community System

The project encourages the interactive community between the residents, and the visitors throught the whole block.

Block F

Housing for Fashion Designers

1 Columns Integrated with the Facade of the Existing Building

2 Sky Walk for Bicycle and Pedestrian

3 Accessible Waterfront Fully Opened to Public

Providing Remarkable Infrastructure System to the City

In addition to the housing layers, the project has a great potential to foster the city in various ways. Not only for the residents, but the project can support workers and visitors of the site with commercial layer, which also includes cafeteria and restaurants. Furthermore, it provides a wide range of urban infrastructure system, that interacts with the existing city organically.

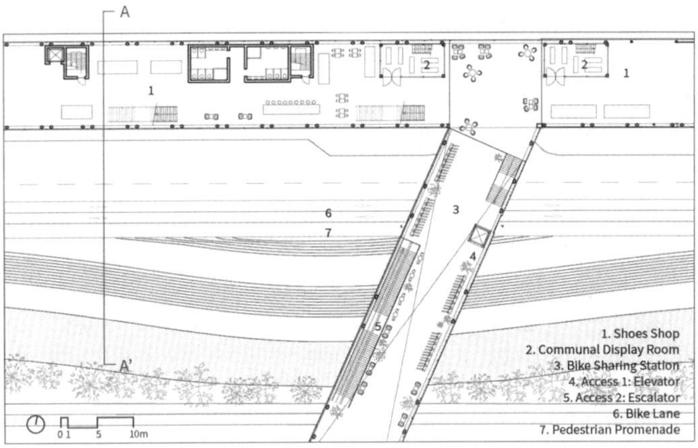

Commercial Layer and Bridge Floor Plan (@Level 01, +17.00m)

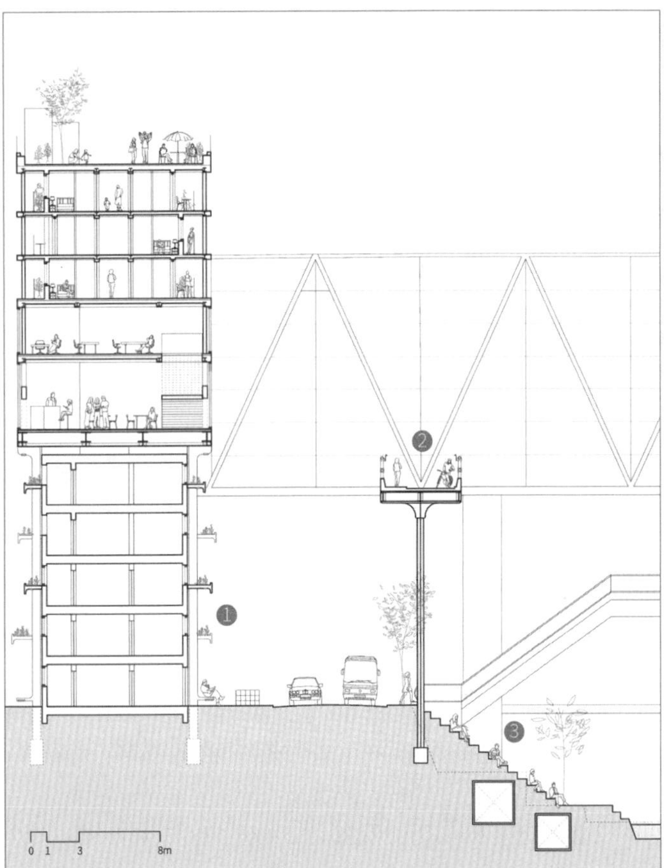

Section AA'

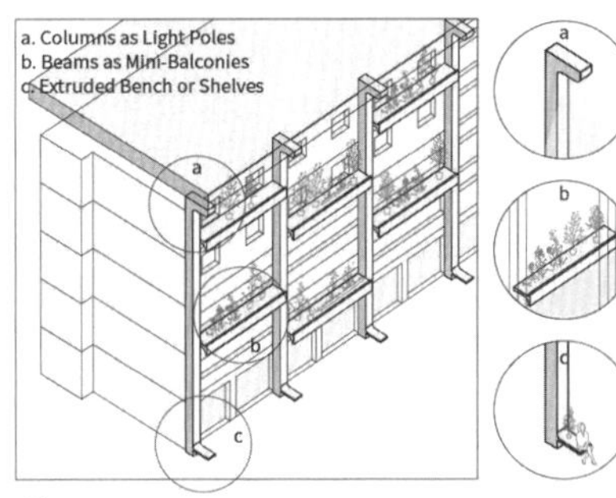

❶ Interactive Structure on the Facade

The new structure can work as an infrastructure system for the city, such as lightings and bench.

❷ Public Bike Sharing System

The project provides sharing bikes and route, working as an outstanding commuting road in the center of the city.

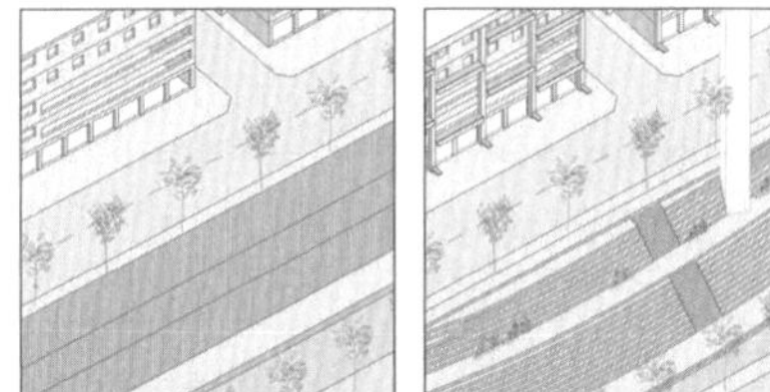

❸ Revitalized Accessible Waterfront

The project involves opened and accessible waterfront, without having a steep wall like previous condition.

Housing System with Various Units and Terrace

The housing system of Block F consists of six units, vary in size and composition. Based on the 3mx3m grid of the existing building, various combinations of units are generated. As the block is designated for fashion designers, the housing units will belong to single and two person households, with 27m² to 54m² area. Also, the project provides terrace for each units, some toward the city and others toward the stream.

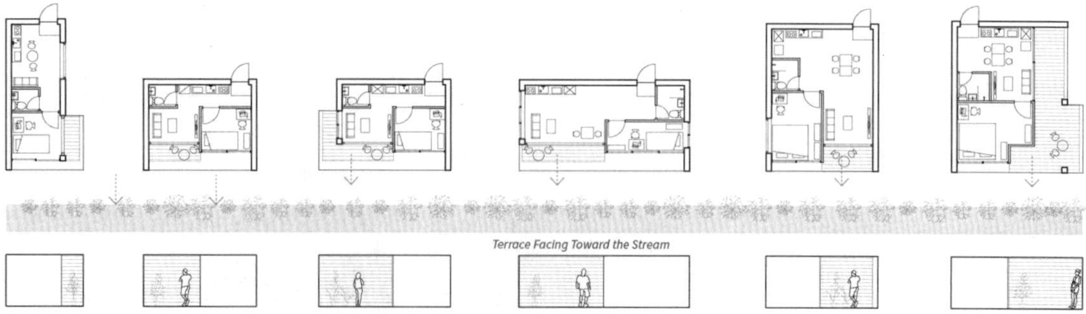

284

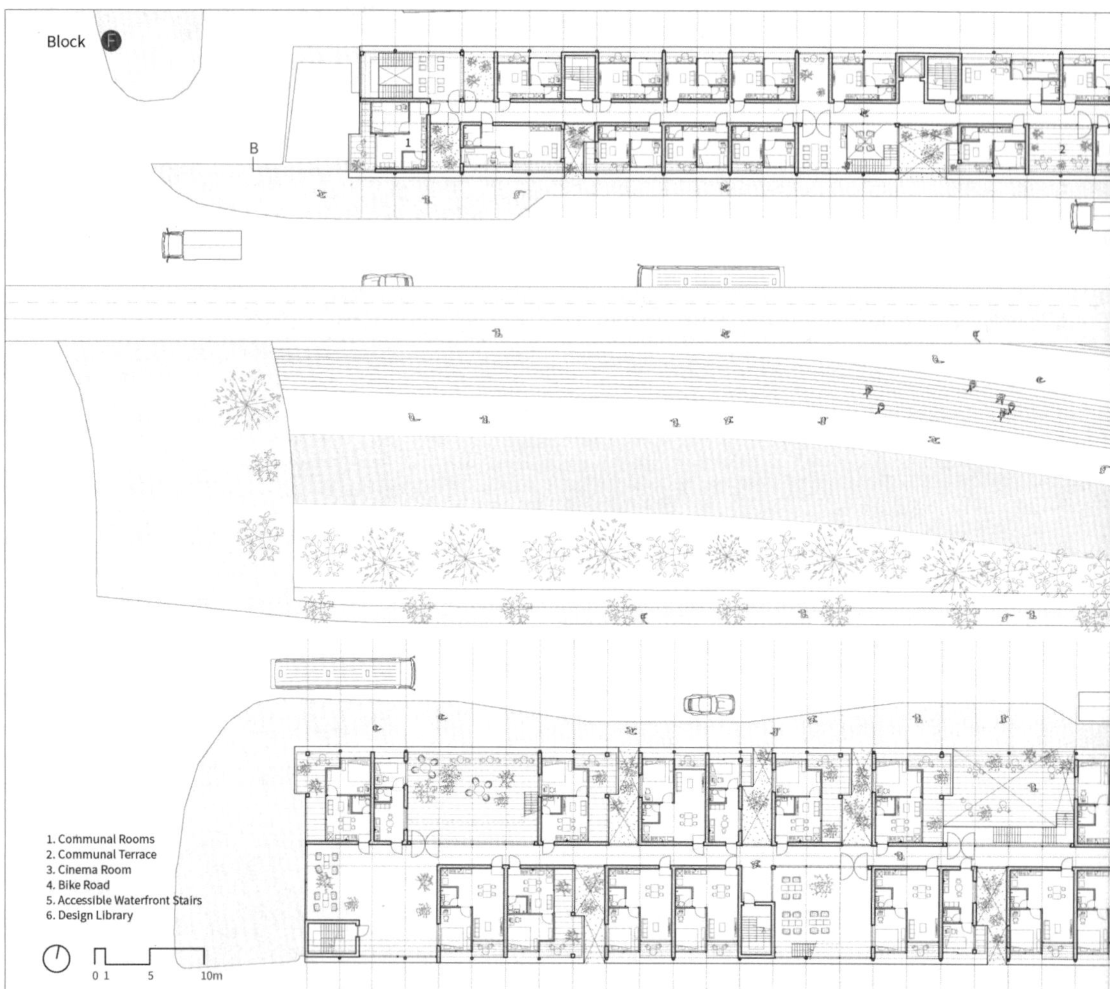

Residential Layer Typi

Regarding the size of these units, various sizes of the terrace create unique patterns on the facade, which will make up the main elevation which can be seen from the waterfront.

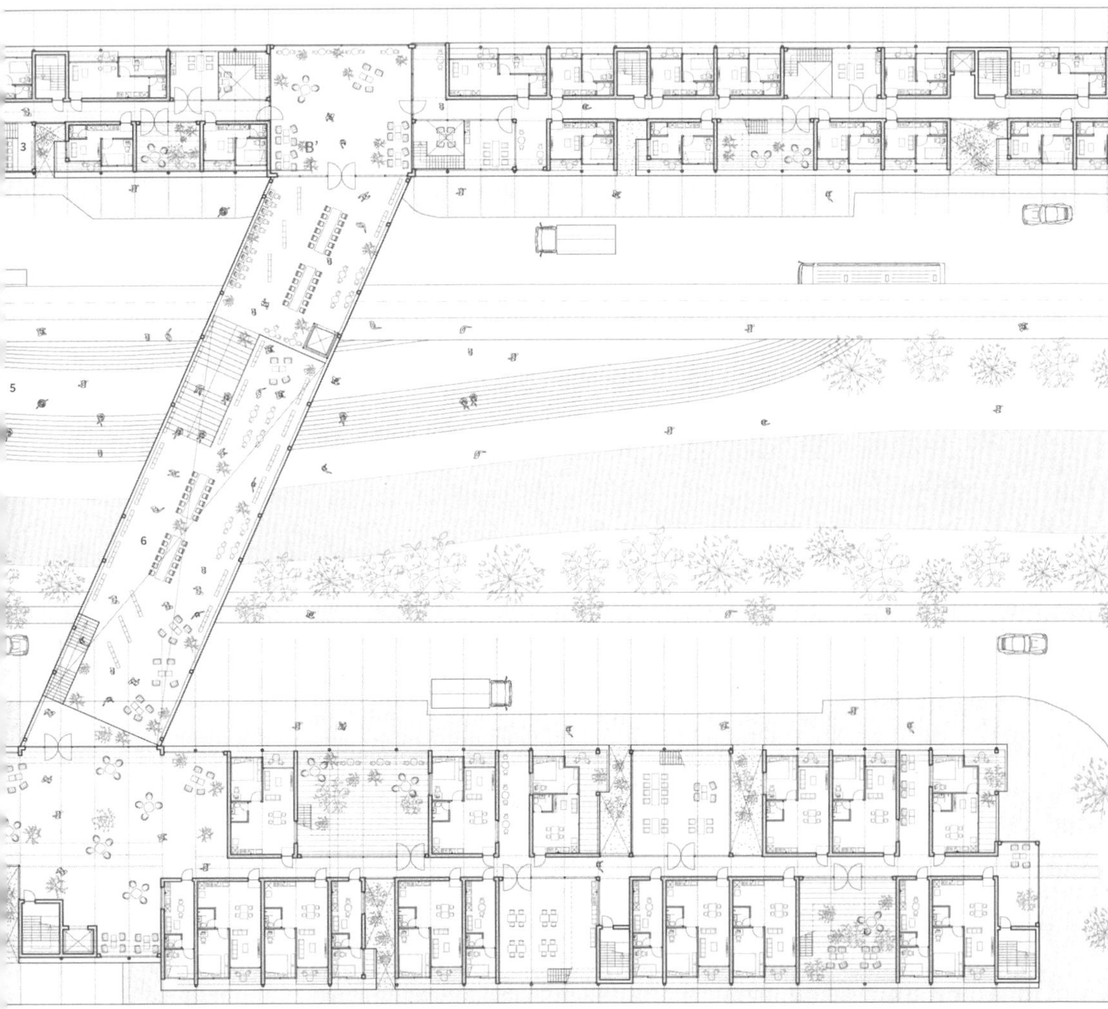

■ (@Level 03, +26.00m)

Communal Space Conn

The housing system of the project involves several types
can be shared by residents, by designers at the studio,
spaces of various pr

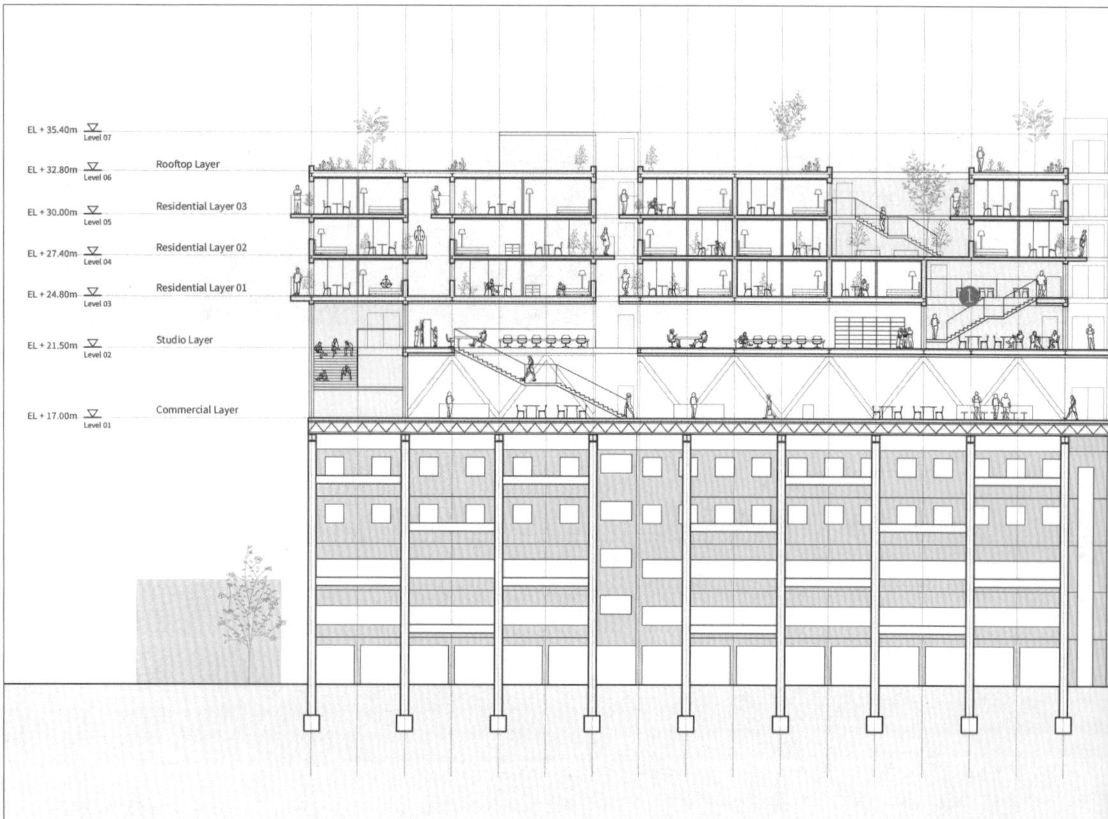

Section BB'

t Layers and Programs

aces that connect different levels. These flexible spaces
ellers or visitors at the commercial layer. Series of the
hole housing block.

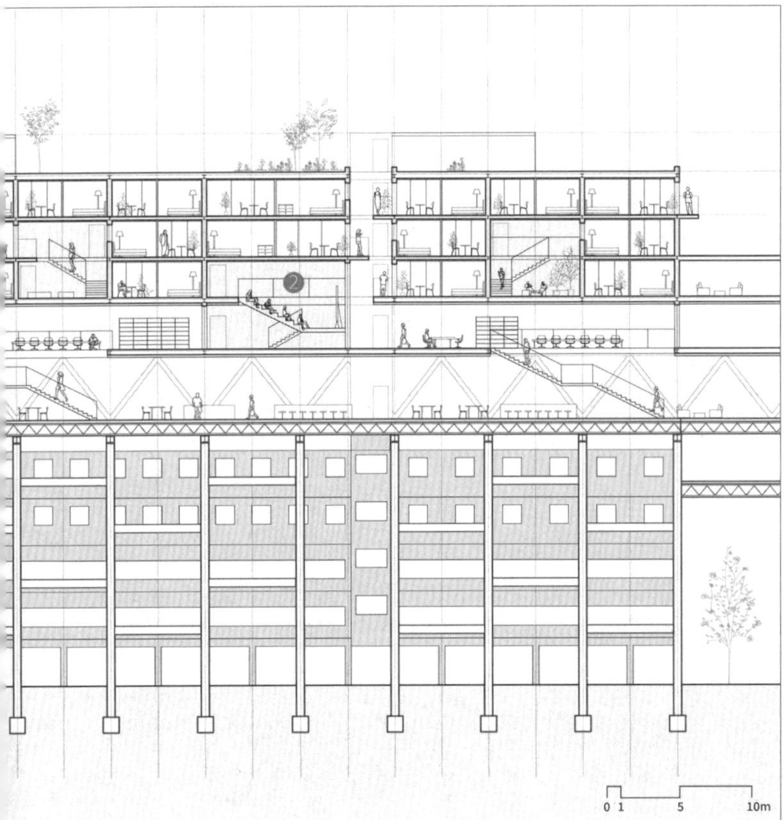

1 Meeting Room

2 Lecture Room

Depending on the function of the layers, communal spaces can have a diversity of forms and programs, adopting two different levels. Also, the stairs of the rooms can support the activities, such as seats for lecture room.

03 TIME TRAVEL

Renovation of the Oldest Apartment Building in Korea

Year: 2016
Location: Seoul, Korea
Type: Building Reuse
Instructor: Ryul Song, Fabio Dacarro
Category: Academic Project
Role: Individual Work

Since 1938 when the building was first built, it has experienced numerous transformation in its form and function. Respecting the diverse time layers of the past, the project expect the old traces and memories to be revitalized through new added layers. The building is located in the center of Seoul, within a complex urban context. It contains a myriad of time layers, involving with many historical events and physical transformation. The old traces can easily be found anywhere in the builidng, not only its form but also the atmosphere. The project basically tries to keep the memories the memories and tries to help people recall and meditate within a modern society.

Potential of Historic Monument within the Urban Context

Surrounded by high-rise office buildings, Chungjeong Apartment is located in the central business district of Seoul. The builidng belongs to the block where development has been restricted for the past decades. As a result, the building provides atmospheric impression to the crowded city in that it has maintained its archaic facade. In 2015, the city government announced that they will start the regeneration plan on the building and the block.

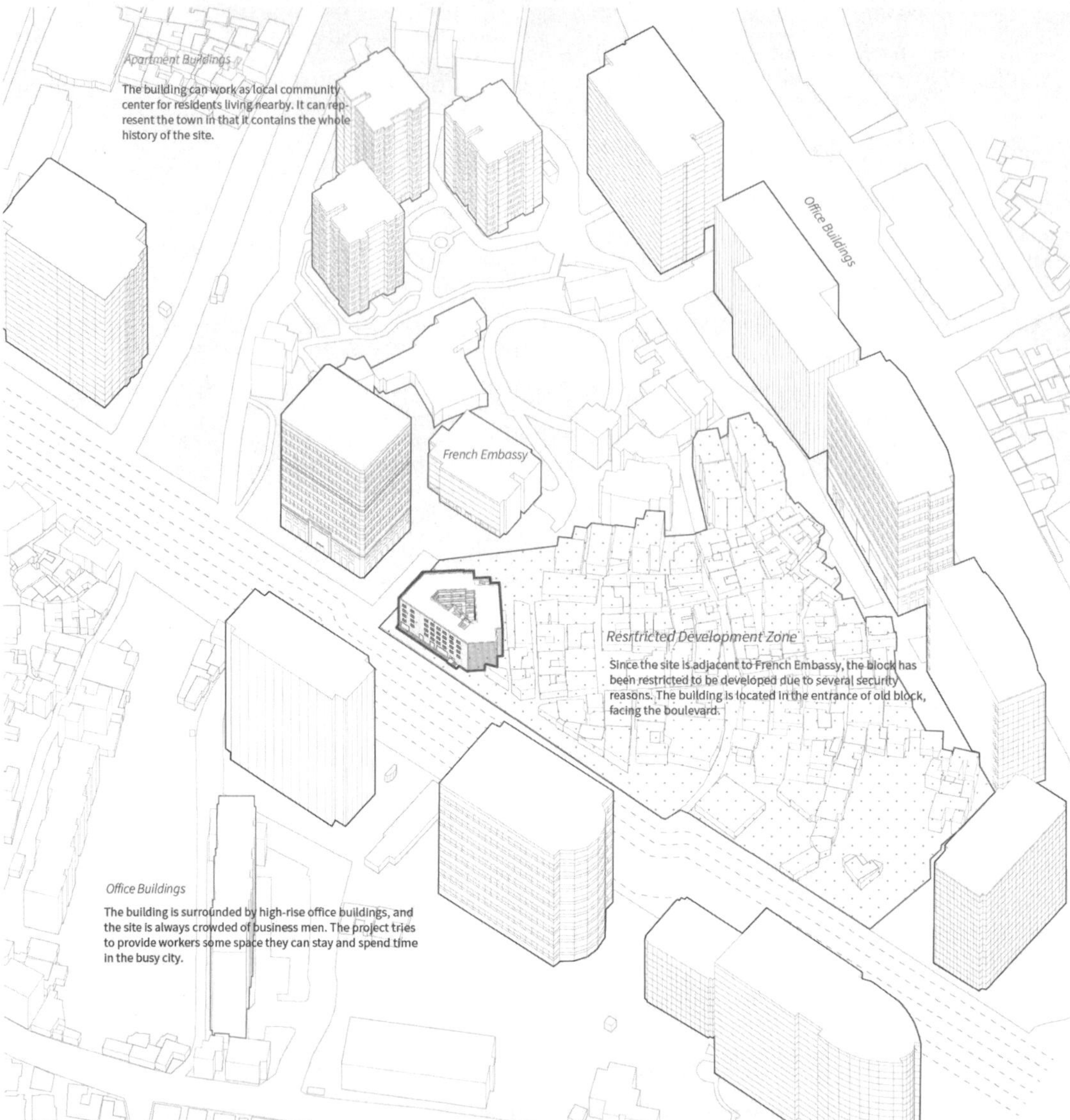

Regenerating Historical Layers inside the Building

The building contains various historical layers since 1940s with transitions in its function, users, and form. It has experienced every era of modern Korea and has left traces in the building space to space. Interestingly, the iconic green facade of the building has been preserved intact without intervention, whereas surrounding cityscape has completely changed. The project focuses on internal space of the building yet respects its memorable time layers.

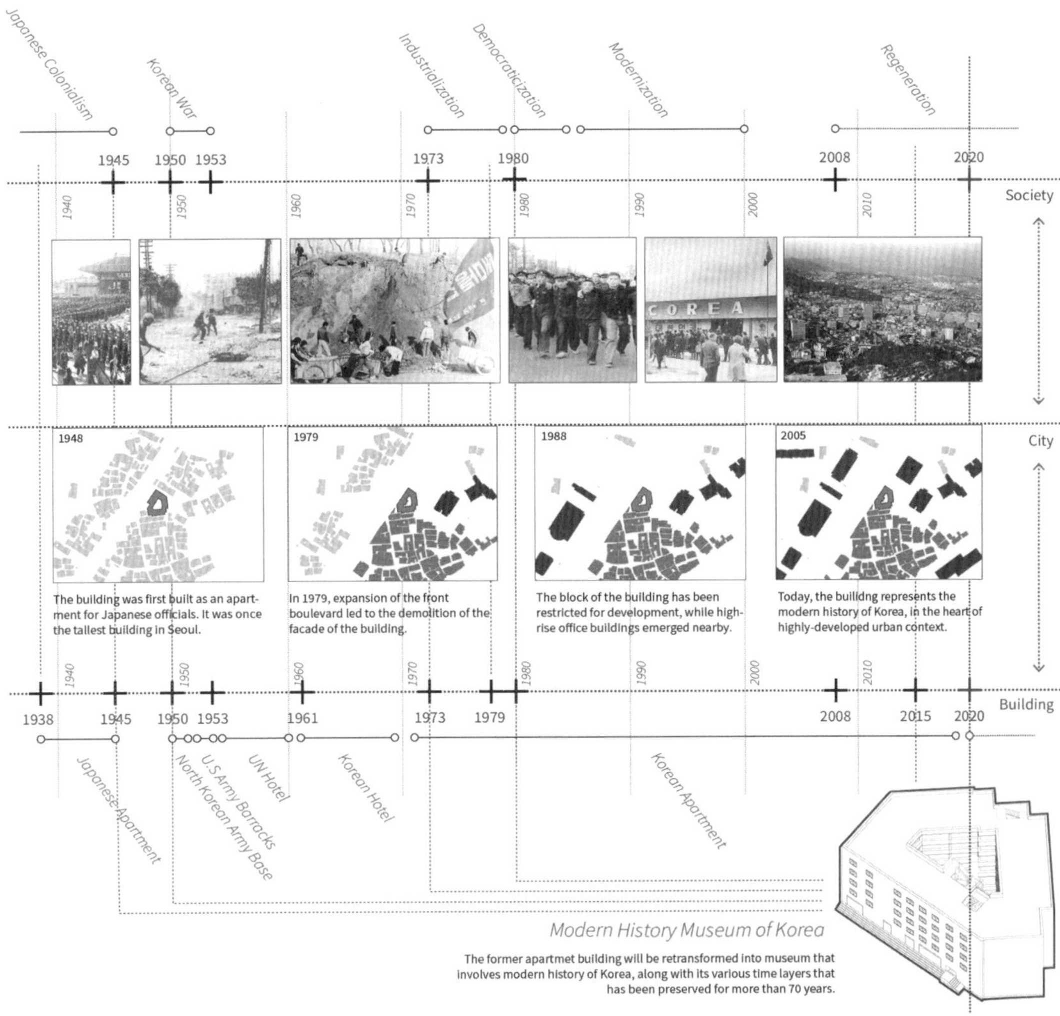

Modern History Museum of Korea

The former apartmet building will be retransformed into museum that involves modern history of Korea, along with its various time layers that has been preserved for more than 70 years.

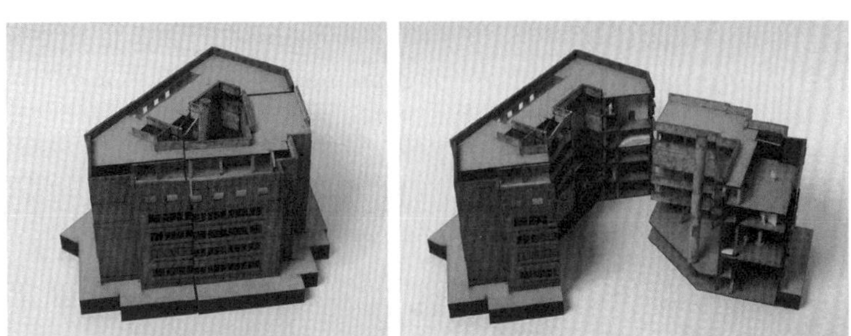

The green old facade is preserved to retain its atmospheric time layer. Located in the center of the developed town, it can attract visitors passing by the site.

The reuse strategy focuses on transforming the internal spaces of the building, still keeping its overall atmosphere and structure.

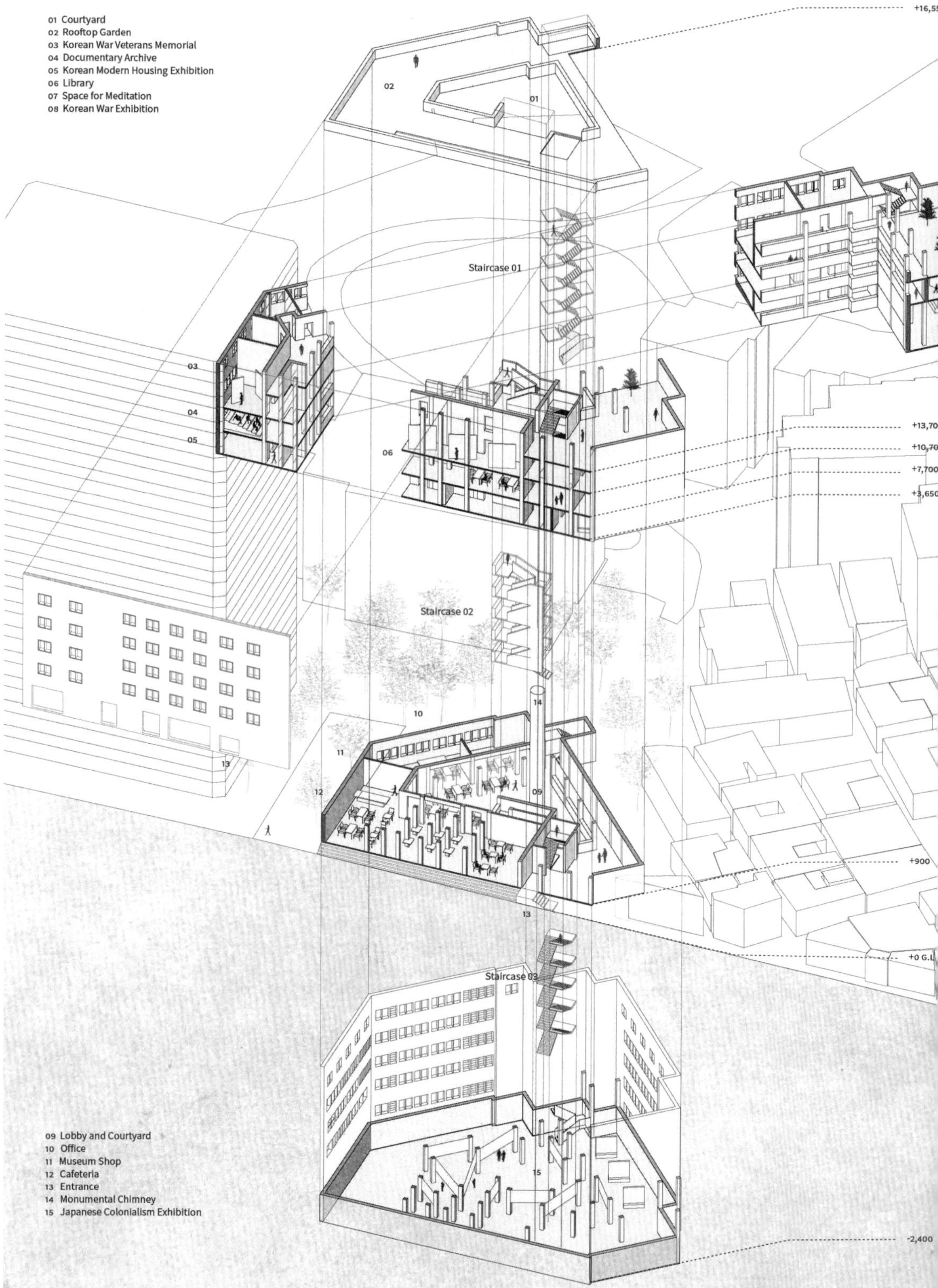

01 Courtyard
02 Rooftop Garden
03 Korean War Veterans Memorial
04 Documentary Archive
05 Korean Modern Housing Exhibition
06 Library
07 Space for Meditation
08 Korean War Exhibition
Staircase 01
Staircase 02
Staircase 03
09 Lobby and Courtyard
10 Office
11 Museum Shop
12 Cafeteria
13 Entrance
14 Monumental Chimney
15 Japanese Colonialism Exhibition
+13,70
+10,70
+7,700
+3,650
+900
+0 G.L
-2,400

292

Generating New from Reusing Old

The basic strategy of the design is to keep the old traces and to create a new atmosphere at the same time. The matrix below shows how existing elements of the building can be retransformed or revitalized without having a total demolition. Certain elements can be adjusted with a slight intervention such as cutting slab or walls, expecting a remarkable impact.

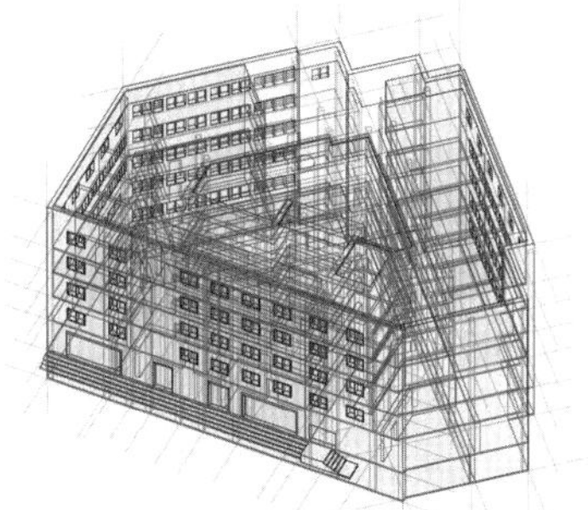

Existing Facade and Structure

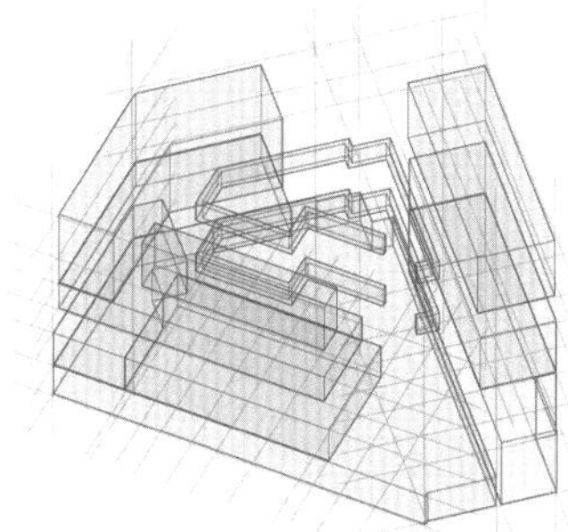

Parts for the Intervention

Renovation strategy focus on the intervention of internal part of the building, respecting the facade and existing structure of it. Parts illustrated in black color refer the old parts that going to be preeserved, while red ones refer the intervention.

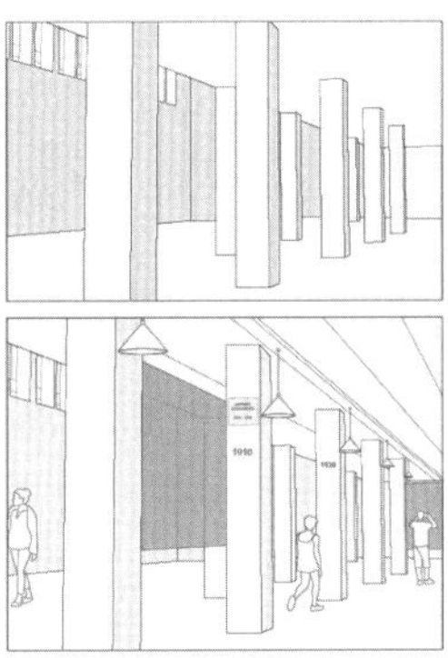

Veterans Memorial

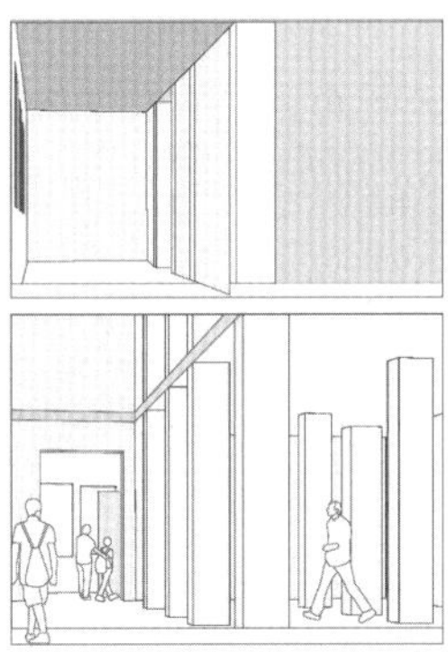

Exhibition

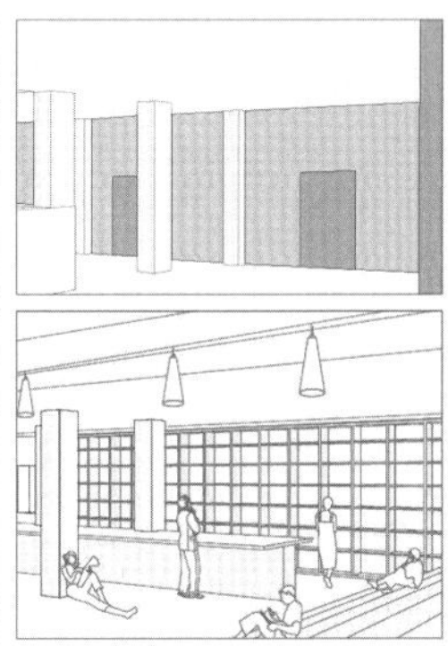

Documentary Archive

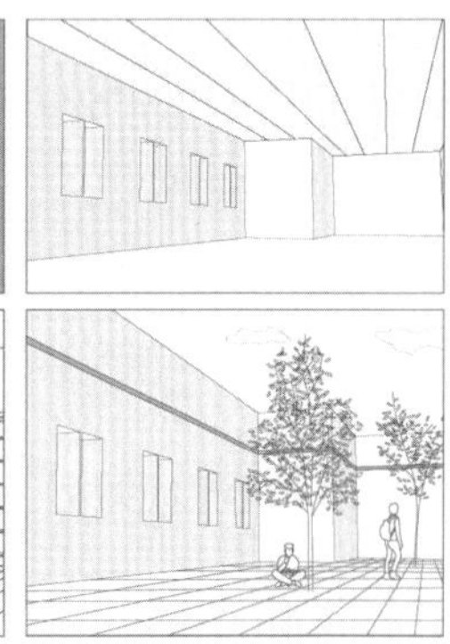

Meditation Space

Interventions include strategies of addition, subtraction, and combination of spaces, as shown in the diagram above. These strategies create various experiences and atmosphere with a diversity of spaces in terms of scale, size, and function.

Courtyard and Lobby

Korean War Exhibition

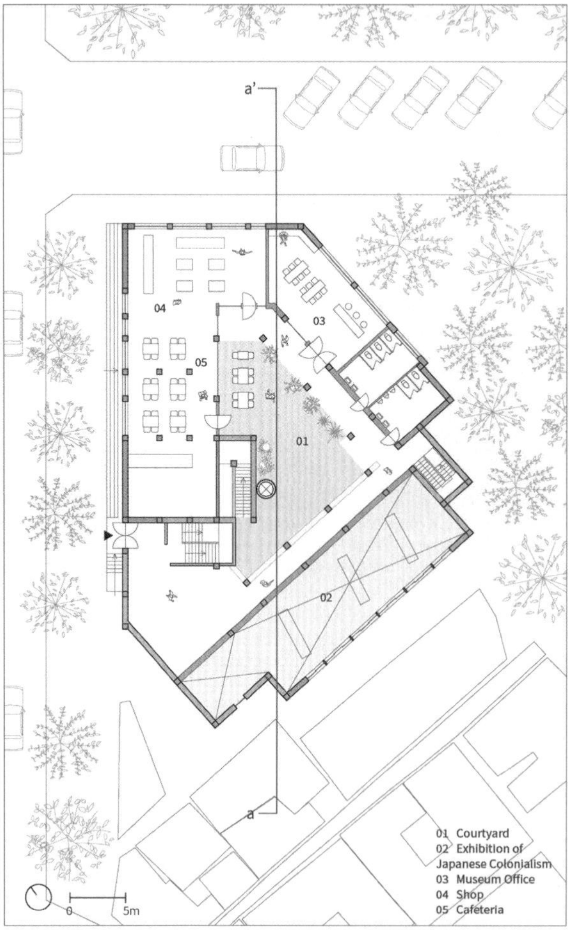

Ground Floor Plan

02
03
05
06
07
08
09
01 Space for Meditation
02 Rooftop Garden
03 Veterans Memorial
04 Korean War Exhibition
05 Documentary Archive
06 Korean Modern Housing Exhibition
07 Lobby and Courtyard
08 Cafeteria
09 Museum Shop
10 Japanese Colonialism Exhibition

Section aa'

포트폴리오 사례 2. 권준형 [포트폴리오에 대한 작가 설명]

프로가 아니기에 미흡한 점도 있지만, 진실했던 '소중한 축복의 흔적'을 공유하고 싶었다. 학생 때의 열의는 계획안이 실제로 지어지거나, 그 디자인이 구현될지도 모른다는 순수한 자기암시를 통해 발현되었던 것 같다. 그래서 건축이 해결할 수 있는 문제를 찾고 실현 가능한 제안을 프로젝트의 최우선 목표로 삼았다. 개인적으로 추구하는 건축적 가치나 기질에 연유하겠지만, 나는 늘 환상적인 조형성의 유혹을 억제하고, 합리성과 논리적 타당성을 사고의 중심에 놓고 작업했다.

대상지 답사는 물론, 지자체 담당자를 찾아가 세부적인 정보를 얻기도 하고, 여러 교수님을 찾아 뵙고 알맞은 구조와 시스템에 대한 상담 과정도 거쳤다. 실무에 가까운 완성도를 찾아가는 데 총력을 기울였던 시간이었다. 혹자는 학창 시절에는 창의적인 도전, 그 누구도 못 해본 생각을 표현하는 기간이라고 말하지만 '더 실현 가능한, 그러면서도 건축이 가져오는 변화를 찾는 것', 그것이 나는 가장 창의적인 문제 해결 활동이라 생각한다. 이러한 방향성을 갖고 진행한 몇 가지 프로젝트를 담아 보았다.

포트폴리오는 '어제까지의 맺음이자, 내일의 출사표'이다. 지난날의 피땀 어린 노력과 내가 길러 온 어린 자식들을 어르고 달래고 잘 다듬어 세상에 내보이는 작업이다. 애정을 갖고 다듬었던 프로젝트이기에 마치 한 편의 육아일기를 써 나가 듯 전체 성장 과정 중에 강조하고 싶은 주요 시점을 골라 내었다. 내 아이의 자랑거리를 용지에 가득 채워 보여주는 것은 당연한 일이었고, 때로는 감추고 싶은 잔망스러움마저도 그 순간을 간직하기 위해 보기 좋게 정리하여 작품집에 실었다.

이렇듯 포트폴리오는 내 건축의 색(色)을 드러내는 작업이며, 나의 건축경험, 건축관을 요약해 보여주는 비주얼 이력서이다. 그래서 건축적 내용이 정제되어야 하는 것은 물론, 그 콘텐츠가 잘 드러날 수 있도록 편집에도 공을 들였다. 매 순간의 진정성을 담아낸 이 포트폴리오는 국내의 몇몇 설계 사무소 대표들과 실무진에게 작은 울림을 주었던 것은 분명하다. 때로는 서면으로, 때로는 기술면접 발표자료로 이용된, 짧지만 진솔했던 대학 설계 스튜디오의 활동을 보여주는 이력서이고, 앞으로의 건축 인생에 대한 포부와 다짐을 밝히는 자기소개서이다.

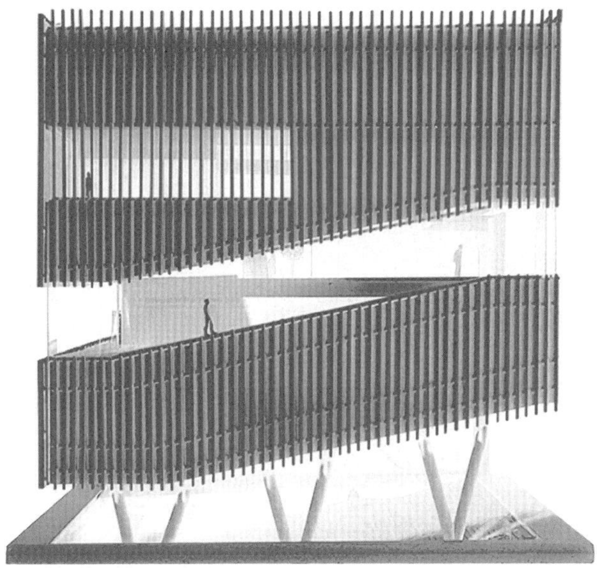

JUNHYUNG KWON

Selected works 2014 - 2019

Jongno Platform for All: DURUMARU

Revitalizing the Backward Regions | Culture Complex | Seoul, Korea | 2019 | Individual Work

DURUMARU is a culture complex facility project that planned offices and hotels by responding to urban context and designed cultural space by dealing with the historical context of Pima road in Jongno, revitalizing the depressed region of a city. 02

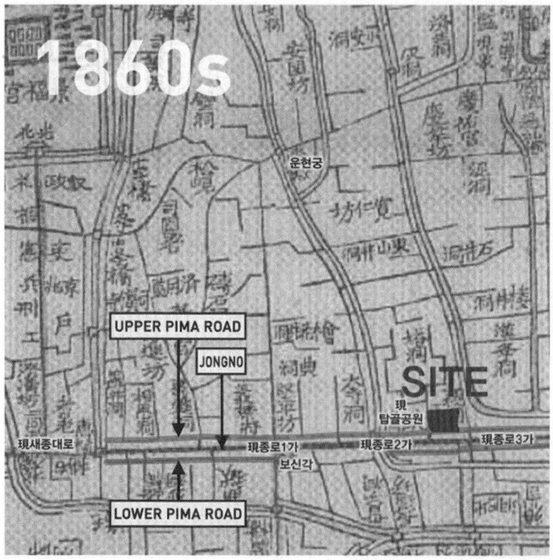
1860s
운현궁
UPPER PIMA ROAD
JONGNO
SITE
現
탑골공원
보신각
LOWER PIMA ROAD

1900s
SITE

2019
[Elders & Tourists]
Culture & Art
Piece
Pagoda
Town
Tapgol
Park
SITE
6,520.35 m²
Jongno 2-ga
Police substation
Jongno 2ga Intersect.
Jongno Platform for All
DURUMARU
Jongno 46M Road
Edu & Retail
Piece
[Youths & Tourists]
국일관

Historical Backgrounds

In the project site, there are traces of the common people called 'Pima road'. It is a place where ordinary people were hiding themselves from the horse, when the king was going on a large south road so long ago. Accordingly, there are much cultural assets of ordinary people and it needs to be reinterpreted in a modern way.

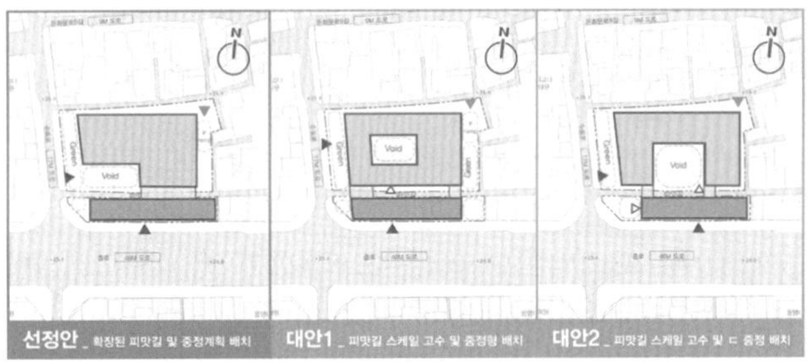

Users of this site, that has historic alleys and urban boulevard, are inevitably diverse. Complex needs which are the culture and art of the common people and the elderly, the livelihood and craft shop of youth and residents, and offices and retails for workers, are concentrated in one area. In a position where different needs are faced, creative alternatives will lead the whole project.

Program Planning

Necessary Programs for Each User
According to 5 conditions

1 신체적 적응성
육체적 활동가능 정도

2 계층 내 이용성
또래와 어울리는 정도

3 계층 간 교류성
다른 연령과 교류가능 정도

4 경제적 운용성
프로그램 참여비용 정도

5 프로그램 규모
프로그램 소요실 크기

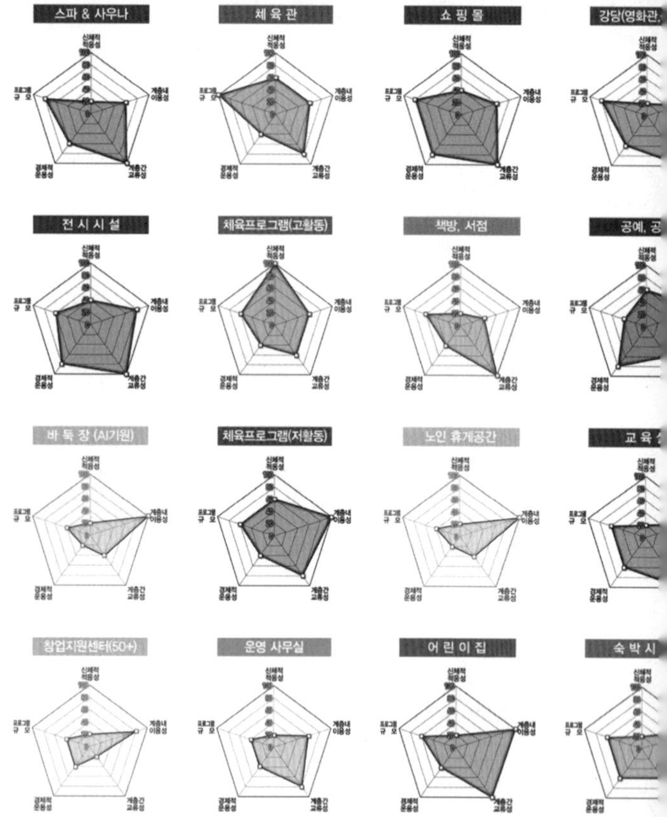

By bringing together various 'Pieces of Memories' of Jongno, it recreates the site into 'the Place of All'. The Jongno culture complex 'DURUMARU', which means a 'Platform for All' in korean, is a place based on not only the history of the region's past but also responds to the contextual layers of the present, becoming a new stepping stone towards the future.

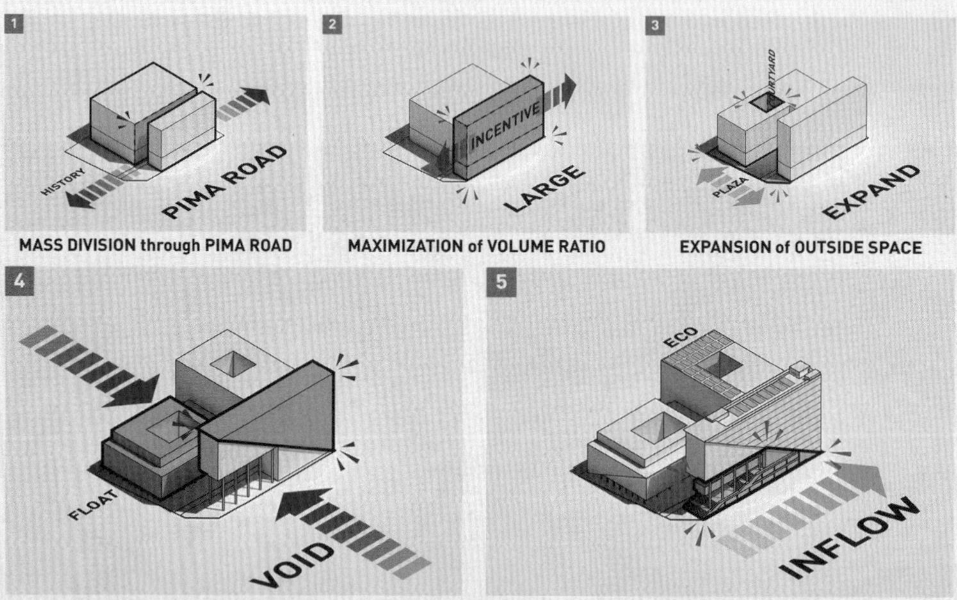

MASS DIVISION through PIMA ROAD

MAXIMIZATION of VOLUME RATIO

EXPANSION of OUTSIDE SPACE

BARRIER BREAKDOWN through VOID

INFLOW through GRANDSTAIRS

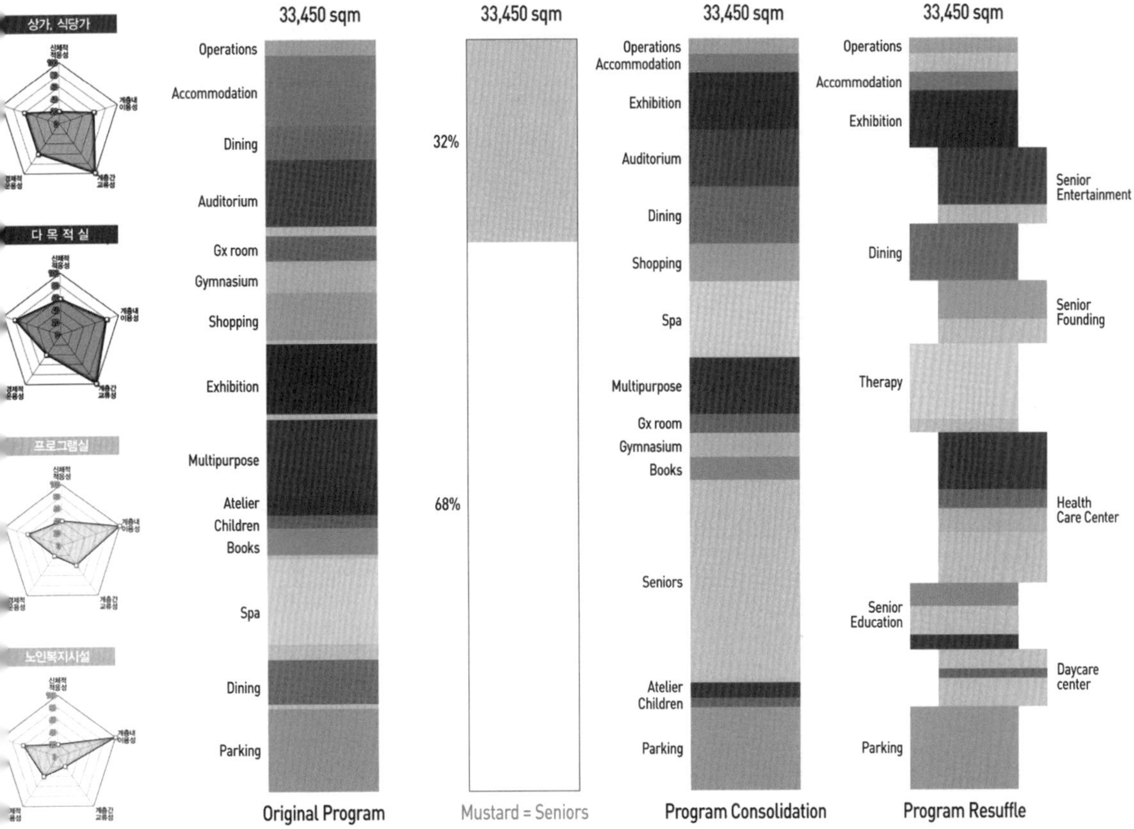
상가, 식당가
다 목 적 실
프로그램실
노인복지시설
33,450 sqm
33,450 sqm
33,450 sqm
33,450 sqm
Operations
Accommodation
Dining
Auditorium
Gx room
Gymnasium
Shopping
Exhibition
Multipurpose
Atelier
Children
Books
Spa
Dining
Parking
32%
68%
Operations
Accommodation
Exhibition
Auditorium
Dining
Shopping
Spa
Multipurpose
Gx room
Gymnasium
Books
Seniors
Atelier
Children
Parking
Operations
Accommodation
Exhibition
Senior Entertainment
Dining
Senior Founding
Therapy
Health Care Center
Senior Education
Daycare center
Parking
Original Program
Mustard = Seniors
Program Consolidation
Program Resuffle

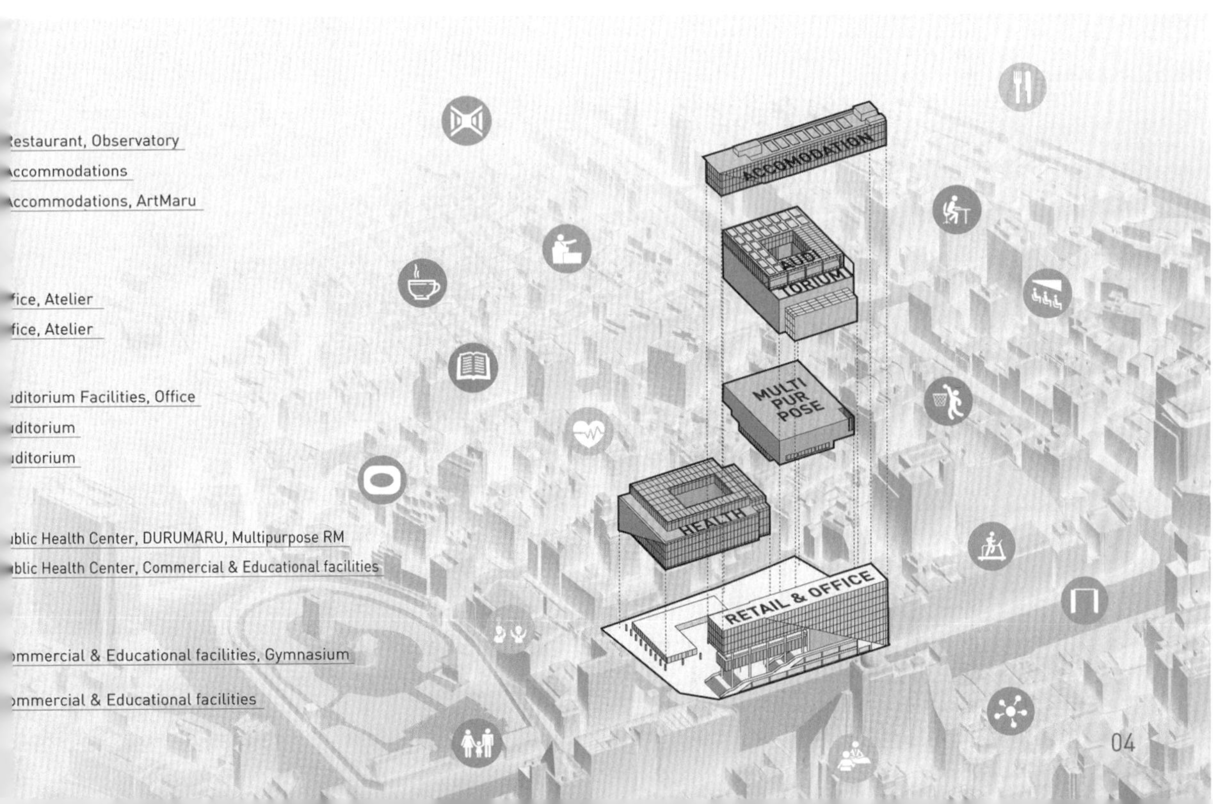
estaurant, Observatory
ccommodations
ccommodations, ArtMaru
fice, Atelier
fice, Atelier
ditorium Facilities, Office
ditorium
ditorium
blic Health Center, DURUMARU, Multipurpose RM
blic Health Center, Commercial & Educational facilities
mmercial & Educational facilities, Gymnasium
mmercial & Educational facilities
ACCOMODATION
AUDITORIUM
MULTI PUR POSE
HEALTH
RETAIL & OFFICE
04

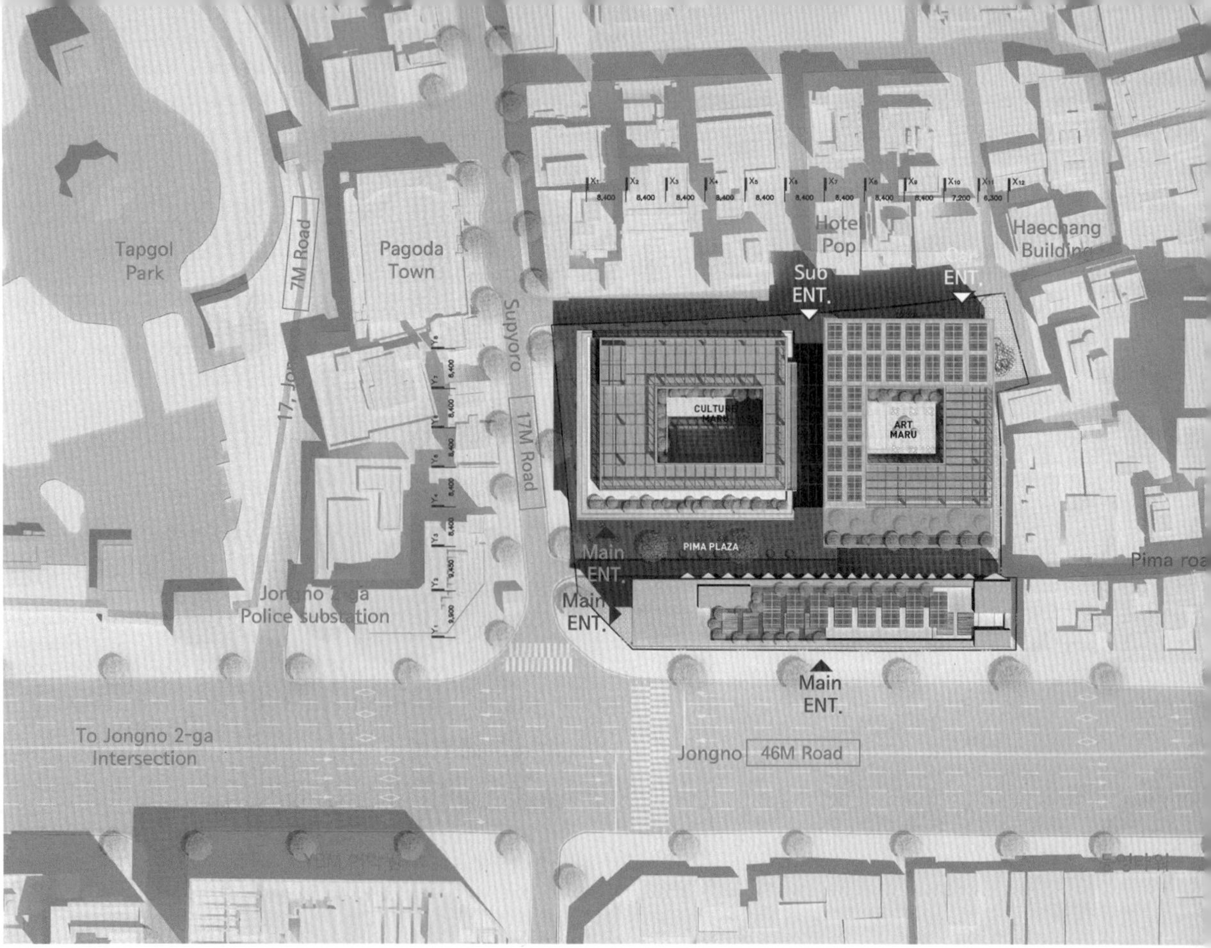

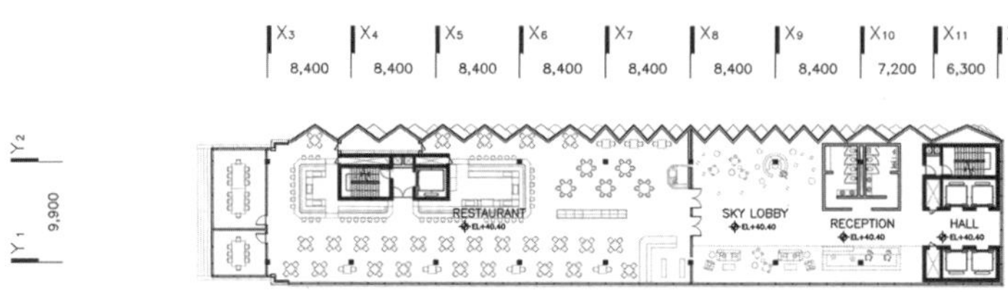

12th Floor Plan

11th Floor Plan

Hotel Units Plans

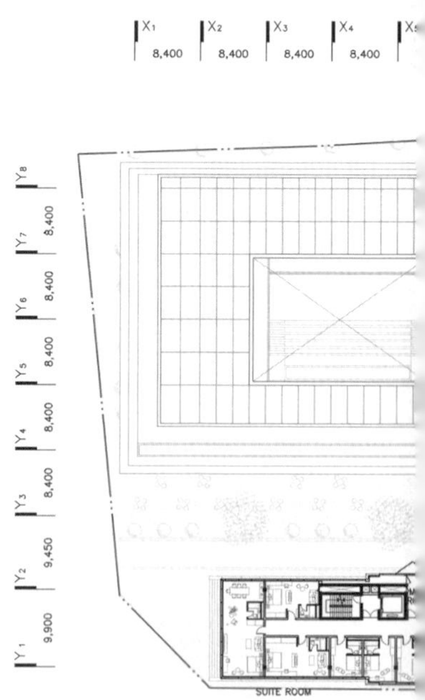

10th Floor Plan

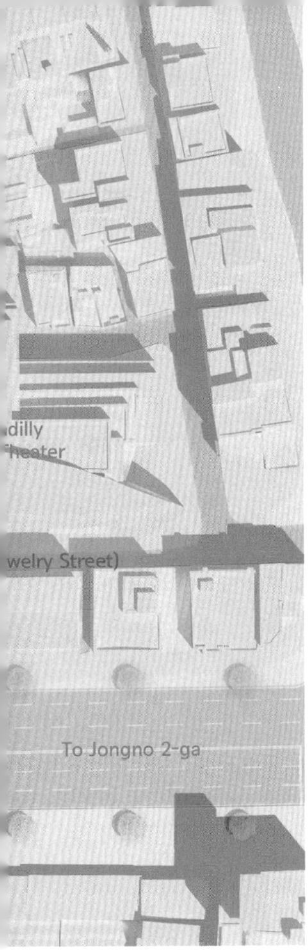

Plans with Contexts

The project site is designed to harmonize each faced condition, considering the issues of the large main road on the south side and the old small road on the north side. The building in the front is planned for offices and hotels according to the downtown context. On the contrary, the building on the back is designed for cultural facilities according to historical Pima road. Retails and workshops are made up only on the lower floors to achieve horizontal zoning with the front buildings.

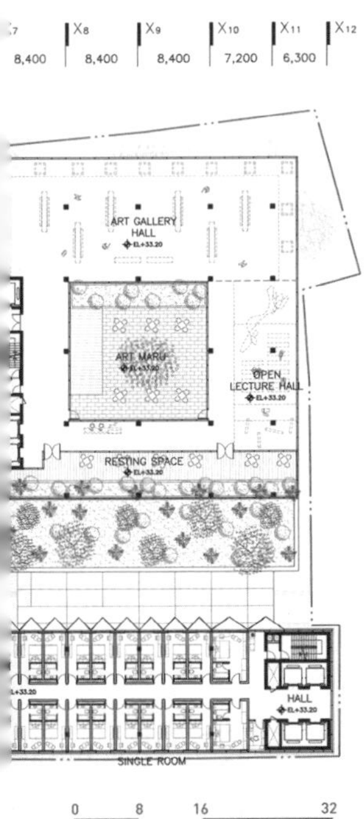

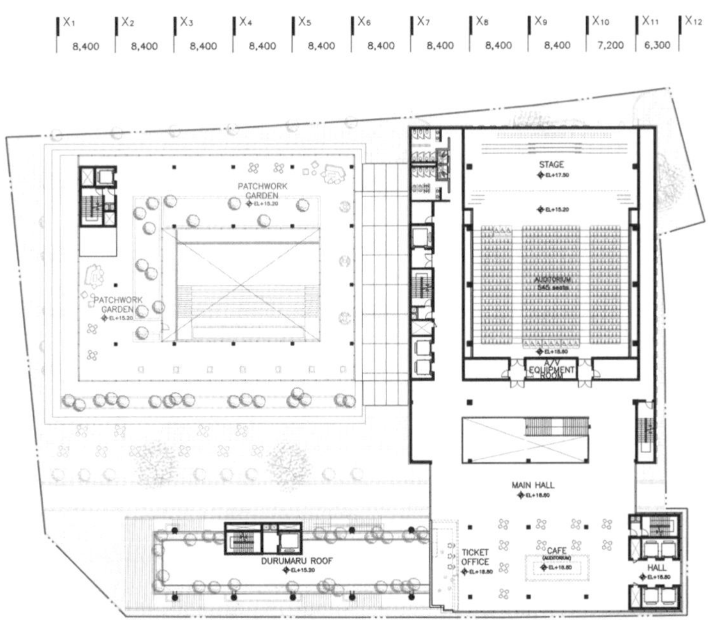

6th Floor Plan

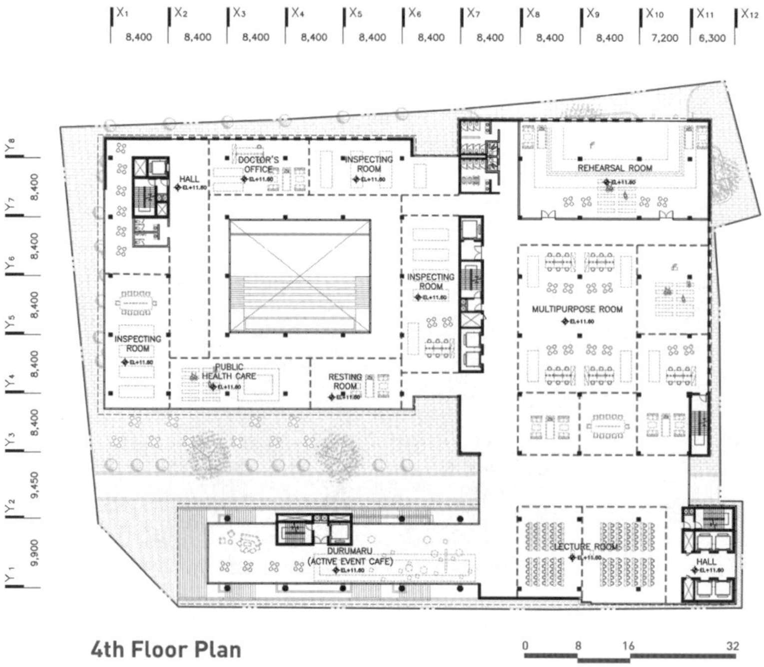

4th Floor Plan

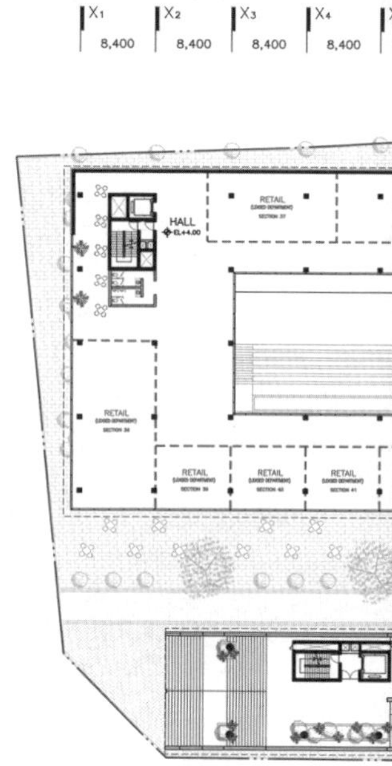

2nd Floor Plan

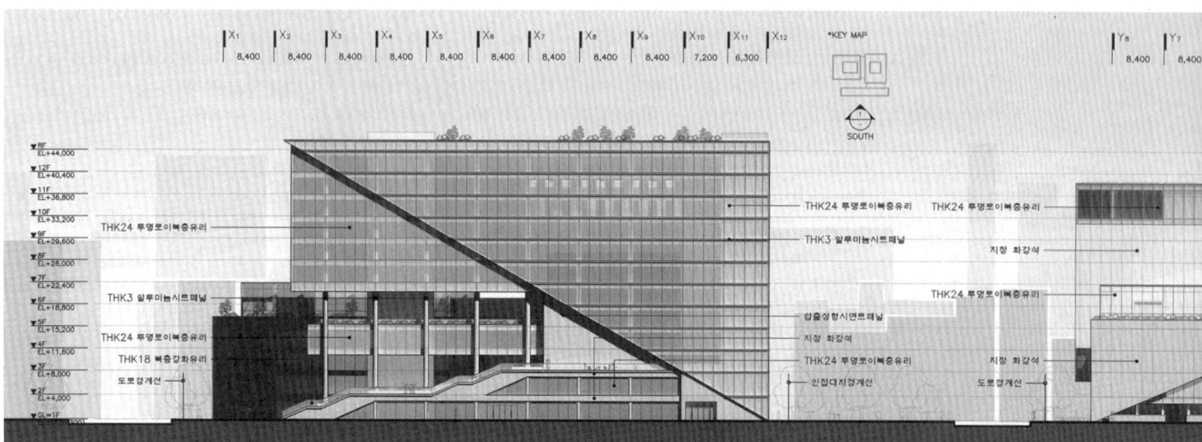

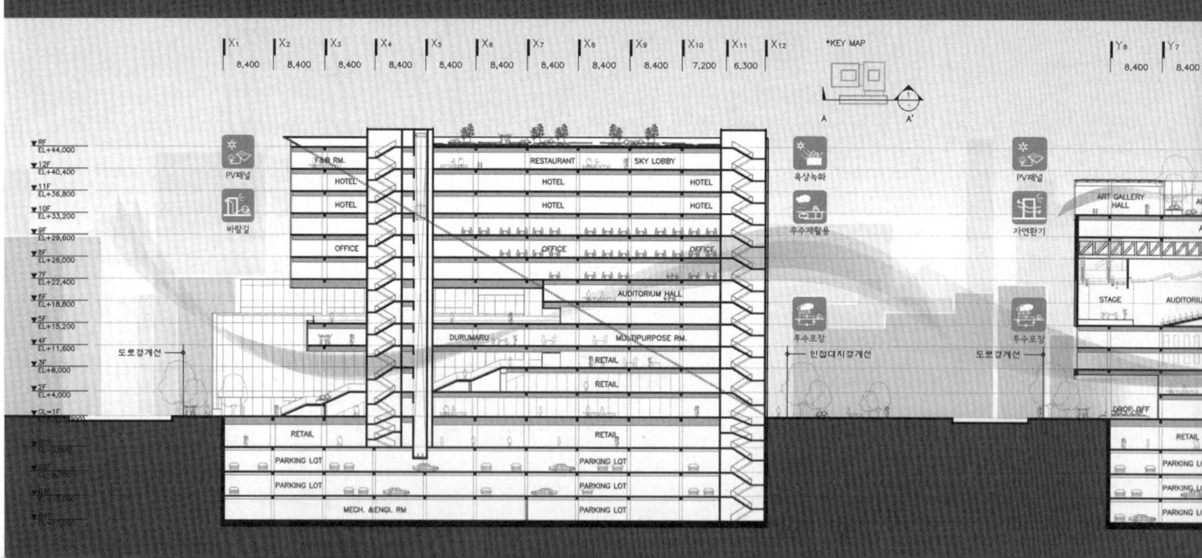

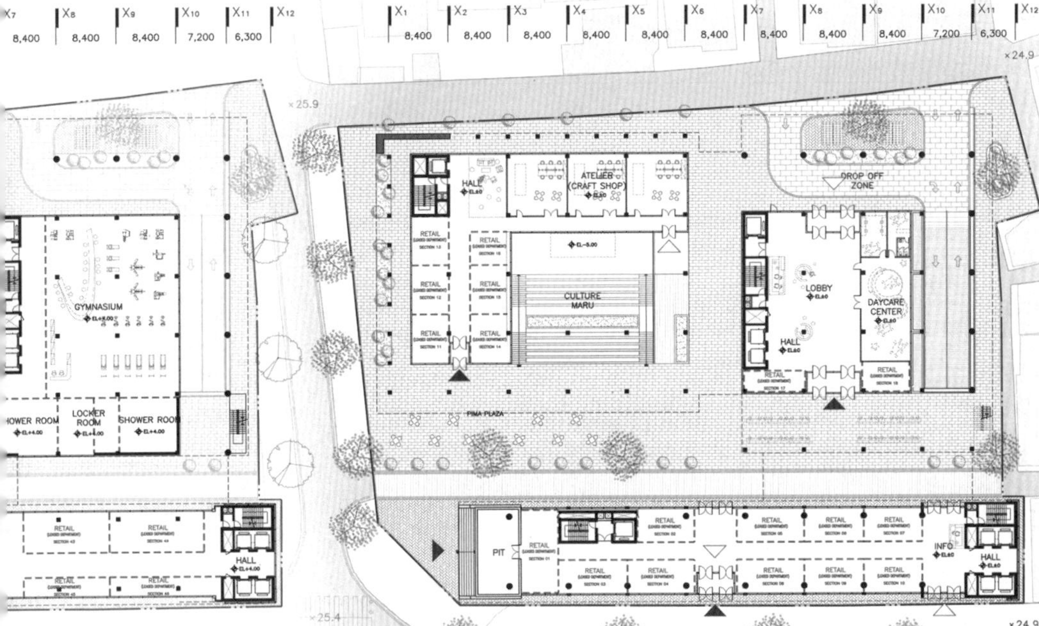

1st Floor Plan

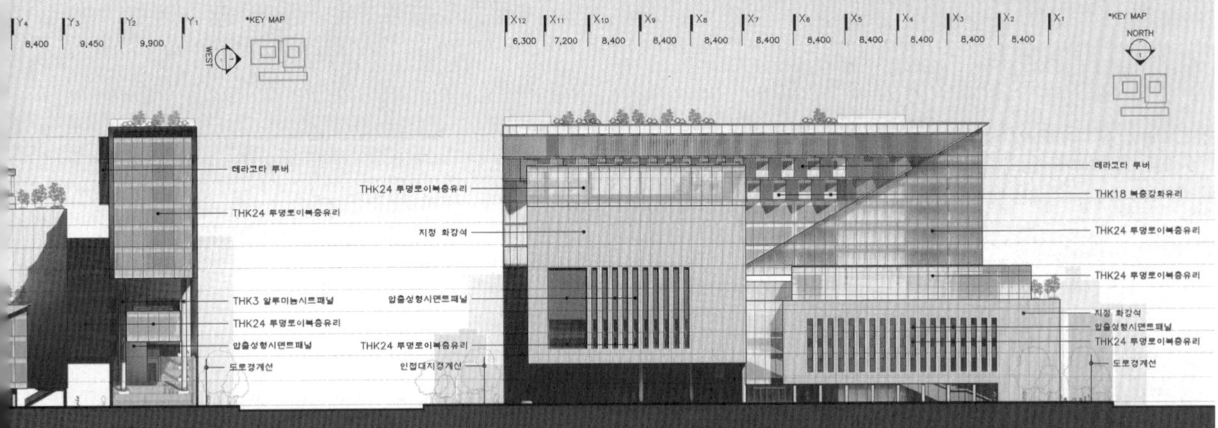

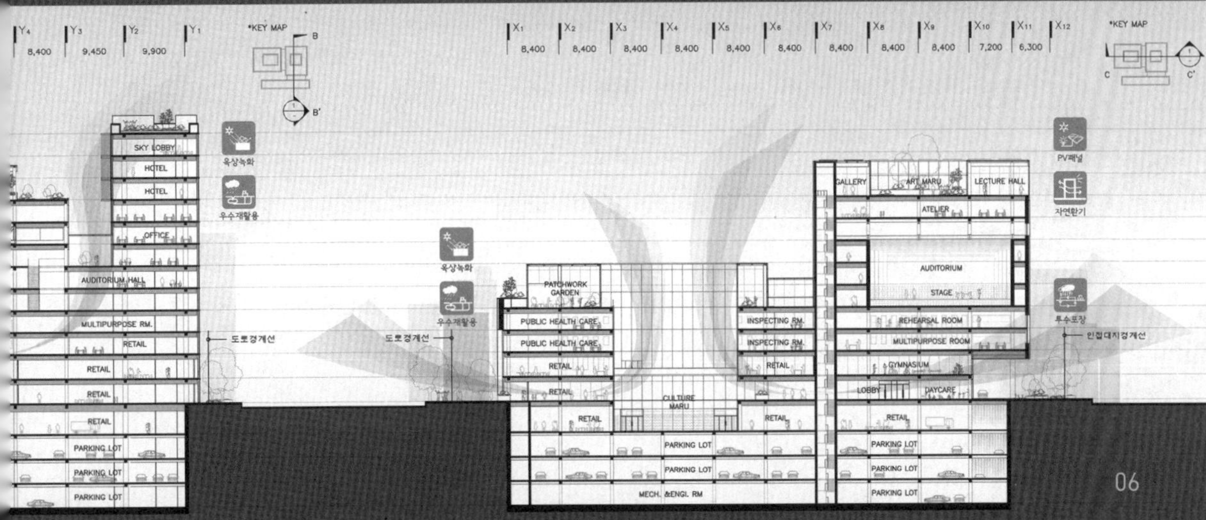

Expansion and Reflection of History

This project focuses on 'Pima Plaza' to preserve and extend the Pima road, 'History Maru' with respect to traces and roles, 'Edu Maru' to share new knowledge, 'Life Maru' to make market with senior citizens' startups and workshops, 'Health Maru' to be responsible for the health of the elderly, and 'Culture Maru' to promote diverse cultural lives. Thus, it will be a Chogakbo-Korean traditional patchwork wrapping cloth-of Jongno, which has collected responses from above all issues.

07

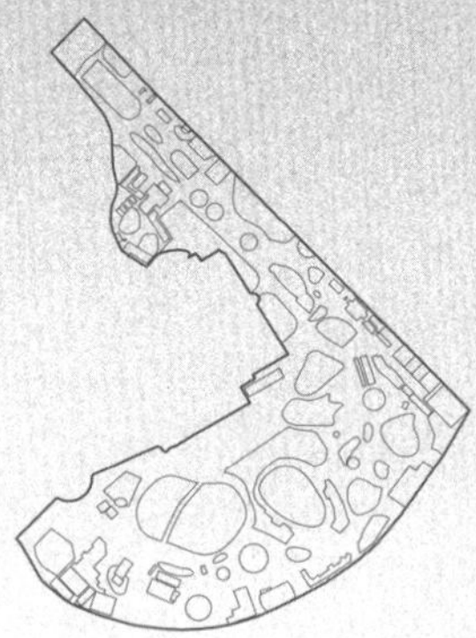

The zoned areas are composed of space for animals and management.

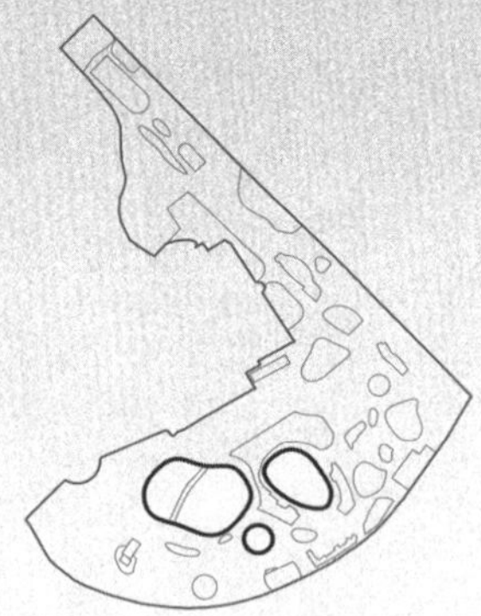

The management spaces are not necessary to make the smallest zoo.

The Smallest Zoo

Coexistence with Animals | Zoo Park | Barcelona, Spain | 2018 | Team Work (Leader)

Send every animals back to their habitat and show them with screen.

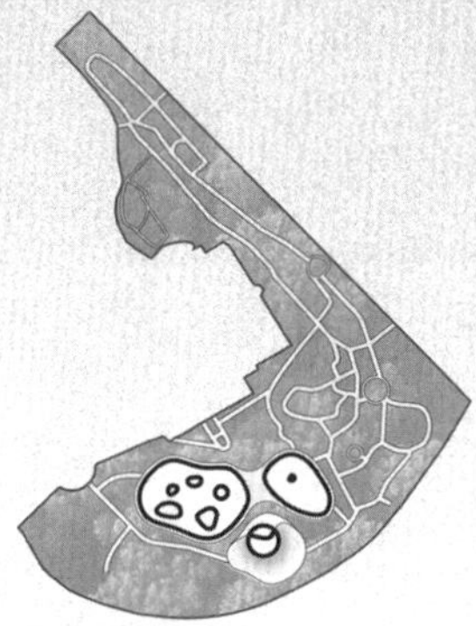

Rest of area can be used as various and beneficial space for nature.

There is no animal in this zoo. Humans have been trying to COEXIST with animals by making expanding spaces. Animals can live in a suitable environment without any hindrance, and visitors can watch them living in real wildlife, in real time.

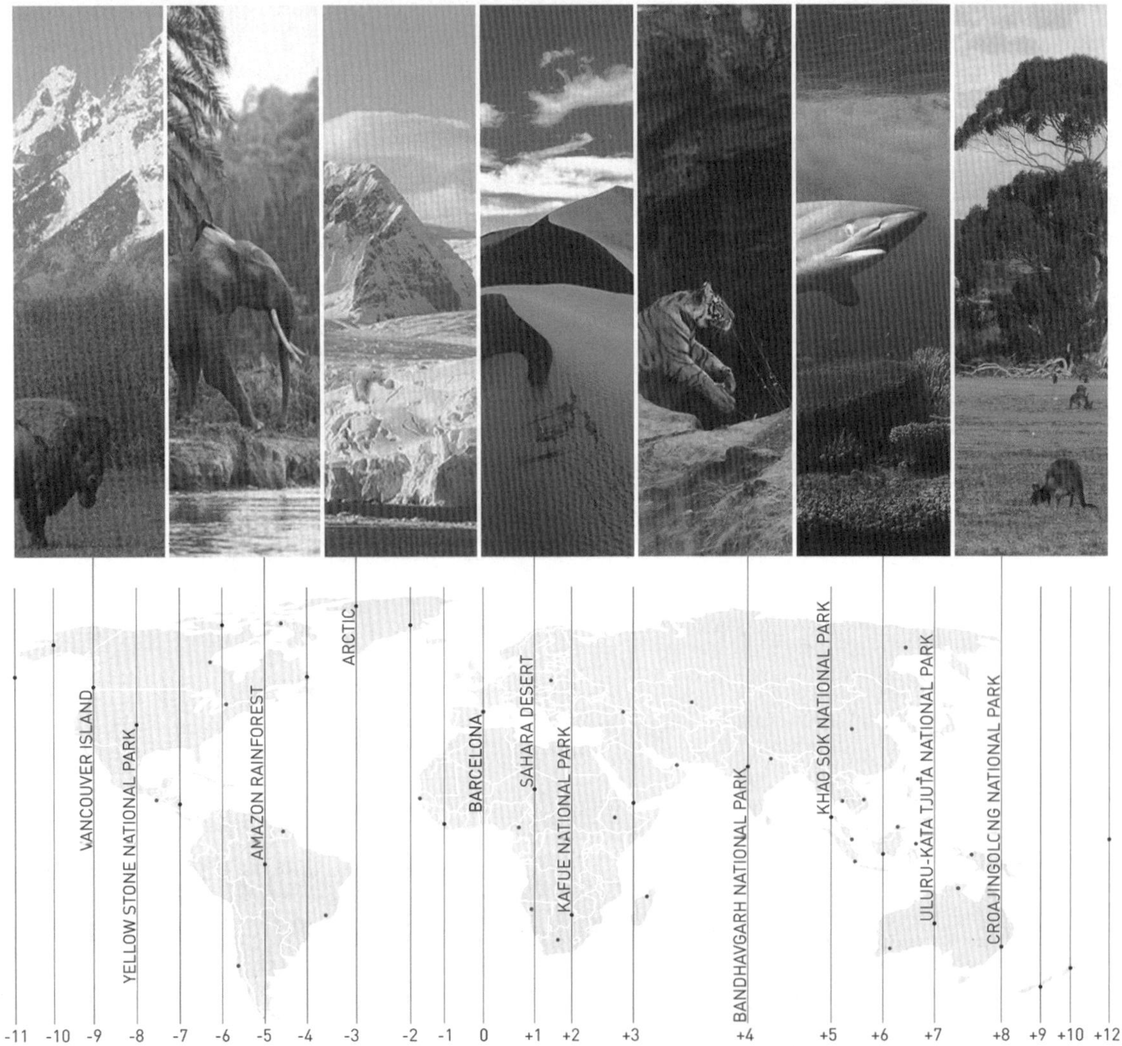
VANCOUVER ISLAND
YELLOW STONE NATIONAL PARK
AMAZON RAINFOREST
ARCTIC
BARCELONA
SAHARA DESERT
KAFUE NATIONAL PARK
BANDHAVGARH NATIONAL PARK
KHAO SOK NATIONAL PARK
ULURU-KATA TJUTA NATIONAL PARK
CROAJINGOLONG NATIONAL PARK
-11
-10
-9
-8
-7
-6
-5
-4
-3
-2
-1
0
+1
+2
+3
+4
+5
+6
+7
+8
+9
+10
+12

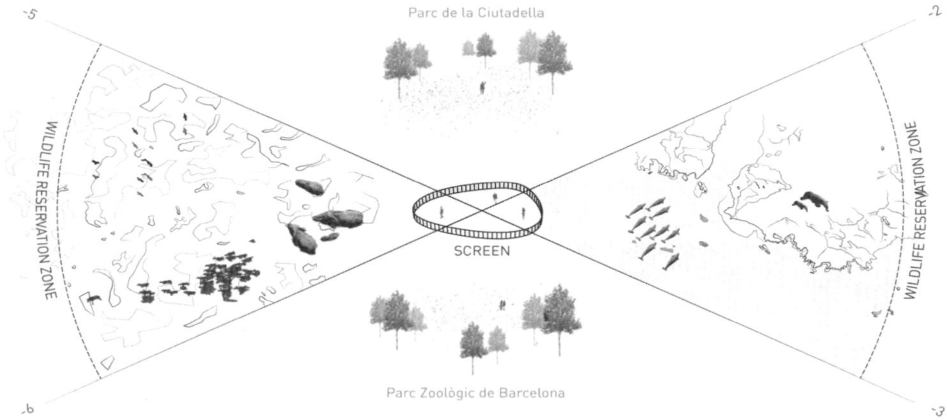

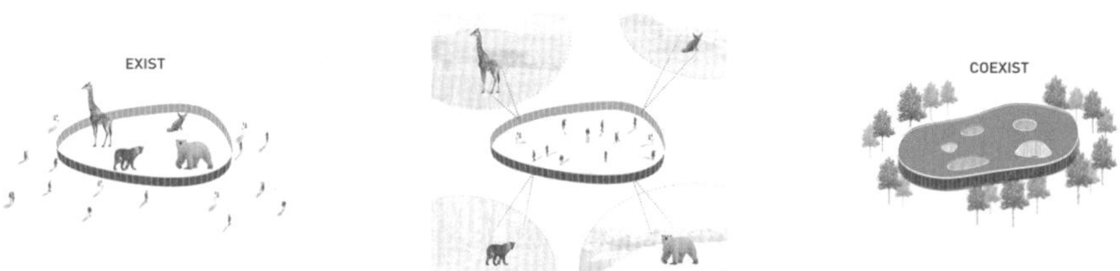

nge of Thought for the Coexistence

Coexistence Consists of Non-symbiosis

ıns have been trying to COEXIST with animals by making expanding spaces. However, the efforts are limited because n cannot create optimum environments including space and climate for animals. In order to improve welfare of animals atisfaction of visitors, "SCREEN" can be a solution for the issue. Animals can live in a suitable environment without any ance, and visitors can watch them living in real wildlife, in real time. When it is exactly right to the setting time, screen down to show surroundings of Barcelona.

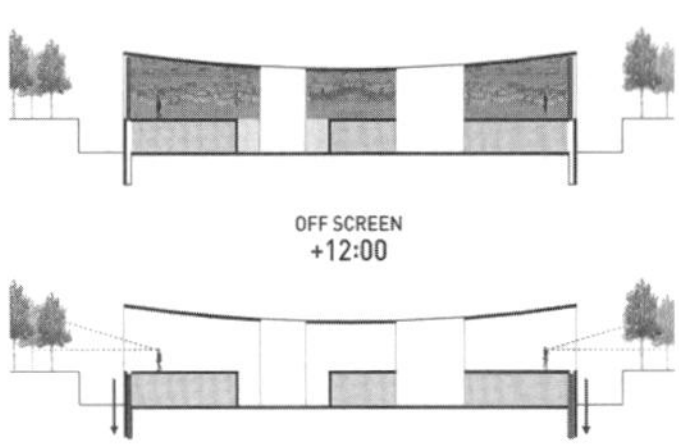

Off Screen

+12:00

Noon in Barcelona. The screen opens, when the screen opens, the audience will see the forest of Barcelona surrounding the zoo.

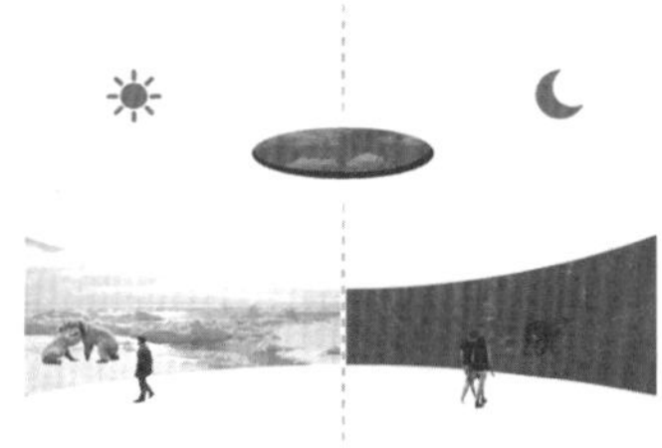

Night Screen

+14:00

It is divided into day and night hall to reflect the all over the world. Spectators are possible to observe various animal groups at different time periods.

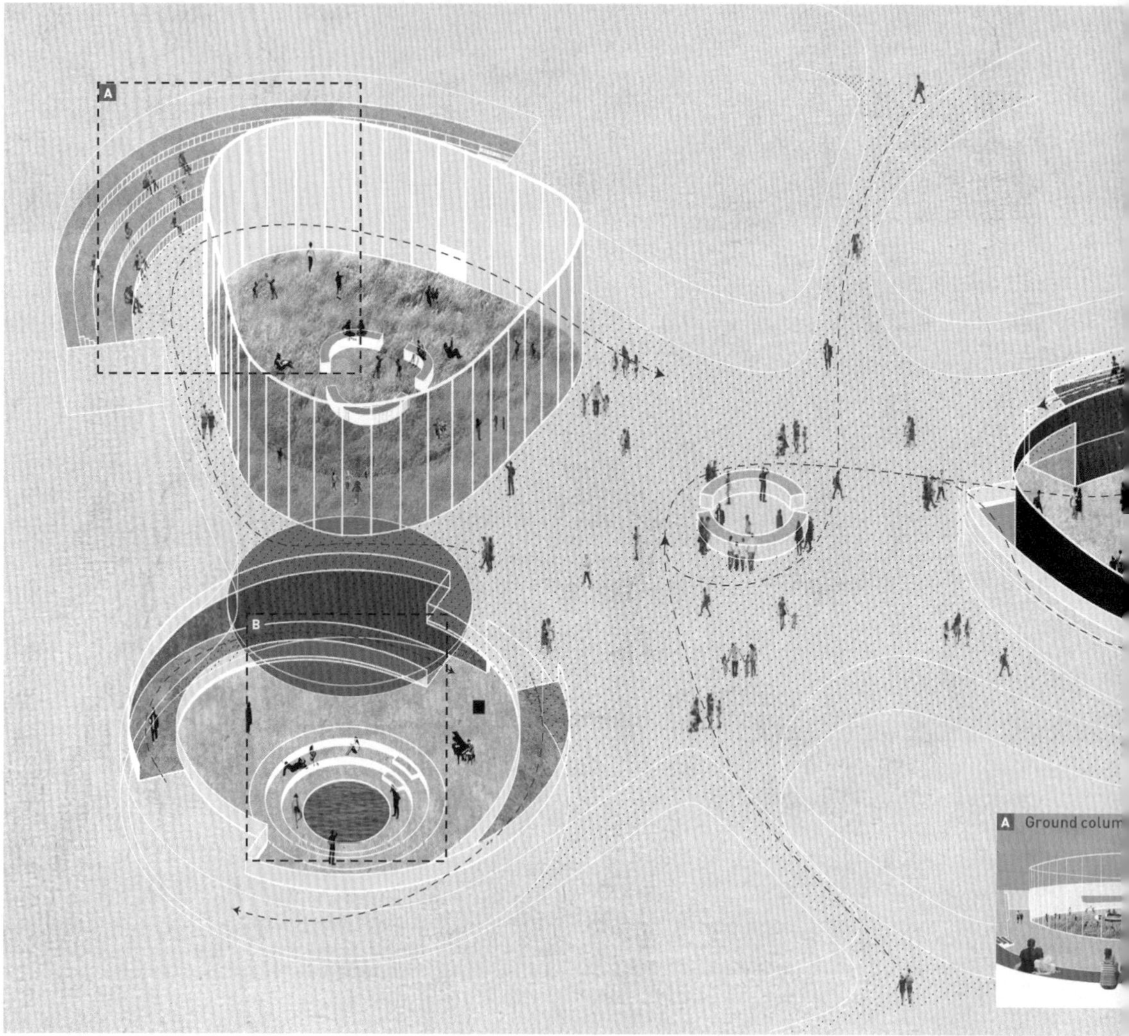
A
B
A Ground colum

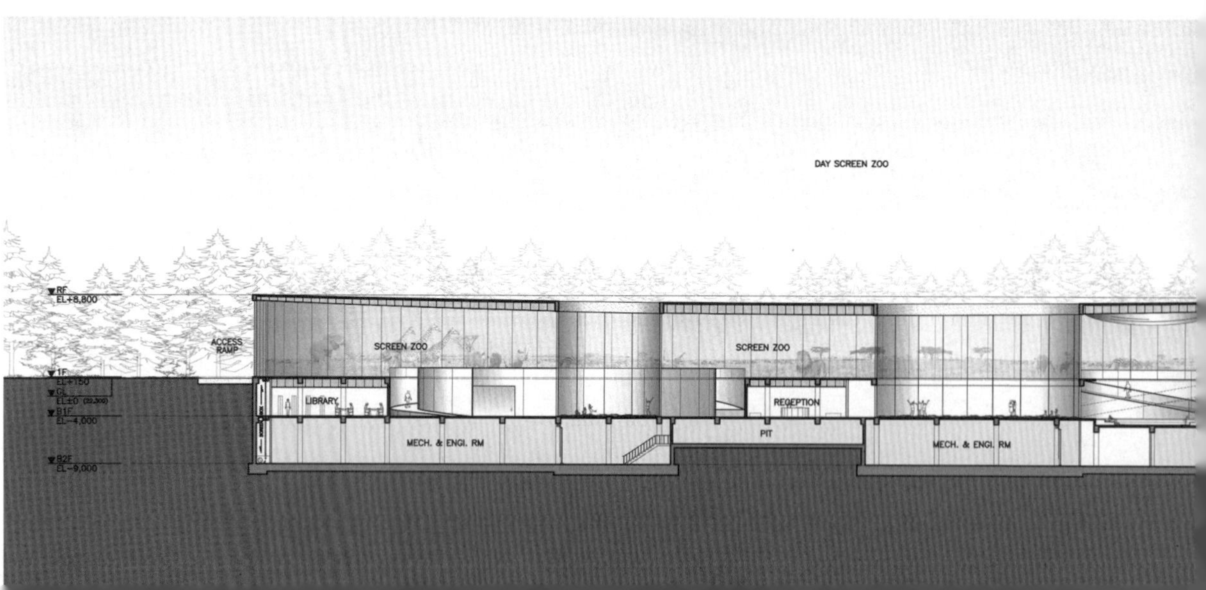
DAY SCREEN ZOO
RF
EL+8,800
ACCESS RAMP
SCREEN ZOO
SCREEN ZOO
1F
EL+150
GL
EL±0
B1F
EL-4,000
B2F
EL-9,000
LIBRARY
RECEPTION
MECH. & ENGI. RM
PIT
MECH. & ENGI. RM

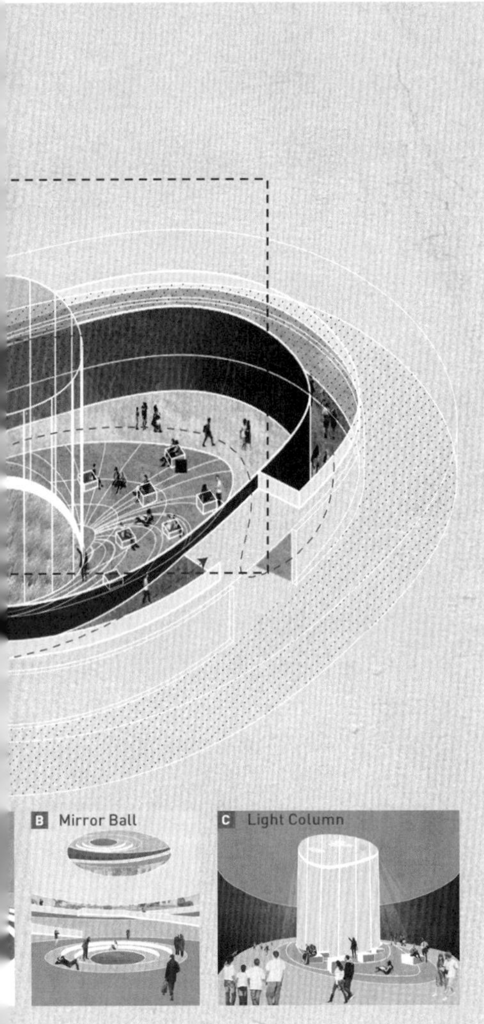

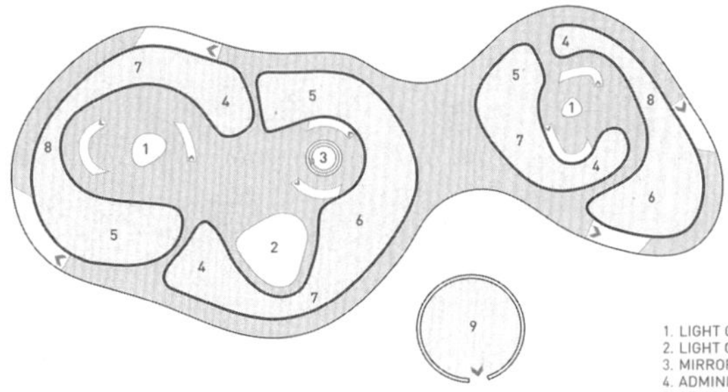

BASEMENT FLOOR

1. LIGHT COLUMN
2. LIGHT GARDEN
3. MIRROR BALL
4. ADMINISTRATION
5. SEMINAR ROOM
6. STORAGE
7. OFFICE
8. TOILET
9. UNDER-WATER ZOO

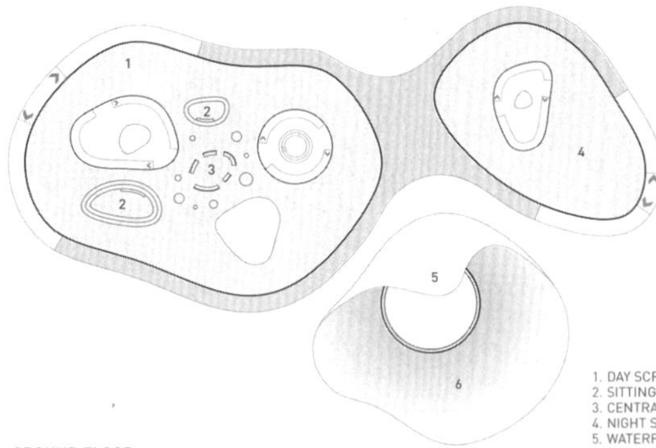

GROUND FLOOR

1. DAY SCREEN ZOO
2. SITTING AREA
3. CENTRAL REST AREA
4. NIGHT SCREEN ZOO
5. WATERFRONT
6. OUTDOOR REST AREA

Plan for Coprosperity

By this method, it is unnecessary to consider the spaces for animals (not only their home but also management facilities) in city center. Three masses are composed of (1)day-time, (2)night-time and (3)under-water parts and can be accessed from basement floor through ramps.

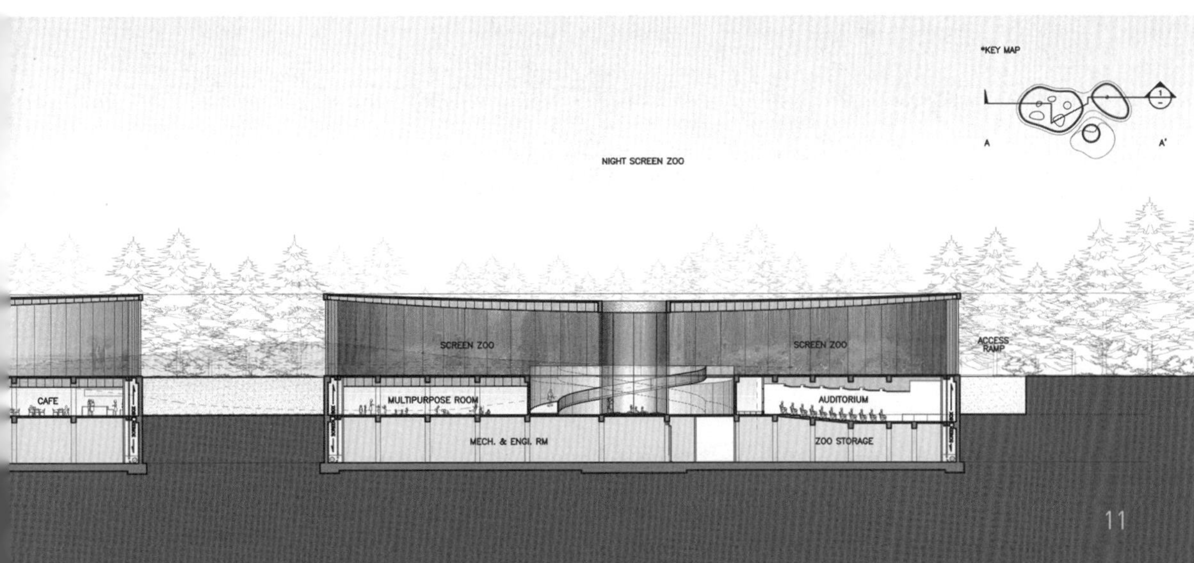

Seochon Culture Station

Extension of Historical Boan Inn | Community Center | Seoul, Korea | 2017 | Individual Work

Seochon Culture Station is one of the precious infrastructure for regenerating today's Seochon Identity. The S.C.S will be multipurpose facility, preserving and extending the Boan inn that is historical mark of the Seochon. 12

Analysis for Restorative Extension

Seochone of is losing their regional identity because of battered 'Seochon hanok', 'insufficient support policy' and 'thoughtless gentrification'. And this district is at the peak of popularity. Accordingly, new users who are the foreign residents, Seochon travelers, and so on are appearing gradually. So it is time to deal with their needs and wants for their life.

This project have to link old building 'Boan Inn' with a new building. That's why the Concept of project is "Innterface." Innterface is Inn(Boan) + interface.

Process of "Innterface" in Extension

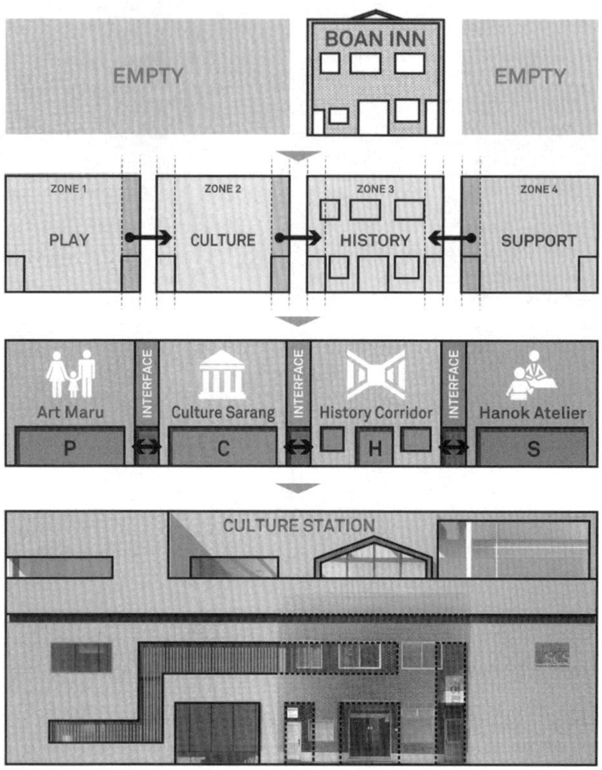

The project goal is creating the story in niche between old space and new space and extending the stories with their modules. So the site can gain the four zones of building and three corridors. Theme of four zones are Hanok Atelier (Support facility), Culture Sarang (Event facility), History Corridor (Preservation facilities), Art Maru (Play facility).

3F
Lecture room, Meeting room
Multipurpose Hall

2F
Seochon Network Library
Boan History Library

1F
Maru & Madang, Dado Cafe,
Showroom, Hanok Atelier

B1
Exhibition Hall, Cafeteria

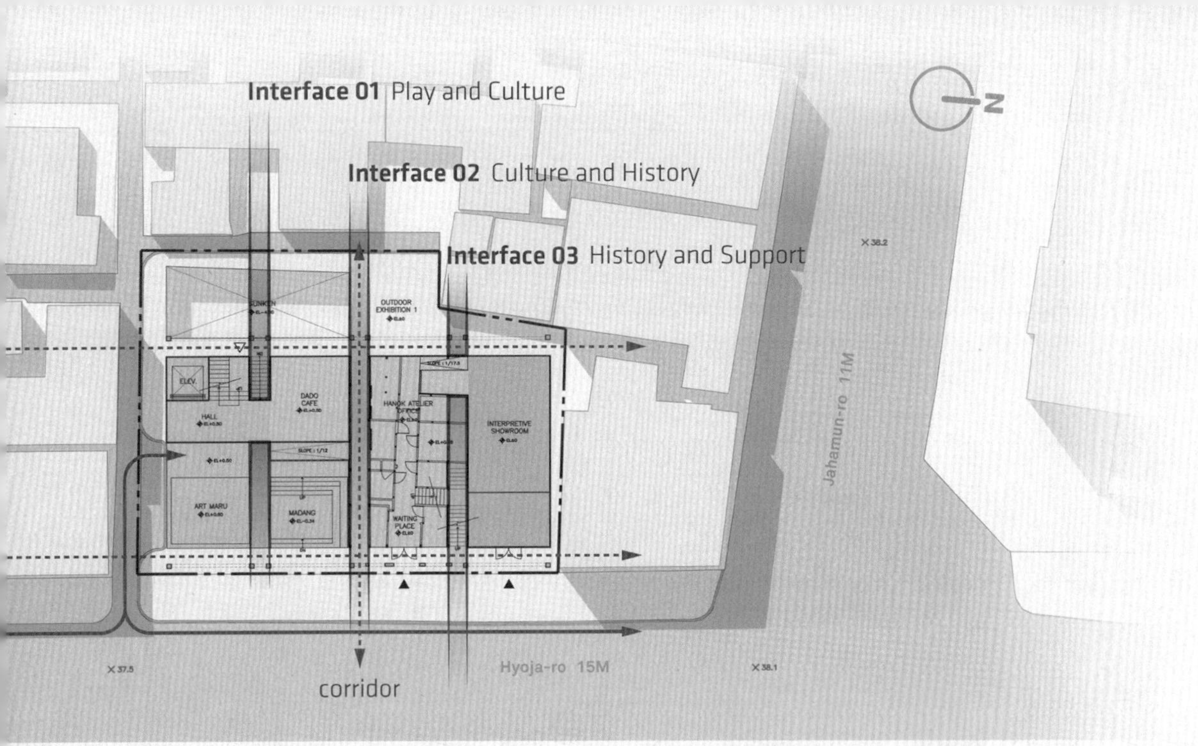
Interface 01 Play and Culture
Interface 02 Culture and History
Interface 03 History and Support
Jahamun-ro 11M
Hyoja-ro 15M
corridor

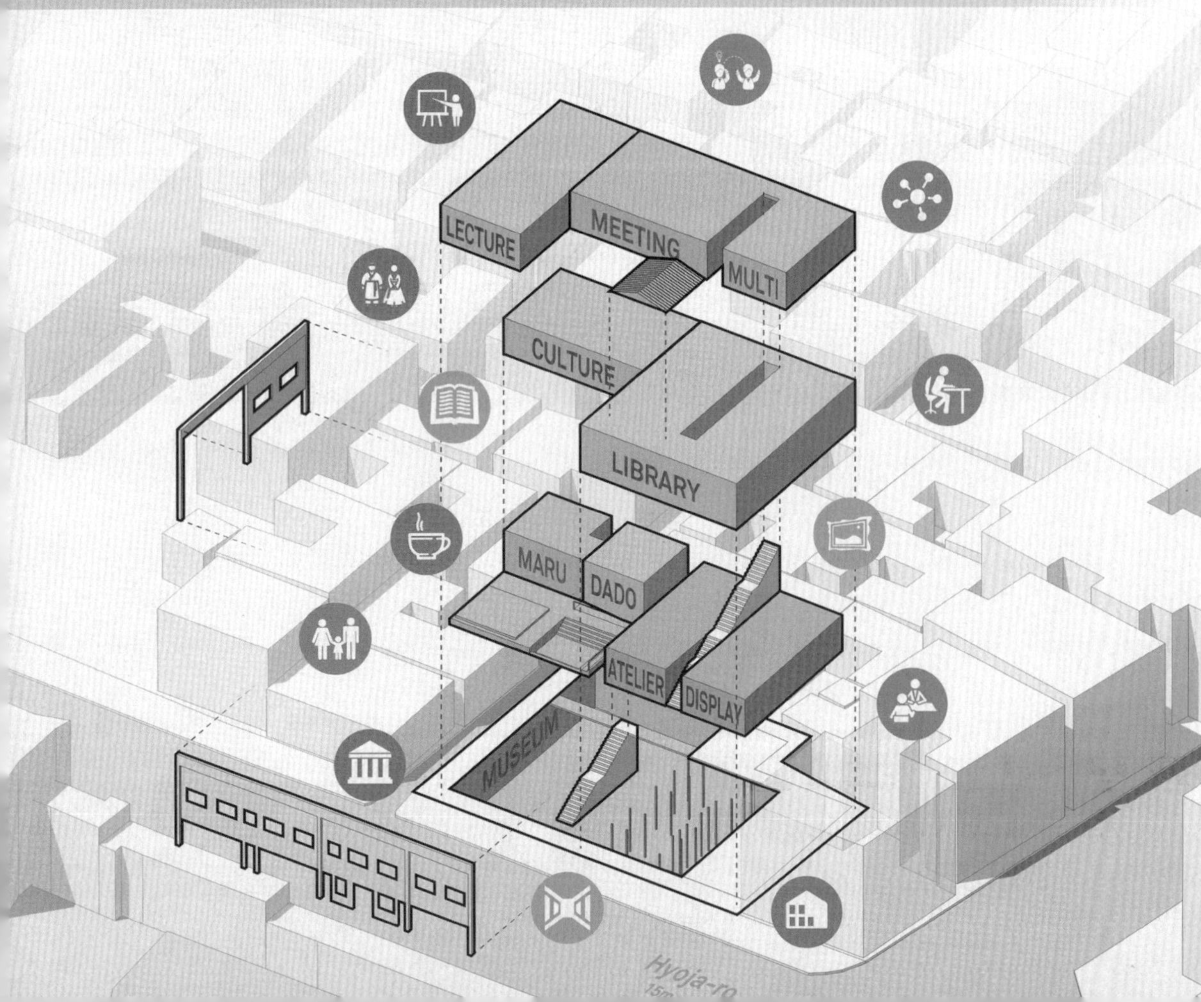
LECTURE
MEETING
MULTI
CULTURE
LIBRARY
MARU
DADO
ATELIER
DISPLAY
MUSEUM
Hyoja-ro

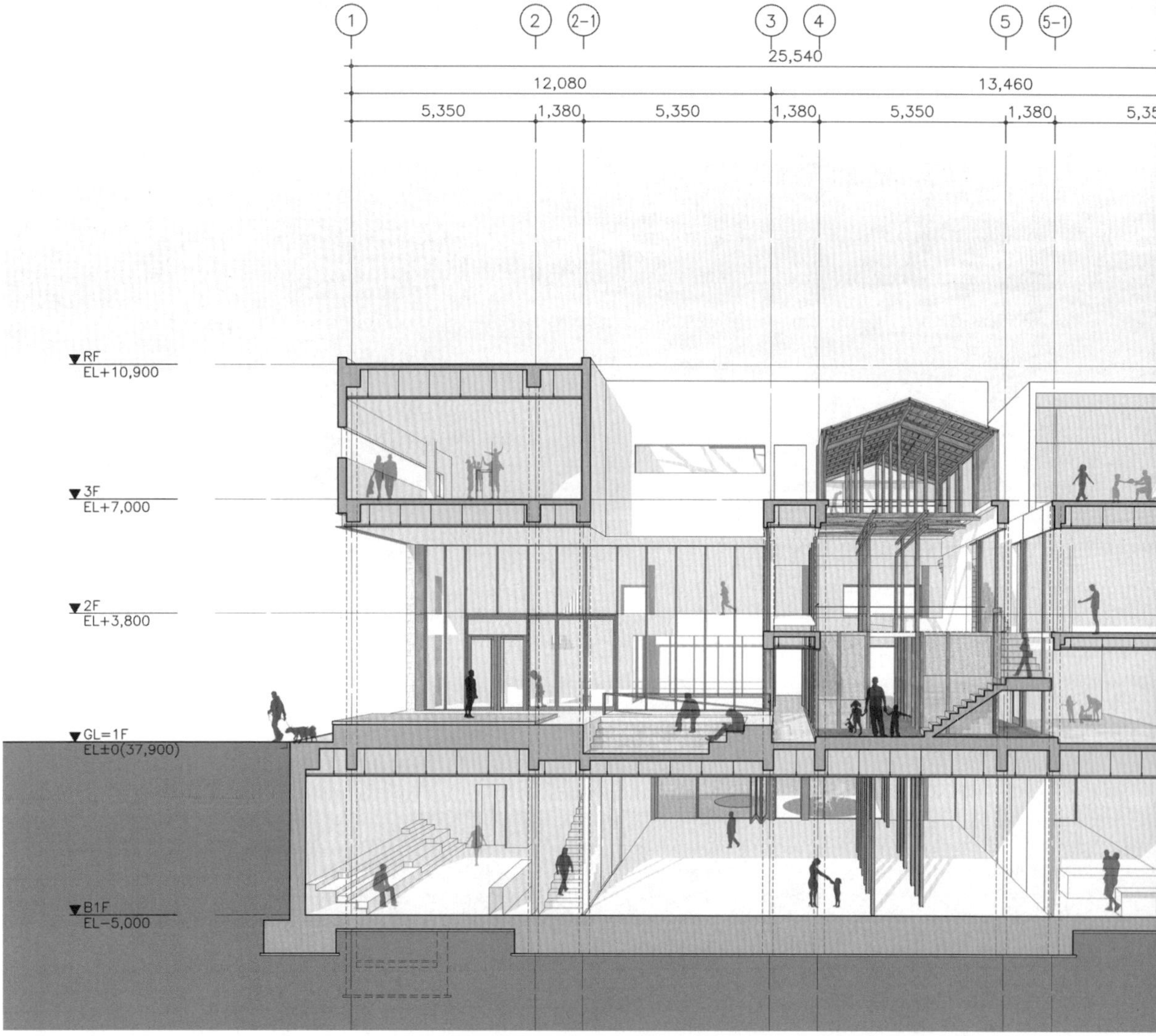

1
2
2-1
3
4
5
5-1
25,540
12,080
13,460
5,350
1,380
5,350
1,380
5,350
1,380
RF
EL+10,900
3F
EL+7,000
2F
EL+3,800
GL=1F
EL±0(37,900)
B1F
EL-5,000

THK20 CHISELED GRANITE PANEL
SYNTHETIC WOOD LOUVER
WATER PAINT ON CEMENT
THK24 LOW-E INSULATING GLASS
HOT ROLLED STEEL C CHANNEL
SYNTHETIC WOOD LOUVER
RF
EL+10,900
3F
EL+7,000
2F
EL+3,800
GL=1F
EL±0(37,900)
THK15 TEMPERED GLASS
Elevation East
Elevation

*KEY MAP

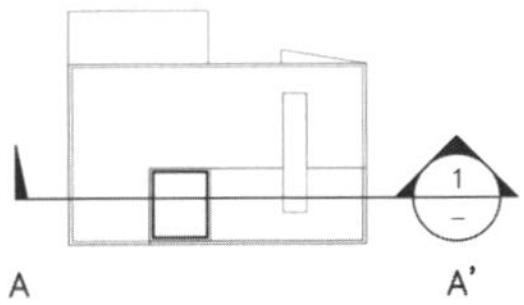

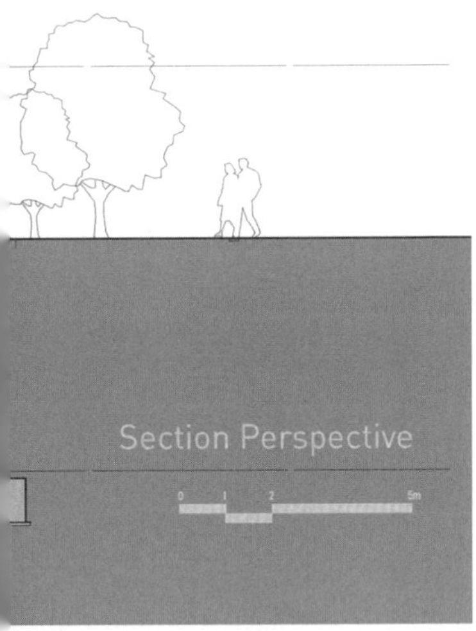

Extension with Contexts

Consideration of Wood Structure

The purpose of the project was to supplement the existing building consisting of 'wood structure' and 'exposed facilities' by adding new building. The relationship between existing wooden building and new architectures was considered. Columns on the basement and the first floor attach steel to existing columns, with reinforced columns serving as vertical structural members. This was to maintain the structure that best matches the building, thus consolidating the atmosphere of the entire building and space.

Seochon Network Library

East Corridor

West Corridor

Interface 02

Interface 03

Convergence between Programs in Corridors and Interfaces

Coordination of Materials

Historical finishing materials were adopted to promote a sense of history so that it could blend well. Through this, the exterior facade drew stone walls of Gyeongbok Palace across the street from the building. In order to preserve the existing roof made up of old and damaged wooden members, the half one covered with glass, leaving the existing shape, while the rest one was planned as a top light.

aru with Interface 01

nent Boan Inn History Exhibition

Yujin Mansion Renovation

Renovation of Residential Complex | Culture Complex | Seoul, Korea | 2018 | Individual Work

Yujin Mansion has been reborn as a culture complex facility that includes a auditorium, gymnasium, library and so on. It has resulted in a completely new form, subtracting and adding structure members to existing ones and through extension. 21

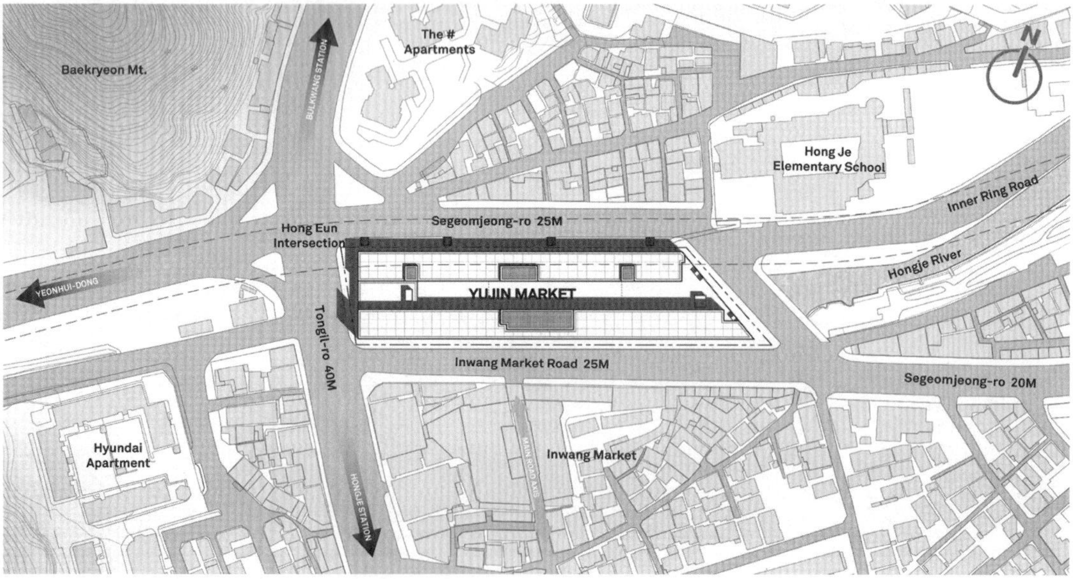

Current State of Yujin Mansion

Yujin mansion was a residential complex built in 1970 and was popular among wealthy families. Currently however, reconstruction has been delayed due to high cost problems, worsening the conditions of the building and the ecosystem of the stream behind it. One thing that is unusual is that the Yujin mansion is advantageous in planning the extension because it consists of a fairly powerful structure as a kind of military facility in the past.

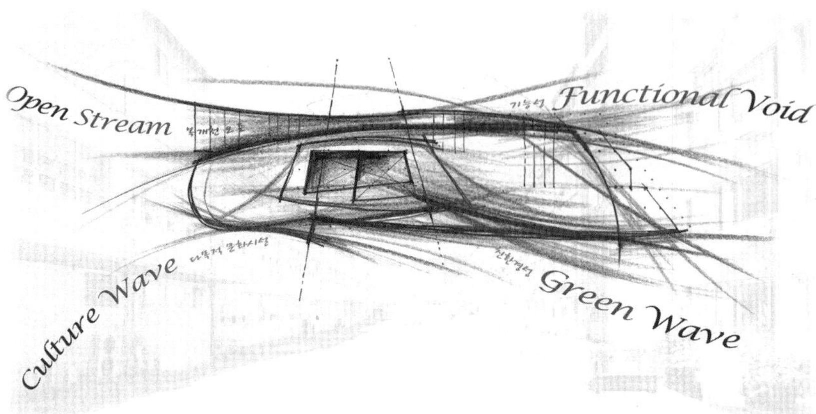

VOID on WAVE

With the Possibility of Hongje Stream Opening

In the middle of the basement of Yujin mansion, there is Hongjae-stream. From today's point of view, it is a plan that failed to take account of the river ecosystem, and it has lacked consideration for the context and utilities that follows from Bukhan Mountain. These benefits have greatly inspired the design process and led to consideration of various users and programs that come from its flow.

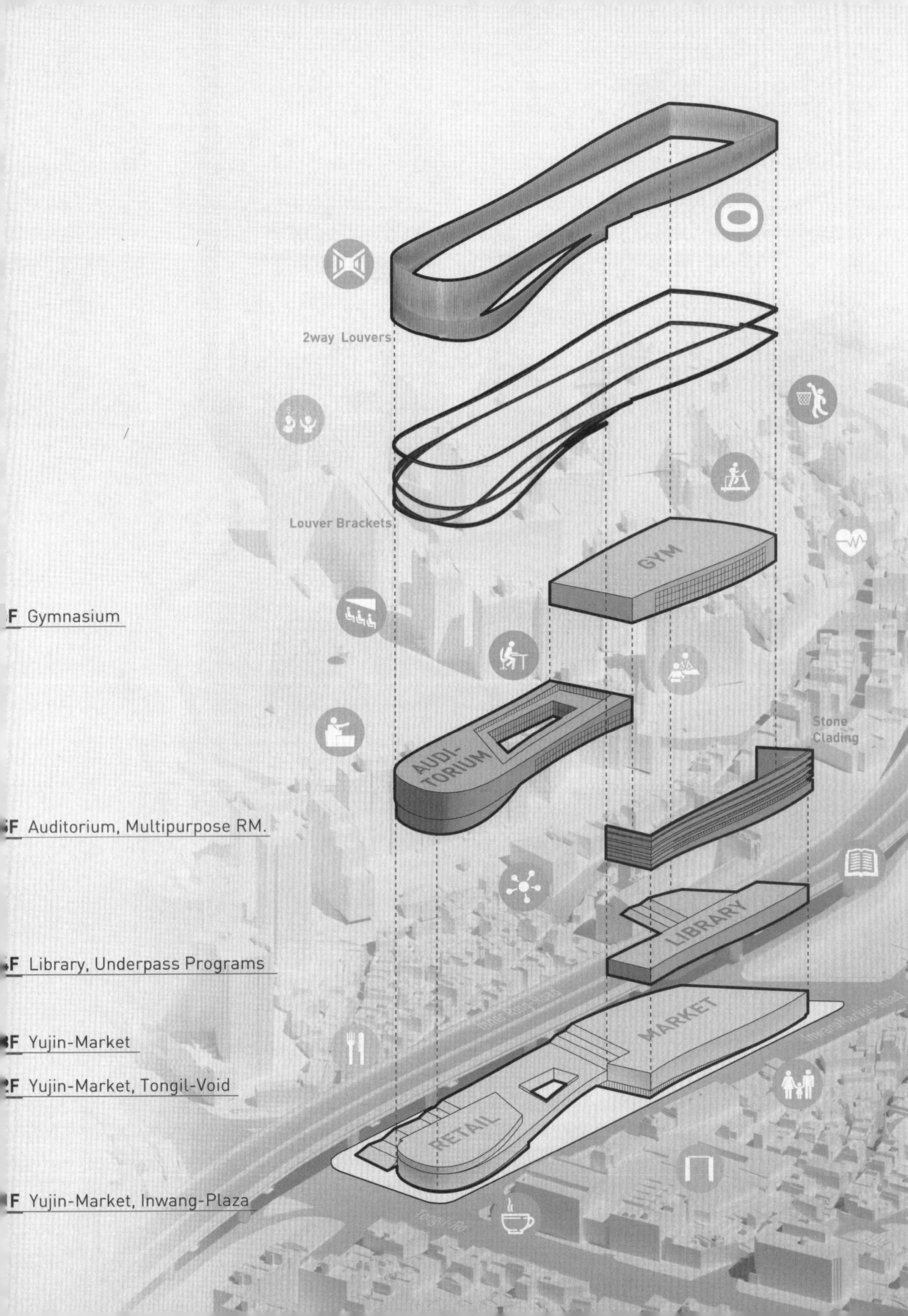
2way Louvers
Louver Brackets
GYM
AUDI-
TORIUM
Stone
Cladding
LIBRARY
MARKET
RETAIL
F Gymnasium
F Auditorium, Multipurpose RM.
F Library, Underpass Programs
F Yujin-Market
F Yujin-Market, Tongil-Void
F Yujin-Market, Inwang-Plaza

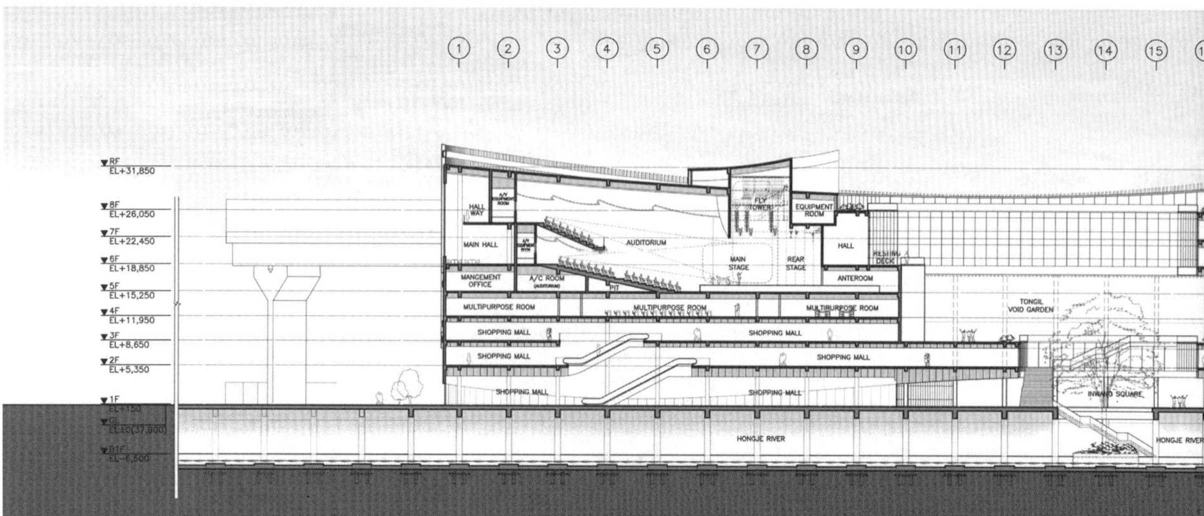

A - A' Section

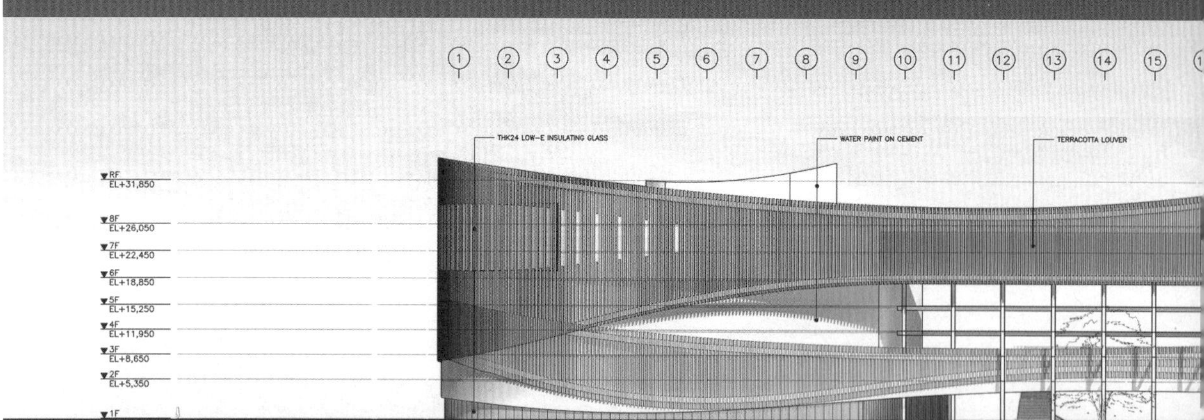

South Elevation

GRAND STAIR WITH UNDERPASS

Multi-purpose Outdoor Event Space

A grand staircase is proposed as a underpass program allowing a outdoor method for vertical circulation within various parts of the building. With various programs within the grand staircase, it aims to maximize inflow. Underpass program is a multi-purpose outdoor event space that creates a variety of possibilities for users.

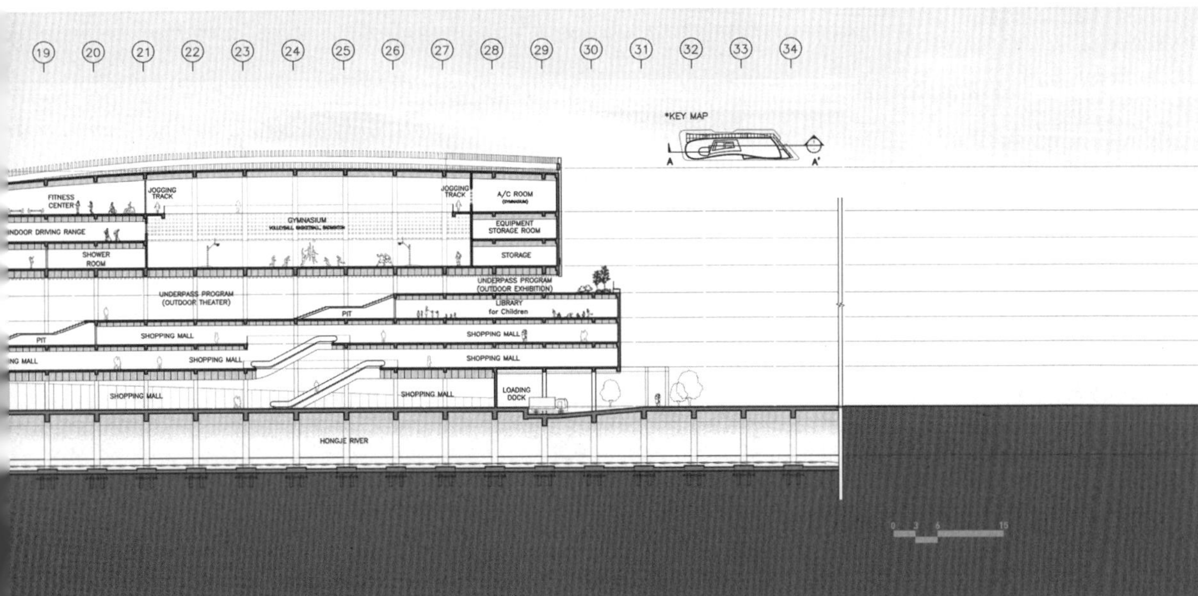

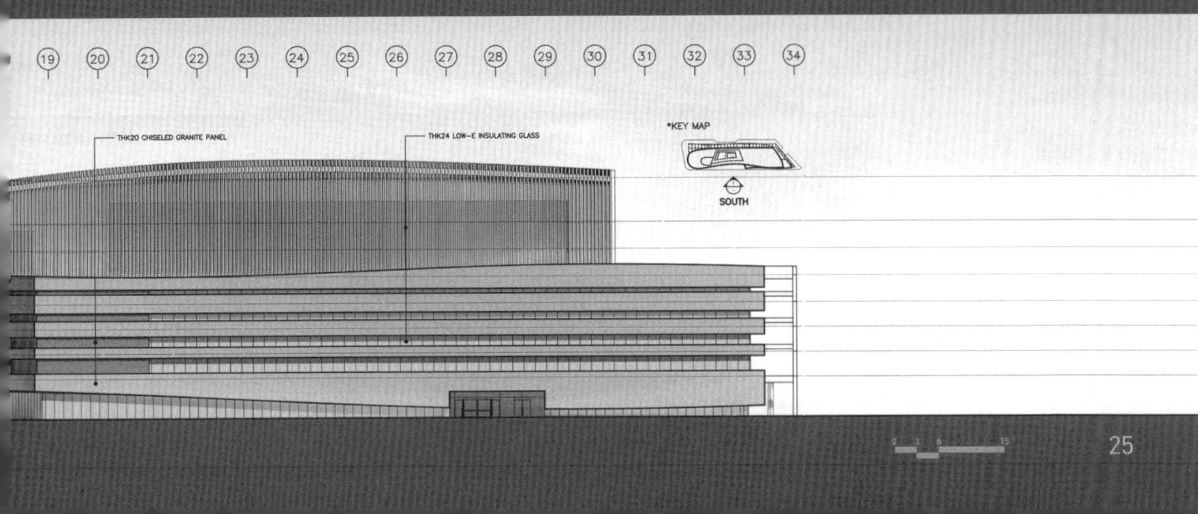

RUN, PLAY ON WAVE

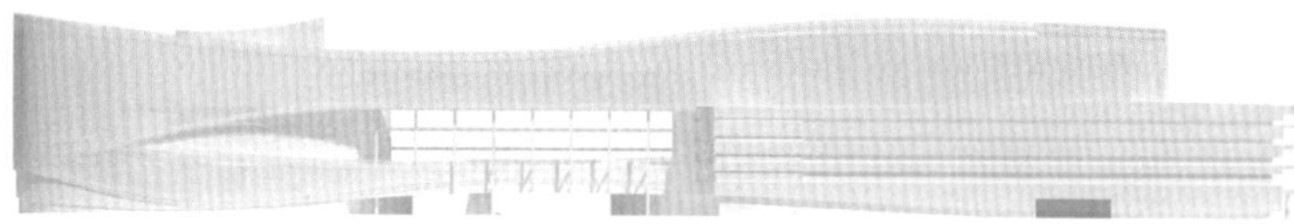

Fluidic Sculpture

Project aim is to add a new large scale program that reflects the needs of the users. Through extension, a gymnasium and auditorium will create a new lively cultural space in Hongje-dong. Furthermore, to completely break away from the monotonous and rigid facade, the curved design was influenced from the Hongjae-stream and highway, maximizing smooth and natural inflow to the new building.

과정이 좋아야 결과가 아름답다
학교와 실무에서의 건축 이야기

초판 발행 1쇄 2022년 10월 12일

지은이 홍근표
펴낸곳 고려대학교출판문화원
www.kupress.com
kupress@korea.ac.kr
(02841) 서울특별시 성북구 안암로 145
Tel 02-3290-4230, 4232
Fax 02-923-6311
찍은곳 한국컴퓨터인쇄정보

ISBN 979-11-91161-96-0 03540

값 28,000원